ÉCHINIDES

FOSSILES DE L'ALGÉRIE

DESCRIPTION

DES ESPÈCES DÉJA RECUEILLIES DANS CE PAYS

ET CONSIDÉRATIONS SUR LEUR POSITION

STRATIGRAPHIQUE

PAR

MM. COTTEAU, PERON & GAUTHIER

DIXIÈME FASCICULE

ÉTAGES MIOCÈNE ET PLIOCENE

PARIS

G. MASSON, ÉDITEUR

LIBRAIRE DE L'ACADÉMIE DE MÉDECINE

Boulevard Saint-Germain, 120, en face l'École de Médecine.

1891

ÉCHINIDES FOSSILES DE L'ALGÉRIE

DESCRIPTION

DES ESPÈCES DÉJA RECUEILLIES DANS CE PAYS

ET CONSIDÉRATIONS SUR LEUR POSITION STRATIGRAPHIQUE

PAR

MM. COTTEAU, PERON & GAUTHIER

DIXIÈME FASCICULE

ÉTAGES MIOCÈNE ET PLIOCÈNE

Nous abordons, dans ce dixième et dernier fascicule, l'étude des Échinides des terrains tertiaires moyen et supérieur de l'Algérie. Ces terrains ont été l'objet, depuis quelques années, de recherches approfondies et de travaux très détaillés qui, tout en augmentant considérablement les matériaux que nous avons à examiner, ont, d'autre part, facilité et simplifié notre tâche au point de vue stratigraphique. Il ne peut, en effet, entrer dans nos intentions de revenir sur des descriptions que nous avons déjà nous-mêmes données, ni de reproduire celles très nombreuses et très complètes qui ont été publiées par MM. Ville, Pomel, Bleicher, Ph. Thomas, Brossard, Ficheur, Rolland, Welsch, Delage et autres auteurs qui se sont occupés plus ou moins spécialement des terrains tertiaires algériens. Pour éviter des redites superflues, nous prierons, quand il y aura lieu, le lecteur de se reporter aux travaux de ces divers géologues et nous bornerons notre rôle à mentionner avec les détails nécessaires quelques localités peu connues jusqu'ici, ainsi que les gisements les plus riches en Échinides et en particulier ceux qui ont fourni les matériaux énumérés dans le présent fascicule.

Cette manière de faire est d'autant plus justifiée qu'il ne nous a été donné d'explorer personnellement qu'une partie des gisements des provinces de Constantine et d'Alger. Les importants gisements de la province d'Oran et ceux de Tenès, de Milianah et d'Orléansville, où les terrains tertiaires moyens sont le plus riches et le mieux développés, sont restés en dehors de nos investigations personnelles. Nous ne pouvons donc, à leur sujet, que résumer les renseignements publiés par les savants qui les ont étudiés.

Les terrains tertiaires moyen et supérieur sont, au point de vue de la puissance et de l'extension géographique, répartis en Algérie à l'inverse des terrains tertiaires inférieurs. Tandis que ces derniers sont, dans la province de Constantine, très développés et très étendus, et qu'ils vont en diminuant vers l'ouest pour être à peine représentés dans la province d'Oran, les terrains miocène et pliocène sont au contraire très peu répandus dans l'est et vont en s'accroissant vers l'ouest de notre colonie, où ils dominent et où ils occupent la plus grande partie de la surface septentrionale.

Le nord de la province de Constantine qui, pendant la période éocène, était profondément immergé alors que le Tell oranais était exondé, a subi, après cette période, un exhaussement considérable tandis qu'au contraire la province de l'ouest s'abaissait au-dessous du niveau des eaux miocènes. C'est ainsi que, dans le Tell de Constantine, au-dessus des puissants calcaires à nummulites qui forment en partie l'ossature des plus hautes montagnes, les autres terrains tertiaires ne sont plus guère représentés que par des formations lacustres ou terrestres très restreintes et peu développées. C'est, contrairement à ce qui a lieu dans le reste de l'Algérie, dans le sud surtout de la province, que quelques témoins existent des formations marines de cette époque.

Ces grands mouvements du sol qui, dans le nord de l'Afrique, se sont si énergiquement manifestés entre les époques éocène et miocène, semblent d'ailleurs avoir continué presque constamment, ou au moins s'être reproduits très fréquemment, pendant tout le reste des temps tertiaires. Il en est résulté que, pendant cette longue période, de profondes modifications se sont, à plusieurs reprises, produites dans l'étendue et dans les limites de la mer tertiaire africaine. Ces modifications se sont traduites, dans les dépôts sédimentaires de cette époque, par de nombreuses discordances de stratification entre certaines portions des couches géologiques, par des transgressions de dépôts plus récents sur les précédents, par des lacunes, des dénudations, des ravinements des surfaces exondées, etc.

Toutes ces traces d'interruption dans la sédimentation et de modification dans la répartition des eaux tertiaires ont amené les observateurs à subdiviser les anciennes périodes admises par les géologues et à y distinguer un assez grand nombre d'étages et de groupes particuliers dont il n'est pas toujours facile de retrouver les équivalents synchroniques dans les autres régions.

Cette situation, au surplus, n'est pas spéciale au Nord africain. Tout le monde connaît les difficultés que les géologues ont rencontrées, aussi bien en France, dans l'Aquitaine et dans la Provence, qu'en Allemagne, en Suisse et surtout en Italie, pour établir une succession chronologique exacte et des divisions rationnelles dans l'énorme ensemble des couches miocènes et pliocènes.

En raison de l'impossibilité où ils se sont trouvés, presque partout, de faire concorder les résultats de leurs observations avec les divisions admises dans les autres pays et d'établir ainsi un parallélisme satisfaisant entre les dépôts successifs, ils ont été amenés à adopter des divisions et une succession propres aux pays qu'ils étudiaient.

C'est ainsi que, dans chaque contrée, on se trouve en présence d'une ou même plusieurs nomenclatures propres à cette contrée, avec terminologie spéciale tirée des diverses localités où chacun des termes de l'échelle stratigraphique est le mieux représenté.

L'Algérie ne pouvait guère échapper à cette loi commune. Les mêmes difficultés s'y retrouvent et ont produit les mêmes effets. Nous ne devons donc pas nous étonner de rencontrer ici, à propos des terrains tertiaires supérieurs et pour la première fois dans la série sédimentaire, une nomenclature et des dénominations d'étages propres à l'Algérie.

Dans notre *Essai d'une description géologique de l'Algérie pour servir de guide aux géologues dans l'Afrique française*, nous nous sommes borné à énumérer ces différents étages sans entrer dans le détail de leur composition et de leur répartition géographique. En raison du but particulier de notre mémoire, nous devions surtout rechercher la simplicité, la brièveté et employer de préférence la nomenclature classique la plus connue. Nous avons donc, dans ce travail, maintenu l'unité des grands étages éocène, miocène et pliocène, laissant, comme nous l'avons déclaré, aux études locales détaillées le soin de déterminer les distinctions à faire dans l'âge relatif des dépôts de ce vaste ensemble.

Aujourd'hui, notre situation n'est plus la même. Nous avons surtout à examiner la position stratigraphique des Échinides décrits dans ce fascicule et ces Échinides sont loin d'être indifféremment répartis dans toute l'épaisseur des étages miocène ou pliocène. Ils sont groupés principalement dans certains niveaux. Quelques étages ou sous-étages en sont à peu près complètement dépourvus et, en tous cas, chacun d'eux semble avoir sa faune échinologique propre et assez nettement caractéristique. Il nous importe donc d'étudier séparément et en détail chacune des subdivisions reconnues.

En raison des grands mouvements du sol qui se sont produits dans le nord africain après le dépôt des terrains tertiaires inférieurs, les terrains de la période miocène sont, en Algérie, parfaitement indépendants de ces derniers et le plus souvent isolés ou au moins en discordance de stratification avec eux. Il en résulte que leur limite inférieure est toujours très nette et facile à reconnaître. Nous ne rencontrons donc pas en Algérie les difficultés et les désaccords auxquels a donné lieu dans d'autres contrées la place à assigner à la ligne de séparation du terrain éocène et du terrain miocène.

On sait, en effet, qu'en Aquitaine, en Italie, etc., quelques géologues, et notamment MM. Mayer, Tournoüer, etc., ont fait débuter la période miocène par l'étage aquitanien, laissant ainsi dans le système éocène les couches de la Bormida, celles de San-Gonini, dans le Vicentin, les calcaires à astéries de l Aquitaine, les faluns de Lesbarritz et de Labrède, les sables de Fontaine-bleau, etc., c'est-à-dire tout l'étage tongrien de d'Orbigny.

L'opinion contraire, c'est-à-dire celle qui consiste à voir dans ce dernier étage une dépendance du système miocène, a été soutenue par le marquis Pareto en Italie, par Hébert et d'autres géologues en France. Elle a été appuyée sur les importants mouvements du sol dont on a retrouvé les traces en Italie et sur les affinités de la faune tongrienne avec celles qui lui ont succédé.

D'autres savants enfin, prenant en considération les caractères propres et la délimitation de cette formation intermédiaire, ont été conduits à réduire chacun des grands étages éocène et miocène de sir Ch. Lyell et à établir entre eux un étage oligocène comprenant non seulement le Tongrien de d'Orbigny, l'Aquitanien de M. Mayer, le Bormidien de Pareto, etc., mais encore l'étage ligurien de M. Mayer, qui constitue, dans l'échelle stratigraphique, un terme inférieur à ces derniers et également très important.

Avec cette nouvelle classification, les terrains tertiaires sont bien encore répartis en trois groupes principaux : le Paléocène, l'Oligocène et le Néogène, mais ces groupes ne concordent plus avec ceux de la nomenclature anglaise et leurs limites respectives sont tout autrement placées.

Jusqu'ici, cette nouvelle répartition des terrains tertiaires ne semble pas être adoptée en France par la majorité des géologues.

En Algérie, elle n'a pas encore été appliquée. M. Ficheur (1), seulement, a récemment employé le terme d'étage oligocène pour classer certaines assises du terrain tertiaire moyen, dont l'âge précis, en raison de l'absence de fossiles, n'a pu être déterminé qu'approximativement d'après la position stratigraphique. Pour cette même raison d'ailleurs, M. Ficheur a proposé pour ce groupe d'assises le nom d'étage dellysien. Il devient dès lors possible, en employant ce terme, de renoncer complètement à appliquer en Algérie la classification allemande des terrains tertiaires.

C'est à M. Pomel que revient principalement l'honneur d'avoir débrouillé le chaos des formations tertiaires moyennes et supé-

(1) *Descrip. géol. de la Kabylie du Djurjura*, p. 316, 391 et 409.

rieures de l'Algérie et d'avoir su y distinguer les assises successives qui les composent.

D'après ses observations et celles de M. Ficheur, il y aurait lieu d'admettre en Algérie les étages suivants :

Système miocène.
{
Étage dellysien.
— cartennien.
— helvétien.
— sahélien.

Système pliocène.
{
— pliocène inférieur.
— — supérieur.

La plupart de ces étages principaux sont en outre susceptibles de se subdiviser en plusieurs assises ou sous-étages parfois isolés ou transgressifs les uns par rapport aux autres et faciles à distinguer.

L'étage dellysien est le plus ancien terme de la série miocène qui ait été jusqu'ici rencontré en Algérie. C'est une formation gréseuse que M. Ficheur a observée sur quelques points de la grande Kabylie et plus particulièrement dans les environs de Dellys, d'où elle a pris son nom. M. Ficheur (1) n'y a rencontré que des restes organisés tout à fait insuffisants pour déterminer son âge relatif.

D'après sa position stratigraphique, elle est intermédiaire entre l'Éocène supérieur, ou Numidien, et le Miocène moyen. Elle peut donc correspondre soit à l'étage tongrien, soit à l'étage aquitanien. Quoique sa puissance soit assez considérable, elle est bien loin d'atteindre l'énorme épaisseur de 4,000 mètres de sédiments que ces deux étages réunis possèdent dans l'Italie septentrionale, aussi bien qu'en Suisse. Il y a donc un doute réel sur l'attribution de ces grès de Dellys à l'un ou à l'autre de ces étages et c'est ce doute qui explique et justifie la dénomination spéciale sous laquelle M. Ficheur les a désignés provisoirement.

L'étage cartennien de M. Pomel a pour type le terrain miocène moyen des environs de Ténès (Cartenna). C'est par lui que, à

_____
(1) *Loc. cit.*, p. 317.

l'exception de la région de la Kabylie dont nous venons de parler, débute généralement le système miocène. Cet étage cartennien est du reste complètement indépendant de toute formation antérieure et on le voit reposer indifféremment sur toutes les roches préexistantes, même sur les schistes cristallophylliens, sans aucun intermédiaire. Sous ce rapport, sa situation stratigraphique est donc semblable à celle des dépôts miocènes connus depuis longtemps en Corse, en Sardaigne, en Espagne, aux Baléares, à Malte et sur tant d'autres points du bassin méditerranéen, où les assises miocènes sont en contact direct avec des formations très anciennes, comme le Dévonien à Mahon, ou comme le Granit à Bonifacio. L'analogie se complète au surplus par la similitude de la faune. C'est l'étage cartennien qui, en Algérie, renferme, comme dans les régions ci-dessus énumérées, le premier grand niveau des Clypéastres et bon nombre d'espèces d'Échinides du Cartennien se retrouvent dans les couches miocènes inférieures à Bonifacio, à Majorque, à Minorque, etc. Le parallélisme complet de tous ces lambeaux miocènes semble donc bien établi. Il est d'ailleurs admis par tous les géologues qui les ont étudiés. Le grand affaissement qui, au début de cette période, s'est produit dans le bassin méditerranéen et a immergé des régions exondées depuis si longtemps, est l'un des arguments les plus sérieux à faire valoir en faveur de la séparation de ces assises d'avec celles du Miocène inférieur et en faveur de l'établissement de l'étage oligocène.

Il résulte de ces considérations et de la comparaison plus détaillée des couches miocènes de Ténès et d'autres localités algériennes avec celles des diverses régions méditerranéennes, et notamment avec celles de l'Italie, que l'étage cartennien ne constitue nullement un horizon nouveau, ou à caractères spéciaux, qu'il soit utile de désigner sous une dénomination particulière. Il est au contraire très possible et avantageux, au point de vue de la simplification, de le faire entrer dans les classifications actuellement usitées.

Ce n'est pas cependant que nous rejetions systématiquement toute nomenclature nouvelle ou spéciale. Il eût été sans doute possible d'admettre pour l'Algérie, comme il a été fait pour la

Belgique, pour la Suisse, pour l'Italie, etc., une classification avec une terminologie tirée complètement des localités algériennes représentant les meilleurs types de chaque formation. M. Pomel n'a réalisé qu'en partie cette classification locale. Il y a introduit l'étage helvétien des géologues suisses et cependant il reconnaît que cette appellation s'applique peut-être improprement à la formation qu'il veut désigner (1). En outre, un de ses étages spéciaux, le Sahélien, ne nous paraît pas pouvoir être maintenu et réclamerait, tout au moins, comme nous l'expliquerons plus loin, de profondes modifications.

En ce qui concerne l'étage cartennien, dont nous nous occupons en ce moment, M. Pomel, en le définissant, disait (2) : « Je ne doute plus qu'il soit identique à celui nommé Bormidien par Pareto et Miocène inférieur par Michelotti, car il en contient la plupart des fossiles. » Néanmoins, M. Pomel n'a pas adopté cette dénomination de Bormidien et s'est contenté de la mettre en sous-titre, entre parenthèses, dans son *Texte explicatif de la Carte géologique d'Oran et d'Alger* (3).

Plus tard, à la suite de la découverte par M. Pierredon, dans le Cartennien, de quelques fossiles semblables à ceux des faluns de Léognan, M. Pomel a fait un peu remonter son étage dans la série chronologique de l'Italie septentrionale et il déclare (4) que, d'après les classifications en faveur, le Cartennien ne serait que du *Langhien*. Il ne peut toutefois se décider à abandonner son nom de Cartennien qui, dit-il, a le privilège de l'antériorité.

M. Pomel a négligé de faire la preuve de cette assertion et nous ne savons pas exactement sur quelle base il appuie son droit. Nous pensons toutefois qu'il y a là un petit malentendu qu'il convient de faire cesser. Ce terme d'étage langhien n'a pas été introduit dans la science par M. Mayer, comme il semble possible de le déduire de l'affirmation de M. Pomel et comme semble d'ailleurs l'admettre M. Ficheur (5) qui, en sous-titre du

(1) *Le Sahara*, p. 39, 40, 42.
(2) *Idem*, p. 38.
(3) *Loc. cit.*, p. 34.
(4) *Descrip. strat. génér. de l'Algérie*, p. 147.
(5) *Loc. cit.*, p. 338.

chapitre « Étage cartennien Pomel, » a inscrit les mots « (Langhien) (Mayer). » C'est le marquis L. Pareto qui, dans sa *Note sur
les subdivisions que l'on pourrait établir dans les terrains tertiaires de l'Apennin septentrional* (1), a, en 1865, pour la première fois, appliqué ce nom à son deuxième étage de la série
miocène.

M. Mayer, dans sa carte géologique de la Ligurie centrale (2),
en 1877, n'a fait que reprendre, comme il le dit lui-même, ce
nom d'étage langhien proposé par Pareto et il l'a fait sans le
modifier aucunement dans ses limites ou dans son extension.
Il déclare le substituer purement et simplement à son propre
étage mayencien dont le nom est, dit-il, malheureux et im-
propre.

Dans ces conditions, le nom d'étage langhien, appliqué au
deuxième étage miocène, ayant été publié en 1865, et celui
d'étage cartennien n'ayant été, du moins à notre connaissance,
appliqué à ce même groupe d'assises et publié par M. Pomel que.
pour la première fois, en 1869, dans son *Nouveau Guide de
géologie*, et ultérieurement dans ses Mémoires sur le Sahara, sur
le massif de Milianah, etc., il nous semble que la priorité est
acquise au terme d'étage langhien. Jusqu'à preuve du contraire,
nous pensons donc que les règles admises dans la science com-
mandent de l'employer. C'est d'ailleurs ce parti qu'ont adopté
depuis longtemps les géologues qui se sont le plus spécialement
occupés en France des terrains tertiaires, notamment Fon-
tannes(3), M. Depéret, etc. Nous ne saurions mieux faire que

(1) *Bull. Soc. géol. de Fr.*, 2e sér., t. XXII, p. 210.

(2) *Bull. Soc. géol. de Fr.*, 3e ser, t. V, p 282. — *Loc. cit.*, p 288.
L'abandon que M. Mayer a fait de son terme d'étage mayencien nous semble, en effet, justifié par ce fait que les couches de Mayence, auxquelles
il avait été appliqué, sont une simple formation terrestre tandis que les
dépôts des Langhe, dans le Haut Montferrat, sont d'origine marine, à
faune pélagique, et par conséquent moins accidentels, plus constants dans
leurs caractères et plus faciles à comparer avec les formations synchroniques. Il semble donc, pour ces motifs, et en raison de la déclaration si
formelle prononcée par M. Mayer, que le terme d'étage mayencien devrait
être complètement abandonné. Cependant des auteurs ont continué à
l'employer au lieu et place du nom d'étage langhien.

(3) Voir *Études strat. et pal. pour serv. à l'hist. de la période tertiaire
dans le bassin du Rhône.*

suivre cet exemple et, dans la suite du présent travail, nous nous conformerons à la règle et nous renoncerons au terme d'étage cartennien.

Le second étage reconnu par M. Pomel dans le système miocène est le groupe helvétien. C'est la seule dénomination d'étage déjà connue que ce savant ait introduite dans sa nomenclature des assises miocènes. Il est à remarquer cependant qu'il a constamment exprimé la crainte que cette dénomination ne soit improprement appliquée (1). Aussi avait-il proposé l'épithète de *Gontasien* pour le cas où l'on trouverait que celle d'Helvétien était prise par lui dans un sens trop étendu.

Dans ces conditions, en effet, peut-être eût-il été préférable d'adopter complètement cette dénomination d'étage gontasien que M. Pomel n'a indiquée que, pour ainsi dire incidemment, et à laquelle il a d'ailleurs complètement renoncé dans ses derniers travaux. Cette appellation, tout en faisant disparaître les difficultés résultant d'une synchronisation incertaine, avait du moins l'avantage de compléter et d'unifier une nomenclature purement algérienne, édifiée sur des types locaux bien connus et bien définis.

Quoiqu'il en soit, l'épithète d'étage helvétien est actuellement acquise à un groupe d'assises du Miocène d'Algérie et nous ne connaissons aucune raison pour l'abandonner. Il nous paraît même que les réserves, très sages du reste, de M. Pomel ne sont pas, au moins jusqu'ici, nettement justifiées. L'ensemble des couches comprises sous cette dénomination d'étage helvétien est à la vérité d'une puissance considérable ; mais nous ne devons pas oublier que dans l'Italie septentrionale, où l Helvétien présente aussi plusieurs groupes distincts, son épaisseur totale est tout aussi grande. La puissance des couches helvétiennes d'Algérie ne semble donc pas, à elle seule, un obstacle au parallélisme de ces couches avec l'étage helvétien de M. Mayer.

Étant données d'ailleurs leurs relations constantes, leur unité d'ensemble et leur indépendance habituelles vis-à-vis de l'étage

(1) *Sahara.* p. 39, 40, 42 ; voir aussi *Texte explic. carte géol. Oran et Alger*, p. 36 et *Descrip. stratig. génér. de l'Algérie*, p. 149.

langhien et des formations tertiaires supérieures, nous estimons que M. Pomel a logiquement agi en les maintenant réunies sous la même épithète d'étage helvétien. Nous avons donc adopté cet étage tel que l'a décrit et délimité le savant professeur d'Alger, tout en admettant que certaines portions de couches de diverses localités pourront bien être un jour reconnues comme devant être attribuées à un autre étage, notamment à l'étage langhien.

Avec l'étage sahélien de M. Pomel nous abordons celle des divisions stratigraphiques de ce savant qui donne lieu aux controverses les plus sérieuses. Cet étage a été institué pour un ensemble de couches indépendantes que l'on avait jusque-là classées dans le terrain tertiaire supérieur, mais qui, pour M. Pomel (1), appartiennent encore à la période miocène. Le Sahel du fond occidental de la Metidja est en partie constitué par cet étage qui lui a emprunté son nom.

D'après le savant auteur (2), le Sahélien répond au terrain tortonien des géologues italiens, en y réunissant le terrain plaisancien.

Dans ces conditions, il est permis tout d'abord de se demander s'il n'eût pas été préférable et plus conforme aux règles de la priorité d'adopter purement et simplement le terme d'étage tortonien que Pareto avait adopté en 1865 (3) et qui réunissait sous une même accolade, pour le savant italien comme pour M. Pomel, les deux horizons des marnes bleues de Tortone et de celles de Plaisance (4). La seule différence à constater dans la manière de voir des deux auteurs, c'est que, tandis que Pareto

(1) *Massif de Milianah*, p. 71.
(2) *Le Sahara*, p. 44.
(3) *Bull. Soc. géol. France*, 2ᵉ sér., t. XXII, p. 237.
(4) Nous devons toutefois faire observer ici que M. Pomel (*Texte explic. carte géol. provis. prov. Oran et Alger*, p. 41) revendique pour le nom de Sahélien la priorité sur celui de Tortonien proposé par Pareto. S'il en est ainsi, nous regrettons que le savant professeur n'ait pas donné la justification de son droit de priorité, car il n'est pas à notre connaissance que le nom de Sahelien ait été publié par M. Pomel avant celui de Tortonien par Pareto. Mais, en admettant même que nous nous trompions sous ce rapport, il y a lieu de remarquer que ce terme de Tortonien avait, dès 1857,

considérait l'étage tortonien comme le premier terme du système pliocène, M. Pomel le considère comme devant être rattaché à la période miocène.

Mais d'autres critiques plus sérieuses encore doivent être faites au sujet de la classification de M. Pomel.

La généralité des géologues est maintenant d'accord pour re-connaître qu'il existe entre le Tortonien et le Plaisancien une sépa-ration profonde. Ce dernier sous-étage, très généralement réuni maintenant à l'étage astien, constitue l'une des subdivisions de la série pliocène, tandis que le Tortonien est maintenu dans le système miocène. En outre, il a été reconnu qu'il existait entre ces deux assises, tortonienne et plaisancienne, toute une série puissante de dépôts intermédiaires qui ont été eux-mêmes clas-sés dans le système pliocène, dont ils constituent le terme le plus inférieur (1).

Cette série de sédiments, pour laquelle Seguenza avait créé l'étage *zancléen* (2), (de Zancla, ancienne dénomination de la ville de Messine), est très développée en Sicile où, comme nous le mon-trerons plus loin, elle présente les analogies les plus frappantes et même une quasi-identité avec certains gisements du Sahélien de M. Pomel et particulièrement avec ceux des environs d'Oran.

C'est avec ce même ensemble de dépôts sédimentaires du Plio-cène inférieur que M. Mayer a formé, presque en même temps, un nouvel étage auquel il a donné le nom de *Messinien*, pensant bien faire, a-t-il dit (3), de ne pas accepter le nom par trop clas-sique de *Zancléen* que Seguenza avait employé. Ce motif peut sembler un peu singulier, mais nous n'avons pas à entrer dans cette discussion et nous n'avons qu'à constater que ce nom d'étage messinien est entré dans la science et que l'horizon géo-logique qu'il représente a été retrouvé dans de nombreuses ré-gions, non seulement dans l'Italie centrale et septentrionale,

été employé par M. Mayer pour cette même assise des marnes bleues du Miocène supérieur (*Bull. Soc. géol. France*, t. V, 3° sér., p. 291). Il nous semble donc que, dans tous les cas, ce nom a la priorité.

(1) Voir Mayer, *Bull. Soc. géol. France*, 3° série, t. V, p. 292.

(2) *Bull. Soc. géol. France*, 2° série, t. XXV, p. 479 (1868).

(3) *Loc. cit.*, p. 292.

mais en Allemagne, en Belgique et en France, notamment dans le bassin du Rhône où le groupe de Saint-Ariès en est un très bon spécimen (1).

De l'examen que l'on peut faire des diverses assises du Sahel d'Alger et d'Oran dont M. Pomel a constitué son étage sahélien, il résulte clairement que cet étage, au moins tel qu'il avait été primitivement conçu, est une réunion hétérogène d'assises d'âges différents. Il est vrai que depuis, dans ses derniers travaux, le savant professeur d'Alger semble avoir beaucoup restreint son Sahélien et en avoir notamment éliminé les grès miocènes à Clypéastres, une partie des marnes plaisanciennes et les molasses astiennes des environs d'Alger qui, dans l'origine, en constituaient le véritable type (2). Avec ces éliminations, le Sahélien se trouverait alors réduit aux couches que son auteur considère comme les représentants du seul étage tortonien, et ainsi le classement du Sahélien à la partie supérieure de la série miocène se trouverait justifié.

Il ne nous paraît pas cependant que ce démembrement soit suffisant et de nature à faire disparaître toutes les difficultés.

Pour nous, le terme même d'étage sahélien doit être abandonné. Une partie encore des gisements qu'on y rapporte, et qui sont considérés comme d'âge tortonien, doivent être, comme ceux dont nous venons de parler, également rattachés au Plaisancien-Astien. Quant aux autres, à tous ceux du moins dont nous avons une connaissance suffisante, ils nous paraissent pouvoir être placés sur l'horizon du Messinien, avec beaucoup plus de raison que sur celui du Tortonien.

Il n'entre pas dans notre pensée, bien entendu, de prétendre que ce dernier horizon ne peut exister en Algérie. Il serait même assez extraordinaire qu'il n'y existât pas, puisqu'on l'a retrouvé dans toutes les contrées les plus plus voisines des côtes africaines, comme l'Andalousie, les Iles Baléares, la Sicile, etc. Mais nous devons déclarer que, jusqu'ici, l'existence de cet étage dans notre Tell algérien ne nous paraît pas démontrée d'une façon indiscutable. Quelques auteurs algériens, à la vérité, et notamment

(1) Voir Fontannes, *Bassin du Visan*, p. 60.
(2) *Le Sahara*, p. 44.

MM. Delage et Ficheur, en ont signalé et décrit quelques affleurements, mais nous espérons pouvoir démontrer dans le cours de ce travail que la faune et la situation stratigraphique de ces gisements peuvent être interprétées différemment et que leur attribution au terrain plaisancien est non seulement possible mais très probable.

Donc, d'après la manière de voir que nous venons d'exposer et que nous développerons lors de la description des gisements, le terrain sahélien, tel que nous le connaissons jusqu'ici, se trouverait en réalité simplement constitué par des assises d'âge messinien.

Dans ces conditions nous ne devons pas hésiter à employer cette dernière dénomination qui, indépendamment de sa signification différente, a encore l'avantage de l'antériorité sur celle d'étage sahélien.

Si, ultérieurement, de nouvelles observations démontrent que des dépôts véritablement synchroniques des marnes bleues de Tortone existent en Algérie, nous emploierons pour les désigner le terme d'étage tortonien, à l'exemple de tous les géologues français, italiens, suisses, etc., et, comme eux, nous placerons cet échelon stratigraphique à la partie supérieure du système miocène.

Quant à l'étage messinien, à l'exemple de Seguenza, qui le premier l'a fait connaître, à l'exemple de M. Mayer le savant spécialiste, de M. Capellini et d'autres géologues italiens, à l'exemple de Fontannes qui a judicieusement expliqué et développé les motifs sur lesquels est basée son opinion (1), nous le considèrerons comme devant être rattaché à la période pliocène dont il constitue l'assise la plus ancienne.

En ce qui concerne maintenant les autres termes du terrain pliocène nous avons peu de choses à dire.

La très grande majorité des géologues réunissent actuellement dans le seul étage astien de M. de Rouville les marnes bleues du Plaisantin et les sables jaunes de l'Astésan.

_____

(1) *Bassin du Visan*, p. 60, 67, etc. Voir aussi : Compte rendu Congrès géol. internat. de Bologne.

Nous n'avons donc pas à essayer de faire la distinction de ces étages. Ils ne se montrent au surplus, au moins à l'état de formation marine, que sur quelques points assez restreints du littoral algérien. Les nombreux travaux déjà publiés sur ces terrains et surtout le mémoire très complet et très détaillé de M. Welsch sur le Pliocène des environs d'Alger les ont bien fait connaître et ont nettement établi leur position relative et leur place dans la série chronologique sédimentaire. Il nous suffira donc de donner, lors de l'énumération des gisements, les quelques détails nécessaires pour établir l'âge relatif des Échinides qu'ils renferment.

La question du synchronisme est beaucoup plus difficile à résoudre en ce qui concerne le terrain pliocène supérieur.

Tous les géologues qui ont étudié le terrain tertiaire d'Algérie, principalement sur le littoral, ont reconnu qu'au-dessus du terrain pliocène astien et constamment en stratification discordante avec lui, il existait encore une autre formation, qu'on doit rattacher également au système pliocène, mais qui diffère des étages précédents, non seulement par sa situation stratigraphique, mais par la nature des sédiments qui la composent et par la faune qu'elle renferme.

Ce nouveau terrain, à peu près constamment confiné sur quelques points du littoral, se présente tantôt sous la forme de dépôts purement marins, mais toujours littoraux et composés d'éléments clysmiens, et tantôt sous la forme de dépôts fluvio-marins ou d'estuaire.

En dehors du littoral, le même horizon géologique semble représenté par des formations terrestres ou lacustres qui ont été observées surtout dans la province de Constantine et dans le Sahara.

Les dépôts marins ou fluvio-marins du littoral sont échelonnés à des altitudes variant de 40 mètres à 300 mètres et ne sont peut-être pas tous, d'après M. Bleicher, exactement synchroniques (1).

En tous cas, ils sont toujours séparés nettement du Pliocène inférieur. Entre les deux terrains, il y a eu un mouvement considé-

(1) Voir Bleicher *Rech. sur le ter. tert. sup environs d'Oran*, in *Revue Sci. nat.*, t. III, p. 577; voir aussi Welsch *Bull. Soc. géol. France*, 3ᵉ sér., t. XVII, p, 136 et suiv. et Ficheur, *Géol. de la Kabylie du Djurjura*, p. 396.

rable du sol qui a entraîné l'émersion au moins partielle du premier.

Le Pliocène supérieur est non moins distinct du quaternaire marin ancien qui ne forme jamais qu'une bordure étroite, s'élevant fort peu au-dessus du niveau actuel de la Méditerranée. Le mouvement d'exhaussement du sol qui a mis fin au dépôt du Pliocène, quoique peut-être lent et progressif, a été considérable, comme on peut le voir par l'altitude à laquelle ce terrain a été porté. Il semble donc probable que ces dépôts marins du Pliocène supérieur peuvent être synchroniques des poudingues, grès et sables gypseux de la lisière du Sahara et du Hodna et de certaines couches profondes de l'Oued-Rhir et de la région d'Ouargla. On pourrait alors les classer dans l'étage saharien inférieur, tel que le comprend M. Mayer. Nous ne connaissons guère d'ailleurs d'autre étage stratigraphique, déjà classé dans la nomenclature, où notre Pliocène supérieur puisse prendre place. L'étage *villafranchien* de Pareto, qui paraît occuper à peu près la même place dans l'échelle stratigraphique, n'est qu'une formation d'eau douce locale avec laquelle il est difficile de reconnaître des rapports quelconques.

Les quelques grands Pachydermes dont on a retrouvé les restes dans cette formation ne paraissent pas représentés dans le terrain algérien qui nous occupe. Cependant, à Saint-Arnaud, près de Sétif, dans un gisement que M. Ph. Thomas [1] considère comme étant du même âge que ceux d'Aïn-Jourdel et de Mansourah et que les dépôts pliocènes supérieurs marins du littoral, on a découvert des molaires qui, d'après M. Gaudry, offrent une grande ressemblance avec celles de l'*Elephas meridionalis*. Ce fait, s'il était bien établi [2], pourrait faire admettre une certaine correspondance entre le Villafranchien et le Saharien inférieur.

M. Welsch [3], qui a le plus particulièrement étudié le Pliocène supérieur des environs d'Alger, pense que ce terrain est peut-être

---

(1) *Quelques formations d'eau douce de l'Algérie*, p. 20.
(2) Nous devons faire observer ici que M. Gaudry n'a eu à sa disposition que des photographies des dents en question.
(3) *Bull. Soc. géol., France*, 3ᵉ sér., t. XVII, p. 143.

l'analogue des dépôts placés par Seguenza dans l'étage *sicilien*.
En tous cas, il reconnaît que le Pliocène supérieur algérien doit
être placé sur le niveau du Pliocène de Rhodes, de Chypre, de
Cos, de Tarente, etc.

De toutes les discussions qui précèdent et sous bénéfice des
réserves faites en ce qui concerne les terrains attribués aux étages
tongrien et tortonien, il semble possible d'établir ainsi qu'il suit la
nomenclature des divisions reconnues dans les terrains tertiaires
moyens et supérieurs du nord de l'Afrique :

Système Miocène.
- Tongrien.
- Langhien.
- Helvétien.
- Tortonien.

Système Pliocène.
- Pliocène inférieur (Messinien, Plaisancien, Astien).
- Pliocène supérieur (Saharien inférieur).

Ces questions ainsi résolues, il ne nous reste plus qu'à examiner l'extension, la disposition et la faune de chacun de ces
étage dans les trois provinces algériennes.

PROVINCE DE CONSTANTINE

ÉTAGE TONGRIEN. — Nous ne connaissons dans la province orientale de notre colonie algérienne aucune formation qu'on puisse, avec quelque certitude, rapporter à la première époque de la période miocène.

Cependant, M. Brossard a classé dans l'étage tongrien une bande assez étroite de poudingues et de sables rouges avec gypse qui, dans la subdivision de Sétif, recouvrent le terrain éocène supérieur sur un assez long espace de la limite nord du Hodna, entre l'Oued Boun-Seroun et l'Oued Ksab. Nous avons pu nous-même examiner ces assises et nous devons reconnaître que la classification adoptée par M. Brossard reste douteuse. Pas plus que ce savant nous n'avons trouvé de fossiles dans ces dépôts clysmiens. Leur position stratigraphique entre les assises éocènes supérieures et l'étage miocène est donc le seul argument à invoquer en faveur de leur classement dans l'étage tongrien ; mais il y a lieu de remarquer que les couches miocènes qui, dans cette partie de la lisière du Hodna, recouvrent ces dépôts de poudingues ne semblent représenter que l'étage helvétien ou miocène moyen à *Ostrea crassissima*. Il est donc probable que ces poudingues et sables, supposés tongriens, représentent plutôt l'étage langhien, dont nous trouvons des affleurements bien caractérisés sur le prolongement oriental de cette même bande miocène du nord du Hodna, ainsi que nous allons le montrer.

ETAGE LANGHIEN. — Cet étage ne paraît pas avoir été jusqu'ici reconnu dans le nord-est de la province de Constantine où les terrains éocènes règnent presque exclusivement. A l'ouest, dans les montagnes de la Kabylie orientale, entre Bougie et Sétif, on en a signalé au contraire d'assez nombreux lambeaux. M. Brossard l'a rencontré en plusieurs endroits, notamment à Tizi-Kef-Rida où il repose, à 1000 mètres de hauteur, sur les calcaires du Lias inférieur. Il existe encore, d'après M. Pomel, à Ighil-

Aguisson, au Beni-Amran, etc. Ce savant considère tous ces lambeaux, actuellement épars et restreints, comme de simples témoins d'une ancienne formation autrefois très étendue (1). « L'esprit est confondu, dit-il, du grandiose des déblais qui ont dû être opérés dans ces terrains pour les isoler ainsi. »

Un peu au sud de la Kabylie orientale, entre Bordj-Bou-Areridj et Aumale, nous avons nous-même reconnu un large affleurement de terrain miocène dont une partie sans doute appartient à l'étage langhien. La formation est ici superposée aux grès et poudingues du système éocène et elle se compose elle-même de grès sableux jaunâtres. Toutes ces assises tertiaires reposent sur les couches parfois presque verticales du terrain crétacé supérieur et tout l'ensemble est disloqué et enfaillé de telle sorte que la succession n'est pas toujours facile à suivre. Des sources thermales importantes sortent de quelques-unes de ces failles et ne sont encore utilisées que par les Arabes. Nous n'avons pas recueilli d'Échinides dans ces assises, ni même aucun fossile bien probant; aussi, est-ce avec quelque doute que nous avons attribué ces couches au Langhien.

M. Brossard y a trouvé l'*Ostrea crassissima*, mais ce fossile helvétien, que nous-même n'avons pas rencontré, provient d'un niveau plus élevé dans la série.

La partie centrale de la province et, en particulier, les montagnes au nord du Hodna, renferment des gisements de l'étage langhien beaucoup plus intéressants au point de vue paléontologique. Une longue bande de terrain miocène qui s'étend d'une façon à peu près continue de l'est à l'ouest, depuis les environs de Batna jusque dans la province d'Alger, nous a montré plusieurs étages de la série miocène avec des aspects et dans des positions stratigraphiques très variés.

Nous devons mentionner d'abord la portion qui s'étend, entre Sétif et Batna, chez les Ouled Sellam et les Ouled Soltan. Nous avons pu y examiner en détail la composition des assises miocènes, surtout au campement d'Aïn-Tiferouïn. La série des couches se compose de grès jaunes, puis d'alternances de marnes

(1) *Descrip. strat. génér. de l'Algérie*, p. 145.

jaunes et de grès. Dans ces marnes, nous avons rencontré une assise fossilifère remarquable, très riche en petits fossiles ferrugineux, parmi lesquels dominent l'*Aturia aturi*, de petits gastéropodes et de nombreux restes de ptéropodes. Au-dessus de cette assise règne une succession de bancs calcaires et de couches marneuses vivement colorées soit en jaune, soit en rouge foncé. Cette série se prolonge vers la plaine d'Aïn-Taouzert. Elle repose sur le terrain crétacé inférieur qui, dans cette région, a une grande extension.

Quoique ce gisement d'Aïn-Tiferouïn ne nous ait donné aucun oursin, il nous a paru utile d'y insister un peu parce qu'il présente, au point de vue du parallélisme avec les horizons géologiques de l'Italie, un intérêt tout particulier.

Ce gisement, en effet, est très analogue à celui des Langhe, dans l'Italie septentrionale, et nous montre par conséquent, en Algérie, le véritable type de l étage langhien de Pareto, formation d'eau profonde, déposée assez loin des rivages et riche surtout en restes de Ptéropodes, en petits fossiles de divers genres et en *Aturia aturi*.

C'est à ce même facies langhien du Miocène inférieur qu'il faut rapporter quelques autres gisements des hauts plateaux algériens, notamment celui du Djebel Guendil, exploré par Ville, qui en a rapporté le *Nautilus* (*Aturia*) *aturi* et des Ptéropodes, et surtout celui de Boghar dont nous parlerons plus loin.

Dans notre précédent fascicule nous avions, avec toutes réserves, signalé ces assises comme pouvant appartenir au terrain éocène supérieur. Le fossile le plus caractéristique, l'*Aturia aturi* (*Megasiphonia zigzag*) nous paraissait être le même qu'on rencontre dans l'Argile de Londres et que d'Orbigny et d'autres auteurs considéraient comme caractérisant l'étage parisien. Mais, c'est bien, en réalité, le même fossile qui se retrouve aussi dans le Miocène des environs de Bordeaux et dans le terrain langhien du Piémont. Il nous paraît donc préférable de paralléliser avec ce dernier horizon nos marnes à Ptéropodes et *Aturia* d'Aïn-Tiferouïn, de Boghar, etc.

Si maintenant, de la localité qui vient de nous occuper, on se dirige vers l'occident en suivant le versant sud ·les grandes montagnes du nord du Hodna, Djebel Afghan, Djebel Bou-Thaleb, Djebel Bou-Iche, etc., on marche constamment sur les assises miocènes qui viennent s'appuyer transgressivement sur la tranche des divers terrains jurassiques redressés, sur les terrains crétacés et enfin, plus à l'ouest, sur l'étage éocène supérieur.

Nous ne saurions dire si les assises miocènes de ces localités sont exactement sur le même horizon géologique que les marnes à Ptéropodes d'Aïn-Tiferouïn, mais les couches inférieures peuvent être classées avec quelque sécurité dans l'étage langhien. Quelques-unes de ces couches sont, sur certains points, riches en fossiles et particulièrement en Échinides et elles représentent bien le premier niveau des Clypéastres miocènes, c'est-à-dire l'horizon de Santa-Manza en Corse, de Mahon et de San-Cristobal dans l'île de Minorque, de Sardaigne, de Malte, etc.

Dans la portion la plus rapprochée du Djebel Bou-Thaleb, nous n'avons guère reconnu que les assises langhiennes, toutes les couches supérieures étant masquées par le terrain saharien qui vient les recouvrir, mais plus à l'ouest, les assises helvétiennes à *Ostrea crassissima* se découvrent.

Nous avons, dans notre *Description géologique de l'Algérie* (1), publié déjà des renseignements sur les gisements langhiens du nord du Hodna et nous avons donné une coupe montrant la disposition des couches au Foum-Soubella, sur le versant sud du Djebel Bou-Iche.

Nous ne reproduirons pas ici ce diagramme que les lecteurs peuvent facilement consulter dans l'ouvrage précité. Il nous suffit de rappeler que l'ensemble de ces couches miocènes repose, en stratification très discordante, d'abord sur les marnes néocomiennes et un peu plus loin sur les calcaires tithoniques à *Terebratula janitor*. La partie inférieure de la formation, la seule qui soit visible sur ce point, comprend, à la base, une épaisse assise de mollasse calcaire, grenue, assez dure, très coquillière, au-dessus de laquelle repose un banc calcaréo-gréseux très riche en Échinides. Parmi les oursins que nous y avons recueillis,

(1) *Loc. cit.*, p. 170.

M. Gauthier décrit les suivants dans la partie paléontologique du présent fascicule :

Maretia soubellensis, Gauthier ;
Trachypatagus depressus, Gauthier ;
Schizaster Scillæ, Agas ;
Pericosmus soubellensis, Gauthier ;
Psammechinus soubellensis, Gauthier ;
Clypeaster intermedius, Des Moulins.

Plus loin, dans l'ouest, c'est-à-dire au nord de Msilah, nous n'avons plus retrouvé l'assise à oursins. La composition des couches miocènes y est toute différente et ces couches, comme nous le dirons tout à l'heure, doivent être, au moins en majeure partie, rapportées à un horizon supérieur du système miocène. Si l'étage langhien y est représenté, ce ne peut être que par les assises de poudingues et de grès que M. Brossard a attribuées à l'étage tongrien ou par les grès et marnes rutilantes que nous avons nous-mêmes signalés. M. Thomas, en raison de l'analogie que présentent ces assises avec celles de diverses localités tunisiennes, est disposé à les placer de préférence dans le Suessonien supérieur, au-dessous de l'étage helvétien proprement dit.

D'autres gisements assez nombreux de l'étage langhien, mais moins importants et disséminés en îlots épars et isolés, semblent exister encore dans le sud de la région des hauts plateaux de Constantine. La plupart sont insuffisamment connus et réclament de nouvelles études. Dans la partie orientale, Tissot a indiqué au nord de la plaine des Haractas un affleurement miocène qui peut appartenir à l'étage langhien. C'est sans doute cette même formation qui s'étendait jusqu'auprès de Krenchela et de Lambessa où M. Heinz a recueilli l'*Echinolampas subhemisphœricus* et une espèce nouvelle que notre collaborateur décrit plus loin sous le nom d'*Echinolampas Heinzi.*

M. Thomas nous a communiqué encore un oursin nouveau qui provient également de l'Aurès et de la localité d'El-Hammam, dans la vallée de l'Oued-Abdi. Cet oursin est décrit dans le présent fascicule sous le nom de *Clypeaster pentadactylus.*

La carte géologique provisoire de la province de Constantine dressée par Tissot, en 1876, donne, dans la région orientale dont nous nous occupons, une grande extension à la formation miocène. Il a été toutefois reconnu qu'il était nécessaire de réduire beaucoup cette extension, une grande partie des lambeaux attribués au Miocène appartenant en réalité au système éocène (1). Quelques-uns de ces lambeaux sont toutefois bien nettement miocènes. Ils semblent appartenir en totalité à l'étage helvétien et nous en parlerons tout à l'heure. Cependant il semble fort possible que l'étage langhien y soit aussi représenté.

Il en est de même dans plusieurs autres gisements miocènes du sud de la province où l'Helvétien domine, mais où cependant le Langhien peut exister aussi.

Tel est celui d'El Outaïa, dont nous parlerons tout à l'heure, où M. Heinz a recueilli un oursin du genre *Agassizia* (A. *Heinzi* Gauthier) et où Ville a rencontré, sur le flanc nord du Djebel-Gharribou, quelques oursins parmi lesquels M. Pomel a reconnu *Schizaster numidicus, S. cavernosus, Brissopsis Tissoti, Clypeaster crassicostatus.*

L'ingénieur Ville a également signalé, dans ses divers travaux et notamment dans son *Exploration géologique des bassins du Hodna et du Sahara,* d'assez nombreux affleurements du terrain miocène au nord de Biskra. Nous ne retiendrons ici comme appartenant à l'étage langhien que l'îlot du Djebel Bou-Guendil. Sur ce point la formation se compose de grès jaunâtres « semblables d'aspect à ceux de Ténès », alternant avec des marnes grises et des calcaires gris cendré. Ville y a recueilli le *Nautilus aturi,* le *Schizaster Scillæ* et d'autres fossiles indéterminés. Nous avons ainsi sur ce point très probablement un représentant du même faciès langhien que nous avons signalé à Aïn-Tiferouïn.

Enfin, pour terminer notre chapitre en ce qui concerne ce dernier étage, nous devons rappeler que M. Pomel considère comme un faciès continental de son étage cartennien, c'est-à-dire du Langhien, ces amas de poudingues accumulés sur la lisière nord du Sahara, notamment à El Kantara, au Djebel Bou Khaïl, à Brézina, etc.

_____

(1) Pomel, *loc. cit.*, p. 145.

Tissot dans sa carte géologique avait considéré ces dépôts comme nummulitiques.

ÉTAGE HELVÉTIEN. — Le terrain helvétien constitue en Algérie une formation assez puissante qui, d'après M. Pomel, peut se subdiviser habituellement en quatre sous-étages parfois discordants entre eux et indépendants les uns des autres.

Le sous-étage inférieur se compose le plus souvent de conglomérats grossiers et parfois d'alternances de marnes, d'argiles et de grès. Les fossiles y sont rares et mal conservés.

La deuxième assise, la plus importante au point de vue qui nous occupe, consiste en calcaires blanchâtres remplis d'algues calcaires du groupe des *Lithothamnium*. C'est cette assise, connue généralement en Algérie sous le nom de calcaires à Mélobésies, qui est le gisement principal des oursins et notamment des Clypéastres.

Le troisième étage est composé de marnes bleues ou grises peu fossilifères et enfin le quatrième, qui semble l'équivalent exact des faluns de Touraine, etc , est composé de bancs de grès et de marnes sableuses remplies d'*Ostrea crassissima.*

Ces subdivisions de l'étage helvétien semblent jusqu'ici s'appliquer plus spécialement à l'ouest de l'Algérie où ce terrain acquiert son maximum de développement. E les sont difficiles à reconnaître dans la formation helvétienne de la province de Constantine et il n'est pas à notre connaissance que, jusqu'ici, on les y ait retrouvées. En tous cas, il paraît vraisemblable que des modifications considérables sont survenues dans la nature et le faciès de quelques-unes des assises. C'est surtout par son assise supérieure, c'est-à-dire par la zone à *Ostrea crassissima*, que l'étage helvétien se fait remarquer. En outre, en raison sans doute du mouvement lent du soulèvement qui peu à peu a fait émerger l'Ouest ou au moins le Nord Ouest de la province, une partie de la période helvétienne n'est plus représentée que par des formations lacustres et terrestres. C'est ainsi, au surplus, qu'il en est, dans cette région, de toutes les formations tertiaires supérieures qui, à l'inverse de ce que l'on voit dans les provinces d'Alger et d'Oran, ne sont, aux environs de Constantine, constituées que par des dépôts terrestres ou d'eau douce.

L'étage helvétien marin se montre dans la province de Constantine sous la forme de lambeaux importants et assez nombreux.

Au sud de Guelma, un premier gisement est à signaler. C'est le plus septentrional que nous connaissions dans cette partie de la province. Il est remarquable par les sulfures de plomb et de cuivre qu'il renferme. Les strates se composent de bancs épais de molasses coquillières à la base, avec de nombreux *Pecten*, des Balanes, etc.; au-dessus se développent des argiles grises très épaisses qui donnent naissance à une région très ravinée et enfin, à la partie supérieure, règnent les grès métallifères.

Le fossile le plus caractéristique de ce gisement est l'*Ostrea crassissima* qui lui assigne, au moins en partie, sa place dans l'étage helvétien.

Un autre gisement analogue existe entre Constantine et Djidjelli. Il forme un îlot assez important qui s'étend depuis l'Oued el Kteun jusqu'auprès de la petite ville de Milah.

Depuis longtemps ce gisement est connu. Il a été découvert par Fournel (1) qui y a signalé l'*Ostrea crassissima* en abondance et des amas considérables de sel gemme qui sont exploités par les Arabes. Depuis ce moment, cette localité a été souvent mentionnée et sa description a été reprise notamment par Coquand. Aucun Échinide n'y a été découvert.

Il en est encore de même d'une localité située dans le sud de la province et signalée, dès 1849, par Fournel. Ce gisement est situé entre El Kantara et El Outaïa, auprès de la source sulfureuse d'Aïn-el-Hammam. Il se compose, comme ceux dont nous venons de parler, de poudingues, d'argiles et de grès. L'*Ostrea crassissima* s'y montre en quantité prodigieuse. Aucun oursin n'y a été rencontré par les premiers explorateurs; cependant Ville, qui a étudié plusieurs localités se rattachant à celle qui nous occupe, en a rapporté quelques Échinides. C'est ainsi que sur le versant nord du Djebel Metlili ce savant a signalé (2) l'existence du *Clypeaster altus* avec l'*Ostrea crassissima*. A Aïn-Sultan, Ville a recueilli (3) dans le Miocène, qui sur ce point repose en discor-

---

(1) *Richesse minérale*, t. I, p. 228.
(2) *Explor. géol., bas. Hodna et Sahara*, p. 104.
(3) *Loc. cit.*, p. 107.

dance sur le terrain crétacé, de nombreux fossiles indéterminés et en outre le *Schizaster Scillæ* et le *Clypeaster scutellatus*. Ces mêmes oursins sont encore signalés par l'auteur sur le flanc nord du Djebel Gharribou (1). Enfin, dans le même ouvrage, Ville a donné la description du terrain miocène à *Ostrea crassissima* de l'oasis de Branis, au nord de Biskra (2).

D'après M. Pomel, qui a pu étudier les oursins rapportés par Ville du Djebel Gharribou, près El Outaïa, les espèces seraient les suivantes :

> *Schizaster numidicus.*
> — *cavernosus.*
> *Brissopsis Tissoti.*
> *Clypeaster crassicostatus.*

M. Pomel conclut que, dans cette localité, le calcaire à Mélobésies de l'Helvétien est représenté par des calcaires à Échinides et il estime que l'Helvétien peut y recouvrir le Langhien.

D'autres dépôts de formation également marine et de caractères analogues existent encore dans la partie occidentale de la province de Constantine. Ce sont ceux que nous avons déjà signalés au nord du Hodna, à l'ouest des affleurements de l'étage langhien du versant sud du Djebel Bou-Iche.

Dans cette partie de la bande miocène que traverse le chemin de Medjès-el-Foukani à Msilah, nous n'avons plus retrouvé les couches à Échinides. La composition des assises miocènes y est tout autre qu'au Foum-Soubella et il est possible que la série supérieure ou helvétienne y soit seule représentée, au moins paléontologiquement.

Nous avons, dans notre *Description géologique de l'Algérie*, donné, comme pour le gisement de l'Oued Soubella, un diagramme montrant la disposition et la succession des couches au nord de Msilah. Nous prions les lecteurs que cette question peut intéresser de vouloir bien s'y reporter. Le substratum de l'étage miocène est ici formé par le terrain éocène, mais nous n'avons reconnu entre les deux étages aucune discordance apparente de

(1) *Loc. cit.*, p. 182.
(2) *Idem*, p. 212.

stratification. La séparation entre eux n'a pu même être établie que tout à fait arbitrairement, et il est fort possible que, comme l'a pensé M. Thomas, une partie des couches que nous avons rapportées au Miocène soient encore une dépendance de l'Éocène.

Pour nous, la succession des couches miocènes, telle que nous l'avons admise, comprend des grès en plaquettes, des marnes violacées alternant avec des grès et des calcaires rouges et gris, des argiles rouges, des marnes argileuses vertes avec nombreux petits filons ramifiés de calcite, des grès gris très durs, des marnes jaunâtres et gris cendré au-dessus desquelles nous rencontrons enfin un banc fossilifère. Il se compose d'un grès marno-sableux rempli de gros *Ostrea crassissima*, de moules internes de *Venus* et d'autres pélécypodes indéterminables.

Cette assise fossilifère est surtout visible au col où le vieux chemin de Bordj-Bou-Areridj à Msilah traverse le petit mamelon, ou ressaut, formé par la saillie des bancs de grès. Au-dessus se superposent encore des grès calcareux friables, des grès durs sans fossiles et enfin, à la partie supérieure, des marnes noirâtres très fissiles qui viennent se perdre et disparaître sous le manteau de terrain saharien de la grande plaine du Hodna.

Sur la bordure externe, ce dernier terrain se compose de dépôts épais de poudingues qui masquent les argiles miocènes et s'appuient sur elles en stratification très discordante et transgressive.

Sur d'autres points de cette même bande, le terrain helvétien montre, alternant avec des grès, des bancs assez épais de poudingues dont les éléments très roulés ont été empruntés aux terrains crétacé et éocène sur lesquels ils reposent. On y trouve des cailloux de calcaires daniens, des silex noirs du Suessonnien, etc. Nous avons là une preuve que des oscillations se sont produites pendant cette période du système miocène et ces dépôts de cailloux roulés représentent les cordons littoraux et les traces des rivages successifs.

Ces affleurements miocènes du nord du Hodna sont les plus méridionaux que nous ayons pu observer dans l'ouest de la province de Constantine. Dans tout le cercle de Bou-Saada nous n'en avons rencontré aucun, pas plus que M. Brossard qui a également étudié cette région. Il résulte de ces faits que les gisements que nous avons signalés entre Batna et Biskra sont complètement isolés et ont dû se former dans un golfe assez étroit de la mer miocène. Cette mer, de ce côté seulement, s'étendait jusqu'aux confins de la région actuelle du Sahara, mais sans pénétrer dans cette région.

En ce qui concerne le centre et le nord oriental de la province, la période miocène supérieure semble représentée, dès l'époque helvétienne, par des dépôts d'eau douce. Un des plus anciens de ces dépôts est celui qui constitue le petit bassin lacustre de Smendou, déjà décrit depuis longtemps par Fournel, par Coquand, par nous-même, et étudié de nouveau par M. Philippe Thomas en 1884 (1) et par M. Pomel en 1889. Les sédiments se composent de sables et de graviers au-dessus desquels gisent des argiles brunes. grises et jaunes, un peu sableuses et des calcaires marneux blanchâtres fossilifères. On trouve dans ces couches quelques veines de lignite qui ont donné lieu à des travaux de recherche. Un sondage poussé jusqu'à une cinquantaine de mètres, a traversé des marnes alternant avec des argiles et des calcaires, mais on n'y a rencontré qu'un lignite argileux inexploitable.

Les fossiles sont assez abondants dans les couches lignitifères. Ce sont des plantes et des coquilles d'eau douce, Planorbes, Lymnées, etc. On doit citer comme caractéristiques de ce gisement : *Melanopsis Thomasi, Unio Dubocqui, Anodonta smendovensis,* etc. Ces fossiles sont dans les argiles inférieures.

M. Ph. Thomas y a recueilli quelques ossements de vertébrés et en particulier d'Antilope. Ces ossements gisent dans les couches lignitifères avec des Lymnées, Planorbes, Paludines, Ancyles, Pisidies, Helix, etc.

Coquand, se basant surtout sur la présence d'une plante fossile, le *Flabellaria Lamanonis,* qui se retrouve dans le midi de la France, avait classé les couches de Smendou dans le Tertiaire moyen. M. Thomas les considère comme une formation intermédiaire entre les époques miocène et pliocène. Pour ce savant,

(1) *Mém. Soc. géol. France,* 3° série, t. III, p. 4 et suiv.

elles sont synchroniques d'une autre formation à faune terrestre qu'on observe auprès de Constantine, au polygone d'artillerie, et dont nous parlerons tout à l'heure. Cet ensemble, auquel il faut réunir des argiles et marnes sableuses gypsifères, versicolores, du bord du Sahara, appartient pour M. Thomas à l'étage mio-pliocène.

M. Pomel (1) considère au contraire le bassin à lignite de Smendou comme plus ancien que les marnes à Hélices du polygone d'artillerie de Constantine. Pour lui, cette dernière formation est sahélienne, tandis que les couches de Smendou sont au moins helvétiennes.

Cette dernière manière de voir est partagée par M. Ficheur qui, récemment, a pu constater les relations de ces couches avec l'Helvétien à *Ostrea crassissima* du N.-O. de Constantine.

Nous n'avons donc qu'à attendre la publication de ces nouvelles observations qui nous promettent enfin la solution de cette question si controversée.

ÉTAGE PLIOCÈNE. — Le terrain pliocène de formation marine paraît à peine exister dans la province de Constantine. Nous n'en connaissons qu'un gisement fort restreint sur le littoral, dans la plaine de Djidjelli. Il s'y présente, comme sur le littoral d'Alger, sous forme d'argiles grises, fossilifères, assez analogues aux marnes subapennines des environs de Nice.

Au contraire, les formations continentales de l'époque pliocène sont assez étendues dans le centre et dans la région saharienne de la province.

M. Ph. Thomas, dans son mémoire déjà cité sur les formations d'eau douce de l'Algérie, les a tout particulièrement étudiées et nous ne pouvons mieux faire que prier le lecteur de consulter cet important travail.

M. Rolland (2), prenant pour point de départ les conclusions de M. Thomas, a essayé d'établir la correspondance entre les diverses formations lacustres ou terrestres observées dans le Tell et certaines assises des régions du Hodna, de l'Oued Rhir et des environs d'Ouargla.

(1) *Carte géol. Algérie, Descrip. strat. génér.*, p. 160 et 178.
(2) *Comptes-rendus Assoc. fr. avanc. des Sc., Congrès d'Oran*, p. 273.

Quelque grand que soit l'intérêt qui s'attache à ces difficiles questions, elles s'éloignent trop de l'objet principal de notre notice échinologique pour que nous puissions les aborder ici avec quelques détails.

Un des types les plus remarquables des formations pliocènes continentales se montre au sud et près de Constantine. Coquand a donné, en 1862, une coupe de ce gisement, mais il a mal interprété la position relative des assises. Les couches lacustres du polygone d'artillerie y sont figurées comme superposées aux poudingues du Coudiat-Ati, tandis que, comme l'a montré M. Thomas, elles leur sont au contraire inférieures et en discordance absolue avec eux.

Cette formation du polygone d'artillerie est considérée par M. Thomas comme probablement synchronique des argiles de Smendou. Cependant ce savant fait remarquer qu'on n'y trouve ni les couches à lignite, ni les coquilles caractéristiques de ces argiles. C'est un autre faciès de ces formations de transition qui séparent les deux étages miocène et pliocène.

Nous ne reviendrons pas ici sur la description de ces couches à Hélices, déjà si souvent donnée. Il nous suffit de rappeler qu'elles comprennent des calcaires marneux à Lymnées et des argiles très riches en coquilles d'Hélices remarquablement conservées.

Ainsi que nous l'avons dit plus haut, M. Pomel (1) considère le gisement dont nous nous occupons comme superposé aux argiles de Smendou et il le classe dans son étage sahélien. Le terrain pliocène inférieur ne commence pour lui, comme d'ailleurs pour M. Thomas, que par une autre formation lacustre étudiée par ce dernier savant au sud-ouest de Constantine, autour d'Aïn-el-Bey. Cette nouvelle formation se compose de strates parfaitement horizontales et régulières, alternativement marneuses et travertineuses, dans lesquelles le gypse disparaît pour faire place à des éléments calcaires. M. Thomas y a pu recueillir de nombreuses coquilles terrestres et lacustres, Helix, Bulimes, Lymnées, Planorbes, Paludines, etc., et des ossements et dents de Sanglier, d'Hippopotame et d'Hipparion.

(1) *Loc. cit.*, p. 168.

Le Pliocène supérieur est également représenté par des dépôts détritiques fluvio-lacustres et terrestres. Il atteint parfois une assez grande puissance, notamment dans la plaine de la Medjana où il se présente, comme nous l'avons montré (1), sous forme de gours isolés, c'est-à-dire de témoins épars, composés d'assises horizontales marneuses et subtravertineuses avec nombreux moules d'Hélices et de Bulimes.

M. Thomas a étudié en détail le Pliocène supérieur à la ferme d'Aïn-el-Bey et à Aïn-Jourdel, près de l'ancien télégraphe aérien de la ligne de Constantine à Batna. Il y a recueilli, avec des coquilles fluvio-lacustres, de nombreux ossements de mammifères dont l'énumération peut être retrouvée dans le savant mémoire de notre confrère.

(1) *Descrip. géol. Algérie*, p. 181.

PROVINCE D'ALGER.

Les dépôts de la période miocène sont déjà beaucoup plus répandus et plus importants dans la province d'Alger que dans celle de Constantine. On en rencontre dans les montagnes du littoral, dans le Tell et dans la région des hauts plateaux, à l'exclusion de la partie méridionale et aussi de la région saharienne où, jusqu'ici, on n'en a observé aucun représentant bien caractérisé.

ÉTAGE TONGRIEN.— C'est dans le nord est de la province d'Alger que la présence d'un étage miocène, inférieur au Langhien, a été constatée. On en doit, comme nous l'avons dit, la découverte à M. Ficheur qui, n'ayant pu, faute de fossiles et d'indications stratigraphiques suffisantes, déterminer exactement la place de ce nouvel étage dans la nomenclature stratigraphique, a jugé préférable de le désigner sous le nom d'étage dellysien. C'est, en effet, dans les environs de la petite ville de Dellys que cette formation a été observée. Rapportée jusque-là à l'étage miocène, elle se distingue cependant assez nettement des autres couches miocènes de la région par une discordance de stratification qui, d'après les croquis de M. Ficheur, serait très visible au Kef Makouda, à 10 kilomètres au nord de Tizi-Ouzou. Elle est, en outre, non moins bien séparée des grès de l'Éocène supérieur (étage numidien), de sorte que sa place est nettement marquée entre ce dernier étage et l'étage langhien.

Or, entre ces deux termes de la série stratigraphique, il existe, aussi bien en France qu'en Italie, deux étages importants, le Tongrien et l'Aquitanien.

Auquel de ces deux étages doit-on attribuer les grès de Dellys? M. Ficheur n'a pu se prononcer. La question d'ailleurs n'a qu'un intérêt secondaire et le point important était de constater l'antériorité de cette formation relativement à celle des dépôts langhiens qui sont répandus dans la même région. Il n'y a donc, en l'état de la question, aucun inconvénient à classer ces dépôts dans le Tongrien et il ne semble pas qu'il soit indispensable d'adopter pour eux un terme spécial.

Cette formation tongrienne de Dellys se compose, d'une manière générale, de poudingues et de grès grossiers auxquels succèdent des alternances de marnes et de grès. Aucun fossile déterminable n'y a été rencontré. M. Pomel pense qu'on devra sans doute rapporter à ce même horizon bien d'autres dépôts clysmiens, sans fossiles, de l'Algérie, et notamment ces amas de poudingues de la vallée d'El Kantara et de la lisière nord du Sahara qui ont été successivement attribués un peu à tous les étages tertiaires.

ÉTAGE LANGHIEN. — Dans le nord-est de la province d'Alger, nous connaissons, au milieu du massif de la grande Kabylie, des îlots importants de l'étage langhien. Ils y sont isolés et, en général, absolument indépendants des terrains éocènes, si répandus eux-mêmes et si développés dans les mêmes montagnes. Ces dépôts langhiens reposent le plus souvent directement sur la formation des schistes cristallophylliens et ils ont manifestement rempli des dépressions produites dans le sol du Nord africain lors du grand affaissement qui a suivi la période éocène. Ces dépôts, qu'aucune autre formation tertiaire n'a précédés sur ces points, se trouvent donc ainsi exactement dans les mêmes conditions stratigraphiques que les couches miocènes de Corse, de Sardaigne, des Baléares, etc.

Nous avons, en 1867 (1), publié déjà une description de l'îlot de terrain miocène qui forme le petit bassin de Tizi-Ouzou et nous avons donné une coupe de ce terrain depuis le Djebel Belloua jusqu'à Bou-Hinoun. Cette coupe a été reproduite dans notre *Description géologique de l'Algérie* et, d'autre part, M. Ficheur (2) en a relevé une de ce même gisement, qui ne diffère de la nôtre que par la présence d'une faille et par une attribution différente des couches supérieures.

Dans ces conditions, le bassin en question peut être considéré

(1) *Bull. Soc. géol. France*, 2e série, t. XXIV, p. 627.
(2) *Kabylie du Djurjura*, p. 347.

comme bien connu et il est inutile de reproduire à nouveau ces diagrammes. Nous rappellerons seulement que les premières assises miocènes, composées de poudingues grossiers, reposent sur la tranche des schistes cristallins. Ces poudingues sont formés de débris très variés de toutes les roches azoïques de la région, empâtés dans un ciment calcaire très ferrugineux. A leur partie supérieure, ces poudingues prennent des éléments plus fins et passent ensuite à des grès calcarifères souvent rougeâtres. Sur le versant occidental du Djebel Belloua, ces grès sont remplis de moules de bivalves, en assez mauvais état.

Au-dessus de ces premières assises se développe un calcaire gréseux, brun ou gris, assez épais. Une carrière a été ouverte dans ces bancs, sous le bordj de Tizi-Ouzou, et nous avons pu y recueillir quelques rares fossiles, notamment des oursins, *Spatangus castelli*, *Schizaster Scillæ* et des radioles de *Cidaris*. Les autres fossiles sont à l'état de moules internes et peu déterminables; ce sont des *Turritella*, *Voluta*, *Conus*, *Pecten*, etc.

La partie supérieure de la formation est occupée par une épaisse assise de marnes et d'argiles grises dans lesquelles nous n'avons pu rencontrer aucun fossile.

M. Ficheur a, depuis, attribué ces mêmes argiles à l'étage sahélien de M. Pomel. Il en résulterait, si cette attribution est bien fondée, que l'étage helvétien ferait ici complètement défaut, quoique les argiles supérieures semblent être en concordance de stratification avec les calcaires gréseux du Langhien.

Nous aurons tout à l'heure, à propos de l'étage tortonien, l'occasion de parler de nouveau des argiles qui nous occupent et de faire connaître notre manière de voir au sujet de leur attribution.

La partie occidentale du bassin de Tizi-Ouzou, c'est-à-dire les couches qui se relèvent sur le versant des montagnes de Bou-Hinoun, le long du cours de l'Oued-Sebt, nous ont fourni beaucoup plus de fossiles que la partie orientale. Dans les gorges étroites de la rivière et sur les plateaux voisins du cours d'eau, les oursins sont assez abondants, notamment un petit *Schizaster* que notre collaborateur a nommé *S. sebtensis*.

La faune échinologique du bassin de Tizi-Ouzou comprend :

Spatangus castelli,
Maretia tenuis,
Brissopsis crescenticus,
— *Meslei,*
Schizaster seblensis,
— *pusillus,*
— *Scillœ,*
Echinolampas doma,
Clypeaster folium,
— *subfolium,*
— *Ficheuri.*

Indépendamment du gisement de Tizi-Ouzou dont nous venons de parler et qu'on peut prendre comme type de l'étage langhien de la Grande Kabylie, il existe dans cette même région plusieurs autres affleurements du même étage. Ils sont fort analogues entre eux et forment également des dépôts de remplissage de cuvettes plus ou moins étendues. M. Ficheur dans son remarquable travail sur la Kabylie du Djurjura a donné sur tous ces gisements des détails très circonstanciés. Nous n'avons donc qu'à prier le lecteur de vouloir bien s'y reporter.

Au point de vue spécial que nous traitons aujourd'hui, les localités les plus intéressantes explorées par M. Ficheur sont les suivantes :

1° Le Camp du Maréchal, où dominent les oursins du genre *Clypeaster ;*

2° La carrière des Beni-Chennacha, où les *Hypsoclypus* (*Echinolampas*) sont abondants, ainsi que plusieurs autres oursins ;

3° Le village de Tizerouïn, au sud du Bordj-Menaïel, où l'on rencontre aussi de nombreux Échinides et notamment les *Sarsella Ficheuri,* et *Clypeaster subfolium ;*

4° Tizi-Renif, dans le bassin de Dra-el-Mizan, où l'on observe, dans les grès langhiens, un banc de 1 mètre d'épaisseur rempli d'une masse serrée d'Amphiopées (*A. personata, A. Villei*).

M. Ficheur a donné une liste de 20 espèces d'Échinides provenant des divers gisements du Miocène inférieur de la Grande

Kabylie. Il est utile de la reproduire ici. Ce sont les espèces suivantes :

> *Sarsella Ficheuri,*
> *Hemipatagus Ficheuri,*
> *Trachypatagus tuberculatus,*
> *Schizobrissus mauritanicus,*
> *Schizaster Letourneuxi,*
> — *Ficheuri,*
> *Pericosmus Ficheuri,*
> *Pliolampas Ficheuri,*
> *Echinolampas pyguroides,*
> — *flexuosus,*
> *Hypsoclypus doma,*
> *Clypeaster subfolium,*
> — *Ficheuri,*
> - *disculus,*
> - *Pouyannei,*
> — *suboblongus,*
> — *intermedius,*
> — *acclivis,*
> *Amphiope Villei,*
> *personata.*

Si maintenant nous quittons la région des montagnes de la Kabylie pour suivre le littoral de la province d'Alger, en nous dirigeant vers l'Ouest, nous rencontrons d'abord, sur le versant nord de l'Atlas, à la limite du Sahel d'Alger, une bande de terrain langhien intéressante au point de vue échinologique. Les localités d'El-Biar, Cheraga, Beni-Messous, Telemly, etc., fréquemment explorées, sont actuellement trop connues pour que nous nous y arrêtions plus longuement. Elles ont fourni un grand nombre d'Échinides que nous énumérons ci-après, en réunissant en une liste unique ceux recueillis par MM. Pomel, le Mesle, Delage, Welsch, etc.

> *Brissopsis Delagei,*
> *Schizaster Ficheuri,*
> — *Christoli,*
> — *curtus,*

Schizaster cruciatus,
Schizobrissus mauritanicus,
Thrachypatagus Peroni (*Macropneustes Pe-*
roni Cotteau),
Throchypatagus depressus,
Echinolampas flexuosus,
— *icosiensis,*
Pliolampas (Plesiolampas) Delagei,
Haimea Delagei,
Hypsoclypus doma,
Clypeaster acclivis,
— *intermedius,*
— *Scillæ,*
— *Badinskii,*
— *Delagei,*
— *peltarius,*
— *subdecagonus,*
— *disculus,*
Scutella obliqua,
Amphiope personata.

Plus loin, sur le littoral même, l'étage langhien occupe une longue bande aux environs de Cherchell. Cet affleurement a également fourni aux explorateurs d'assez nombreux Échinides parmi lesquels M. Pomel a cité les suivants :

Schizaster Bogud,
— *subcentralis,*
Echinolampas flexuosus,
Scutella irregularis,
Amphiope palpebrata,
Cidaris avenionensis.

Enfin, en continuant à suivre le littoral, nous arrivons à l'important gisement de terrain langhien de Ténès (Cartenna) que M. Pomel a pris pour type de son étage cartennien.

Ce terrain miocène de Ténès a déjà été décrit plusieurs fois. Nicaise (1) et M. Pomel (2) ont donné sur sa composition quelques

(1) *Catal. foss. prov. Alger*, p. 28.
(2) *Sahara*, p. 38 et *Explic. carte géol. Alger*, p. 144.

renseignements ; mais c'est surtout à Ville (1) que nous devons les détails les plus circonstanciés sur ce gisement, au point de vue de la stratigraphie, de la pétrologie et de la minéralogie. De nombreux diagrammes relevés par ce géologue ont montré la position relative et la succession des assises en divers points du bassin.

Comme celle de la plupart des localités du même âge, la formation langhienne de Ténès comprend deux grandes assises. L'assise inférieure est constituée par des conglomérats de roches diverses cimentées par un calcaire ferrugineux. Ces conglomérats, qui alternent avec des grès violacés, atteignent souvent plus de 100 mètres d'épaisseur. C'est dans cette partie que gisent les Échinides.

L'assise supérieure se compose seulement de marnes grumeleuses grises et jaunes, habituellement pauvres en fossiles, mais renfermant parfois de nombreux spongiaires pierreux.

Les oursins recueillis à Ténès ne sont pas très variés en espèces ; ce sont :

Echinolampas cartenniensis,
—   *polygonus,*
—   *doma,*
Clypeaster confusus,
—   *expansus,*
—   *cartenniensis.*

En dehors du littoral, où semblent se trouver les gisements les plus importants, il existe encore, dans le Tell de la province d'Alger, d'assez nombreux lambeaux de terrain langhien qui, peut-être, n'ont fourni moins de matériaux paléontologiques que parce qu'ils ont été moins explorés.

C'est notamment ce terrain qui supporte la ville de Milianah et en constitue les environs immédiats. M. Pomel y a mentionné un oursin spécial à cette localité, le *Brissoma milianense*. Puis on le trouve chez les Beni-Fatem, dans le Massif du Ben-Mahiz, au sud de Médéah, à Ben-Chicao, où M. Thomas a recueilli le *Clypeaster*

---

(1) *Notice. minér. prov. Oran et Alger*, p. 268.

confusus, sur le flanc nord du Djebel-Mouzaïa, où l'on a rencontré les *Brissopsis Nicaisei, Hypsoclypus Ponsoti, Clypeaster bunopetalus, C. confusus*, etc.

C'est dans ces régions, dans le Massif du Ben-Mahiz, au sud de Berouaguiah, que M. Pierredon a récemment recueilli un certain nombre d'espèces reconnues par M. Pomel comme analogues à des espèces des faluns de Léognan, dans l'Aquitaine, et qui ont conduit ce savant à considérer son étage cartennien comme synchronique de ces faluns.

Un peu plus au sud, à la limite méridionale du Tell algérien, nous atteignons, aux environs de Boghar, un important affleurement de l'étage langhien. Ce terrain présente là un beau développement. Il occupe une large superficie et se prolonge en une longue bande sans doute ininterrompue, par Teniet-el-Hâd et Tiaret, jusque dans la province d'Oran.

Nous ne saurions dire si l'étage langhien est seul représenté dans la formation miocène de Boghar. Il nous semble fort possible que l'étage helvétien y ait une part et cependant nous ne connaissons sur aucun point l'*Ostrea crassissima* qui semble ne jamais faire défaut dans les gisements de cet étage ou au moins dans ses assises supérieures.

Nous avons eu l'occasion d'explorer les couches langhiennes à la montée de Boghar et sur la route de Boghari à Bou-Ghezoul. M. le Mesle les a étudiées également, mais c'est surtout aux recherches plus prolongées de M. Philippe Thomas que nous devons d'avoir une bonne connaissance de la faune de cette localité.

Le substratum des couches miocènes est formé, à la base de la colline de Boghar, par le terrain éocène suessonien, bien reconnaissable à ses marnes remplies d'*Ostrea multicostata* qui se montrent non loin de Boghari, sur les rives du Chélif. Au-dessus, se développe une épaisse série de calcaires gréseux qui alternent avec des marnes brunes.

Nicaise et d'autres auteurs ont signalé déjà quelques fossiles recueillis dans les couches miocènes au-dessous de Boghar. La faune échinologique de cette localité est toutefois restée fort peu connue. Parmi les espèces qui nous ont été communiquées nous pouvons citer les suivantes :

Schizaster boghariensis,
Echinoneus Thomasi,
Arbacina Massylœa,
Echinolampas Thomasi,
Cidaris avenionensis.

La première a été rencontrée par M. le Mesle à Boghari ; les autres ont été recueillies par M. Thomas dans les marnes du Camp Morand, à la cote 850 mètres.

Certaines parties de ces marnes renferment une assez grande quantité de petits fossiles ferrugineux parmi lesquels dominent l'*Aturia aturi*, et des restes de Ptéropodes. Nous avons donc ici une faune analogue à celle déjà signalée par nous à Aïn-Tiferouïn, dans la province de Constantine. C'est un nouveau gisement du terrain langhien typique, c'est-à-dire à faciès de formation d'eaux profondes, comme les marnes des Langhe.

La partie orientale du Tell et des hauts plateaux de la province d'Alger possède encore quelques affleurements de l'étage langhien qui, quoique n'ayant fourni jusqu'ici que de médiocres matériaux paléontologiques, n'en semblent pas moins avoir une assez grande importance.

Tout d'abord nous devons sigaler un petit îlot qui supporte la ville d'Aumale. Le talus des remparts de cette ville, sur leur face orientale, et le cours de l'Oued-Lakal donnent une bonne coupe de la formation. Les couches miocènes, très inclinées vers le Nord, reposent directement sur les marnes du Crétacé supérieur. Elles sont constituées par des sédiments grossiers, remplis de graviers, de blocs de grès remaniés et de morceaux de silex noirâtre, au-dessus desquels se développent une alternance de bancs calcaires jaunâtres et bleuâtres avec des marnes sableuses. Quelques couches sont remplies de moules de Gastropodes et d'Acéphales en mauvais état. Nous n'y avons aperçu aucun oursin. L'*Ostrea crassissima* ne semble pas exister dans ce gisement que nous attribuons en totalité à l'étage langhien.

Dans notre Mémoire sur la géologie des environs d'Aumale [1],

(1) *Bull. Soc. géol. France*, 2ᵉ série, t. XXIII, p. 686.

nous avons donné un diagramme montrant la disposition des couches miocènes au-dessous de la ville. Nous ne reviendrons donc pas davantage ici sur ce gisement.

Dans le Sud de la subdivision d'Aumale, au pays des Adaoura-Cheraga, les terrains de l'époque langhienne occupent une sur face beaucoup plus étendue. Nous avons eu l'occasion de les ex-plorer à plusieurs reprises et nous avons déjà publié (1) un diagramme, relevé auprès du campement d'Aïn-Ben-Ameur, qui montre la disposition des couches.

Toute cette formation est teintée, sur la carte géologique provi-soire de MM. Pomel et Pouyanne comme appartenant à l'étage helvétien. Il est possible que cet étage y soit en partie représenté, mais nous n'en n'avons aucune preuve paléontologique certaine, car nous n'y avons même pas rencontré l'*Ostrea crassissima*, le fossile le plus répandu et le plus caractéristique de l'Helvétien.

En tous cas, nous pensons qu'une grande partie au moins des assises que nous avons observées doivent être classées dans l'étage langhien.

Dans la région en question, les strates sont inclinées à 40° en-viron vers le nord. La formation miocène est limitée du côté sud par un grand abrupt formant une longue crête, orientée du Sud-Ouest au Nord-Est, qui domine la grande plaine de l'Oued-el-Ham et au bas duquel on aperçoit un massif de couches calcaires redressées et à stratification discordante qui forment le substra-tum du terrain tertiaire.

Ce terrain tertiaire comprend une succession puissante de bancs de grès durs et de grès sableux et argileux friables. A un niveau assez élevé dans la série, nous avons observé un change-ment lithologique radical, sans cependant avoir pu discerner aucun indice de discordance dans la stratification. Des lits assez puissants de cailloux arrondis et de galets calcaires, quartzeux et siliceux viennent s'intercaler dans la formation. Au-dessus de ces bancs à éléments clysmiens, nous avons remarqué, dans un banc argilo-gréseux, une petite zone pétrie de moules de Turritelles ; puis, au-dessus encore, reposent des grès qui renferment eux-

(1) *Descrip. géol. Algérie*, p. 175.

mêmes des blocs arrondis d'un autre grès très différent de celui qui les emballe. Il y a sur ce point des traces manifestes d'un important changement dans le régime de la sédimentation et dans la configuration de la mer tertiaire. Très probablement c'est à ce niveau de poudingues seulement que commencent les dépôts vraiment miocènes. Les couches qui leur sont subordonnées appartiennent sans doute au système éocène.

La formation miocène prise à partir de ce niveau paraît avoir environ 200 mètres d'épaisseur. Elle se compose d'une série de bancs gréseux jaunâtres plus ou moins durs qui alternent avec des couches marno-argileuses. En raison de l'inclinaison des strates et de la plus grande résistance à l'érosion des bancs de grès intercalés, l'ensemble forme une série de ressauts échelonnés en gradins décroissants vers le nord.

Tout cet ensemble est très pauvre en fossiles. Cependant un certain niveau nous a offert des *Pecten* et plusieurs échantillons d'un *Schizaster* en mauvais état. Il est donc probable que des recherches plus approfondies dans ce puissant massif y feraient découvrir des matériaux susceptibles d'être utilisés.

Cet affleurement du terrain langhien est le plus méridional que nous connaissions. Il ne se montre plus, pas plus dans le cercle de Bou-Saada que dans celui de Laghouat; et même, à l'exception d'un petit îlot que nous signalerons tout à l'heure auprès de Djelfa, le terrain miocène tout entier fait défaut dans ces deux grands cercles de la région des hauts plateaux.

ÉTAGE HELVÉTIEN. — Indépendamment des lambeaux importants de l'étage langhien que nous avons signalés plus haut, la région de la Kabylie du Djurjura possède encore d'autres termes de la série miocène.

L'étage helvétien y existe en îlots assez considérables que M. Ficheur a décrits dans son travail sur cette région ; mais, suivant cet auteur, il est toujours incomplet. Les assises inférieures, c'est-à-dire les poudingues, grès et marnes de la base, ainsi que les calcaires à Mélobésies et à Clypéastres y font défaut.

L'Helvétien est donc réduit ici à son terme habituel, les marnes et grès à *Ostrea crassissima*. Ces couches se montrent constamment discordantes avec les couches langhiennes et elles s'étendent même transgressivement sur les formations diverses qui limitent leur bassin (1). Les fossiles y sont très rares en dehors de l'*Ostrea crassissima*. Aucun Échinide n'y a encore été signalé. Nous n'entrerons donc pas dans plus de détails au sujet de ces gisements et nous nous contenterons de mentionner les localités de Bordj-Boghni, Ben-Haroun, Ménerville, etc., comme étant celles où l'Helvétien de la Grande Kabylie peut être le mieux observé.

Dans la partie occidentale du Tell de la province d'Alger, le terrain helvétien devient beaucoup plus important et occupe même une surface bien plus étendue que celle de l'étage langhien. Superposé à ce dernier étage auprès de Mouzaïa, auprès de Milianah, etc., il le recouvre ensuite complètement et forme une large bande qui vient occuper les environs de Médéah, s'étend au sud entre Boghar et Teniet-el-Hâd et se prolonge au loin par Tiaret dans la province d'Oran où il atteint son maximum d'extension géographique.

Une autre bande septentrionale s'étend à l'ouest de Milianah, le long de la vallée du Chélif, passe par Orléansville, longe et entoure le pied du grand massif de l'Ouarsenis et détache au nord des ramifications qui viennent former le littoral entre le cap Kranis et Mostaganem.

Il n'est pas possible de mentionner ici les très nombreuses localités où le terrain helvétien peut être étudié utilement dans cette vaste étendue. Deux d'entre elles seulement appellent plus particulièrement notre attention et réclament une mention spéciale.

C'est d'abord le grand et important gisement qui s'étend à l'Est de Milianah. Ce gisement a été, depuis longtemps déjà, décrit en détail par Ville (2) qui a donné des renseignements circonstanciés sur la nature des couches et leur succession, avec de nombreuses coupes à l'appui. Nous devons encore à Nicaise quelques indications sur ce gisement, mais c'est M. Pomel qui l'a étudié le plus complètement dans son *Mémoire sur le Massif de Milianah*.

---

(1) Ficheur, *Loc, cit.*, p. 368.
(2) *Notice minér. prov. Oran et Alger*, p. 179 et suiv.

C'est aux environs de cette ville, dans la chaîne du Gontas, que, d'après M. Pomel, se trouve le type le plus complet et le mieux développé de l'étage helvétien d'Algérie. Aussi ce savant avait-il eu la pensée d'adopter pour cet étage le nom de *Gontasien* (1), pour le cas où l'on trouverait que le terme d'Helvétien ne pouvait être appliqué dans un sens aussi étendu.

Cette chaîne du Gontas est orientée de l'Est à l'Ouest. Elle s'étend à l'Est de Milianah et relie d'une façon continue le terrain miocène de cette ville à celui de Médéah. Son point culminant s'élève à 880 mètres, auprès du télégraphe du Gontas, et toute sa masse est entièrement constituée par le terrain helvétien, tel que le délimite M. Pomel.

C'est principalement dans cette formation helvétienne du Gontas que ce savant a observé les quatre sous-étages dont nous avons précédemment parlé. Ils y sont superposés depuis Hammam-Righa jusqu'au Chélif.

L'ensemble débute par des alternances de grès et d'argiles et quelquefois par des conglomérats qui atteignent une épaisseur considérable.

La deuxième assise est formée par des calcaires concrétionnés remplis d'algues calcaires comprises autrefois parmi les Mélobésies, mais qu'on désigne actuellement sous le nom générique de *Lithothamnium*. Les fossiles abondent dans cette assise et en particulier les Bryozoaires, les Foraminifères et les Échinides. C'est, au point de vue qui nous occupe aujourd'hui, la zone la plus intéressante de l'étage. Elle atteint dans cette région jusqu'à 100 mètres d'épaisseur.

Le troisième sous-étage est constitué par des marnes bleues ou grises, peu fossilifères, qui atteignent souvent aussi jusqu'à 100 mètres de puissance.

Enfin, le dernier sous-étage se compose de grès alternant avec des marnes qui renferment, en général abondamment, l'*Ostrea crassissima*. Il dépasse souvent 200 mètres d'épaisseur. C'est cette partie qui correspond plus particulièrement à l'étage helvétien proprement dit de M. Mayer et des auteurs qui ont suivi sa classification.

(1) *Sahara*, p. 42.

L'ensemble de ces quatre subdivisions de l'étage helvétien atteint ainsi dans la chaîne du Gontas une épaisseur totale d'au moins 1,000 mètres. Aussi le savant auteur a-t-il, à plusieurs reprises, exprimé la crainte d'avoir donné à son expression d'étage helvétien une extension exagérée.

Nous imiterons cette réserve avec d'autant plus de raison qu'il ne nous a pas été donné d'explorer nous-même ces gisements et que nous ne saurions juger si une partie quelconque de la formation du Gontas peut être distraite de l'Helvétien et rattachée à l'étage précédent. En tous cas, comme nous l'avons déjà dit au début de notre notice, il ne nous paraît pas que la puissance considérable de cet ensemble gontasien puisse être, à elle seule, un obstacle à sa parallélisation avec l'étage helvétien. Nous savons, en effet, qu'en Italie, ce même étage atteint 800 mètres d'épaisseur (1). L'étage langhien, qui lui est immédiatement subordonné, dépasse 1,500 mètres, et, enfin, l'étage miocène inférieur, ou Aquitanien, atteint dans le bassin de la Bormida, aussi bien qu'en Suisse et en Bavière l'énorme épaisseur de 3,000 mètres de sédiments. Nous sommes encore loin d'atteindre de pareils chiffres en Algérie.

A la vérité, dans les contrées méditerranéennes les plus rapprochées de l'Algérie et qui se trouvent dans les conditions sédimentaires les plus analogues, comme le Sud de l'Espagne, les îles Baléares, la Corse et la Sardaigne, l'étage helvétien est loin d'atteindre la puissance que M. Pomel lui a reconnue dans le massif de Milianah.

En Andalousie, cependant, abstraction faite de l'épaisseur sédimentaire, l'étage helvétien présente, relativement à la succession des assises, une grande analogie avec celui de Milianah. Il débute également par des conglomérats et des mollasses, au-dessus desquels se superposent des calcaires avec *Pecten scabriusculus* et *Cidaris avenionensis*; puis viennent des calcaires gréseux avec de nombreux Bryozoaires et des *Lithothamnium* et enfin une assise de conglomérats à petits éléments.

MM. Bertrand et Kilian, auxquels nous devons ces indica-

(1) Mayer, *Bull. Soc. géol. France*, 3e série, t. V, p. 289.

tions (1), ont signalé dans ces couches, non seulement l'*Ostrea crassissima*, qui abonde, mais de nombreux autres fossiles, parmi lesquels nous relevons les *Clypeaster insignis* et *C. altus*, qui sont bien des espèces de l'Helvétien de l'Algérie.

Dans ces gisements de l'Andalousie, le Langhien fait défaut et l'Helvétien discorde toujours avec son substratum.

Dans les Baléares, au contraire, l'étage langhien existe, bien représenté sous la forme de calcaires à Clypéastres, renfermant, d'après les recherches d'Hermite (2), de nombreux fossiles qui se retrouvent au même horizon en Corse et en Sardaigne. Il atteint sur certains points 70 mètres d'épaisseur. Dans ces mêmes Baléares, l'Helvétien, réduit aux assises à *Ostrea crassissima*, ne dépasse pas 40 mètres d'épaisseur. Hermite n'a d'ailleurs pu observer nulle part sa superposition directe aux couches langhiennes à Clypéastres.

En Corse, dans le bassin de Bonifacio, dont nous avons donné la description stratigraphique (3) et dont MM. Locard et Cotteau ont fait connaître la faune si riche et si intéressante, l'étage langhien est représenté par des assises assez puissantes, riches aussi en Clypéastres et nombreux autres oursins, qu'on peut explorer principalement à Santa-Manza, puis le long de la côte du détroit de Bonifacio, à Sprone, à Cadelabra, etc.

L'Helvétien est, dans ce même bassin, constitué par la masse imposante des mollasses granitiques qui supportent la ville de Bonifacio et qui, vers la fontaine de Cadelabra, viennent recouvrir en discordance les calcaires à Clypéastres. Ces mollasses, d'une épaisseur de 120 mètres environ, ne renferment plus de Clypéastres et ne contiennent pas encore l'*Ostrea crassissima*. C'est du reste une formation très différente de l'Helvétien d'Afrique au point de vue de la composition sédimentaire et sans doute des conditions bathymétriques de la sédimentation. Les dents de poisson y abondent ainsi que les radioles de *Cidaris avenionensis* et les débris de *Pentacrinus*.

(1) *Mission d'Andalousie*, p. 479 et suiv.
(2) *Études géol. sur les îles Baléares*, p. 235, 254 et suiv.
(3) *Association française pour l'avancement des sciences* ; *Congrès de Nancy.*

En Provence, dans le bassin du Visan en particulier, Fontannes a reconnu à l'Helvétien une puissance totale de 600 mètres. Cet étage se rapproche donc ici de la constitution que nous lui voyons en Algérie. Il présente du reste aussi, en Provence, de nombreuses assises distinctes avec niveaux récurrents d'*Ostrea crassissima*, de mollasses à oursins, etc.

On voit, par ce rapide aperçu de la constitution de l'étage helvétien dans les diverses contrées les plus voisines de l'Algérie, combien est variable l'épaisseur des couches de cet étage essentiellement composé de sédiments meubles, de dépôts clysmiens accumulés non loin des rivages et par conséquent soumis à toutes les influences locales et par suite à des variations considérables.

Nous avons dit ci-dessus que la deuxième zone helvétienne du massif du Gontas, c'est-à-dire les calcaires à *Lithothamnium*, renfermaient beaucoup d'Échinides. Une des localités les plus intéressantes sous ce rapport est l'Oued Moula, près de Bou-Medfa. Fréquemment visitée par les explorateurs et en particulier par M. Welsch, elle a fourni de nombreuses espèces parmi lesquelles nous pouvons citer les suivantes :

Brissomorpha Welschi Pomel.
Pliolampas Welschi —
Pliolampas medfensis Gauthier.
Echinolampas soumatensis Pom.
Clypeaster pileus —
— *rhabdopetalus* —
— *Pierredoni* —
— *latus* — (non Herklots).
— *egregius* Gauthier (*C. insignis* Pomel).
— *Welschi* Pom.
— *acuminatus* —
— *alticostatus* —
— *soumatensis* —
Arbacina Welschi —

A l'ouest de Milianah, l'étage helvétien s'étend, comme nous l'avons dit, le long de la vallée du Chélif.

4

Aux environs d'Orléansville, il occupe une vaste étendue et constitue un gisement important qui a été exploré souvent et décrit en détail, notamment par Ville (1), par Nicaise (2) et par M. Pomel. C'est donc l'une des localités les mieux connues. Comme, d'autre part, la composition lithologique et la division en assises sont les mêmes que dans le massif du Gontas, nous ne nous y arrêterons pas davantage.

Les localités les plus intéressantes des environs d'Orléansville sont : Lalla-Ouda, le Kef-el-Ghorab, les rives de l'Oued Fodda, celles de l'Oued Isly, etc. Dans ces localités, ce sont les calcaires à *Lithothamnium*, c'est-à-dire l'Helvétien moyen, qui dominent. Ils ont donné aux explorateurs de beaux Échinides et en particulier des Clypéastres variés. Les espèces de ces gisements ne nous sont guère connues que par les descriptions de M. Pomel et par quelques communications qui nous ont été faites. Nous citerons les suivantes :

> *Spatangus tesselatus.*
> *Schizaster barbarus.*
> — *cavernosus.*
> — *phrynus.*
> *Opissaster insignis.*
> *Echinolampas costatus.*
> *Clypeaster ogleianus.*
> — *doma.*
> — *obeliscus.*
> — *productus.*
> — *superbus.*
> — *cœlopleurus.*

Pour terminer notre examen de la répartition géographique de l'étage helvétien dans la province d'Alger, il nous reste à faire connaître que cet étage ne s'étend pas dans la région méridionale des hauts plateaux et qu'il ne semble pas pénétrer dans la région saharienne.

Le gisement le plus méridional qui ait été observé est celui

(1) *Notice minér.*, p. 222.
(2) *Catal. foss. Alger.*, p. 29.

qui se trouve au nord de Djelfa, auprès du Rocher de sel.
L'Helvétien forme là un petit îlot assez tourmenté et très restreint. Ce gisement a été déjà décrit en détail (1), et comme il
n'offre d'ailleurs pas d'intérêt au point de vue échinologique,
nous n'y insisterons pas.

ÉTAGE TORTONIEN. — Au-dessus de l'étage helvétien nous
voyons apparaître, sur le versant méditerranéen des montagnes
du Tell de la province d'Alger, une nouvelle assise tertiaire que
nous n'avions pu étudier dans la province de Constantine où elle
ne semble être représentée que par des formations terrestres et
d'eau douce. Ce nouvel étage est celui que M. Pomel a désigné
sous le nom de *Sahélien* et qu'il assimile à l'étage tortonien du
marquis Pareto (2).

Nous avons dit déjà précédemment que, dans ses derniers
travaux, M. Pomel avait beaucoup amoindri l'extension verticale
de son étage sahélien et qu'il en avait fait sortir les marnes
plaisanciennes qui, dans l'origine, en constituaient le terme
principal. Actuellement, cet étage se trouve donc réduit à l'assise que le savant auteur considère comme l'équivalent strict des
marnes bleues de Tortone, c'est-à-dire comme le Miocène supérieur des auteurs et comme l'étage tortonien, tel que le délimite
M. Mayer. Réduit à ce terme, le Sahélien existerait encore sur
quelques points du littoral algérien, notamment sur la bordure
du Sahel d'Alger et dans plusieurs localités de la Kabylie. Nous
allons examiner rapidement ces gisements et faire connaître les
objections auxquelles donne lieu la classification de M. Pomel.

En ce qui concerne le Sahel d'Alger, M. Delage (3), après avoir
éliminé de l'étage sahélien diverses assises du terrain pliocène
qui y avaient été englobées, maintient ce terme, avec sa classification dans le Miocène supérieur, pour une assise marneuse qui
repose, en discordance et avec lacune, sur les grès de l'étage
langhien et qui entre pour une large part dans la composition

---

(1) Ville, *Notice minér. Cran et Alger*, p. 322, et *Explor. géol. Beni
Mzab et Sahara*, p. 246 et suiv.
(2) *Sahara*, p. 44.
(3) *Géologie du Sahel d'Alger*, p. 68 et suiv.

du massif du Sahel. Ses plus importants gisements sont sur les territoires de Dély-Brahim, d'El Achour, de l'Ouled-Fayet, de Saint-Ferdinand, etc. Sa faune, extrêmement pauvre, se compose de quelques polypiers, de deux espèces d'Échinides (*Brissopsis*) et de quelques mollusques, transformés pour la plupart en limonite et complètement indéterminables. Enfin, cette marne sahélienne ou tortonienne serait recouverte en discordance par la mollasse pliocène.

Or, ces faits de discordance, aussi bien que l'attribution des marnes en question à l'étage tortonien, ont été niés par M. Welsch, qui a étudié d'une façon bien plus détaillée et plus précise les terrains pliocènes des environs d'Alger (1). Pour ce géologue, les marnes grises sahéliennes de M. Delage ne sont que la partie inférieure de l'étage pliocène plaisancien et nous devons reconnaître que, d'après tous les renseignements stratigraphiques et paléontologiques qu'il a publiés, l'opinion de M. Welsch nous paraît beaucoup mieux fondée. Nous nous rangeons donc sans hésitation à sa manière de voir, de laquelle il résulte que l'étage sahélien est entièrement éliminé des formations du Sahel.

La présence des marnes bleues tortoniennes a été constatée dans la grande Kabylie par un observateur attentif et compétent, M. Ficheur, qui, dans sa description géologique de la Kabylie du Djurjura, a signalé, dans le bassin du Sebaou et dans les collines qui avoisinent l'Oued Isser, l'existence de marnes bleues compactes, très homogènes, recouvrant habituellement l'étage langhien en discordance et plus rarement l'Helvétien, et recouvertes elles-mêmes sur quelques points par le Pliocène supérieur. D'après les fossiles qu'elles renferment, M. Ficheur pense que ces marnes concordent avec le Tortonien (*pro parte*) et qu'elles représentent en Algérie la partie supérieure de l'étage sahélien de M. Pomel (2)

Quoique, à ce sujet, l'opinion de M. Ficheur doive être prise en sérieuse considération, il nous reste des doutes profonds sur l'exactitude de cette attribution. Les marnes en question, que

(1) *Bull. Soc. géol. France*, série 3, t. XVII, p. 144.
(2) *Loc. cit.*, p. 390.

nous avons pu examiner sur quelques points, sont en général très pauvres en fossiles. Cependant, plus heureux que nous, M. Ficheur a rencontré, non plus, à proprement parler, dans la grande Kabylie, mais sur les confins de la Metidja, quelques localités où il a pu réunir une faune assez nombreuse dont il a donné la liste.

Or, cette faune, sur laquelle surtout l'auteur appuie sa classification, nous paraît pouvoir être interprétée d'une manière différente. Elle renferme, c'est incontestable, des espèces des marnes de Tortone. C'est là un fait qui n'a rien d'anormal dans ces assises du Tertiaire supérieur où tant d'espèces survivent à l'étage qui les a vues naître (1); mais le point important qui frappe notre attention, c'est que presque toutes les espèces citées par M. Ficheur se retrouvent dans le Pliocène et que beaucoup sont même propres à ce dernier terrain.

Sans vouloir entrer ici dans l'examen détaillé de cette trop nombreuse faune, nous ferons remarquer, par exemple, que sur les six espèces d'*Ostrea* qui sont citées (*O. perpiniana, O. lamellosa, O. cochlear, O. Companyoi, O digitalina, O. cucullata*), il n'en est pas une qui ne se retrouve dans le Pliocène du Midi de la France. Quelques-unes, comme *O. cucullata*, ne manquent dans aucun des gisements de cette époque, et d'autres, comme *O. perpiniana, O. Companyci*, leur semblent jusqu'ici spéciales. Dans l'Andalousie, MM. Bertrand et Kilian ont trouvé six espèces d'*Ostrea* dans le Pliocène de cette région. Or ce sont précisément les six mêmes espèces qu'a citées M. Ficheur.

Nous pourrions faire des observations analogues pour les *Pecten* et pour beaucoup d'autres genres, Pélécypodes ou Gastéropodes, dont toutes les espèces citées impriment à cette faune un cachet pliocène très accentué.

L'examen de la situation stratigraphique des marnes en question n'est pas plus favorable à leur classement dans le Miocène supérieur. Elles sont toujours situées, comme nous l'apprend

_____

(1) D'après Pareto (*Bull. Sec. géol. France*, 2º série, t. XXII, p. 239), il y a dans les marnes de Tortone 67 espèces propres à cette localité, 28 espèces qui passent dans l'Astien et 23 espèces qui se trouvent déjà dans l'Helvétien.

M Ficheur, entre deux lacunes et discordent aussi bien avec leur substratum, quel qu'il soit, qu'avec l'assise qui les recouvre.

Cette situation, par elle-même, n'a rien de probant pour une opinion plus que pour l'autre, mais si l'on veut bien considérer que cette assise des marnes compactes de la Kabylie s'étend à l'ouest jusqu'à Belle-Fontaine, c'est-à-dire jusqu'à la Metidja et au Sahel d'Alger; qu'elle se trouve ainsi presque reliée aux marnes bleues plaisanciennes de cette dernière localité; que ces marnes argileuses plaisanciennes du Sahel sont exactement dans la même situation stratigraphique, c'est-à-dire superposées en discordance au Langhien et surmontées par le Pliocène supérieur; qu'elles ont d'ailleurs les mêmes caractères lithologiques et en grande partie la même faune, on reconnaîtra qu'il y a les plus fortes présomptions pour que les marnes du Sebaou ne soient que le prolongement des marnes pliocènes du Sahel d'Alger. Cette solution ferait disparaître cette anomalie qui consiste à placer, entre deux mêmes échelons stratigraphiques, dans deux localités très rapprochées et appartenant au même bassin, d'un côté, un étage argileux plaisancien très développé, à l'exclusion du Tortonien; de l'autre côté, un étage tortonien argileux très développé à l'exclusion du Plaisancien.

Les gisements de l'étage tortonien (?) qui ont fourni à M. Ficheur le plus grand nombre de fossiles sont les environs du col de Ménerville, Belle Fontaine, Zamouri, Djerabat, etc. Ces localités sont précisément celles qui sont le plus rapprochées de la Metidja. Les gisements de la Kabylie proprement dite, comme celui de Tizi-Ouzou que nous avons pu explorer nous-même et qui nous avait paru devoir être rattaché aux couches miocènes sous-jacentes, n'en ont pas donné.

C'est seulement dans les marnes des tranchées de Bordj-Menaïel que M. Ficheur a rencontré des Échinides, mal conservés, qui ont été désignés par M. Pomel sous le nom de *Brissopsis incerta*.

Dans les marnes, dites sahéliennes, du Ruisseau, près d'Alger, M. Delage a cité les *Brissopsis saheliensis* et *B. ovatus*.

ÉTAGE PLIOCÈNE INFÉRIEUR. — Ainsi que nous l'avons exprimé plus haut, nous comprenons sous ce titre les assises classées par divers auteurs sous les noms d'étages messinien, plaisancien et astien. Quoique la distinction de ces diverses subdivisions semble habituellement possible en Algérie, il ne paraît pas nécessaire de consacrer un chapitre particulier à chacune d'elles. Il suffira d'indiquer, dans la description des gisements, quelle est la portion des couches qui peut être attribuée à l'une ou à l'autre.

D'ailleurs, nous le rappelons encore, la grande majorité des géologues s'accordent pour réunir en un seul étage les marnes plaisanciennes et les sables astiens qui les surmontent à peu près constamment.

Ayant traité dans le chapitre précédent la question des marnes supérieures de la Kabylie que M. Ficheur a classées dans le Miocène supérieur et qui nous paraissent pouvoir être attribuées au Pliocène, comme celles du Sahel d'Alger, nous ne nous occuperons plus ici que de cette dernière région.

De nombreux auteurs ont déjà abordé l'étude des terrains du Sahel d'Alger. Sans chercher à faire l'historique de ces travaux, nous rappellerons ici que depuis longtemps des renseignements détaillés et des listes de nombreux fossiles ont été publiés par de Verneuil, Renou, Deshayes, Ville, Nicaise, Bourjot, etc. Toutefois, c'est depuis ces dernières années seulement que nous sommes en possession de documents réellement complets à ce sujet. Deux importantes monographies du terrain pliocène d'Alger ont été récemment publiées, l'une par M. Delage et l'autre par M. Welsch. Nous avons eu l'occasion déjà (1) de faire connaître quelques objections et quelques critiques auxquelles donnait lieu le travail de M. Delage; aussi, tout en lui empruntant les indications qui peuvent nous être utiles, avons-nous de préférence adopté les conclusions de M. Welsch.

Nous les rappellerons brièvement.

Dans la vallée de l'Oued Nador, vers l'extrémité occidentale de la Metidja, le Pliocène inférieur est formé par un seul groupe de couches dont l'épaisseur dépasse 100 mètres. Il est entièrement marin et représente le Plaisancien et l'Astien proprement dit.

_____

(1) *Annuaire géol. universel*, t. V.

Le Plaisancien est argileux et constitué par des argiles bleues, compactes, à la base, et par des argiles sableuses avec sables gris au sommet.

L'Astien est arénacé et calcaire et comprend : 1° des sables jaunes ; 2° des calcaires jaunâtres.

Les deux sous-étages sont en complète concordance de stratification. Le thalweg de l'Oued Maniah en fournit la coupe la plus complète de la région. Les fossiles sont abondants et bien conservés dans les argiles bleues du Plaisancien. Quelques-uns, comme *Typhis horridus, Limopsis aurita, Nassa semistriata Cardita corbis*, sont caractéristiques de ce niveau.

Dans les sables argileux gris, les fossiles sont également abondants et la faune est sensiblement la même, mais il y a de grands changements dans le nombre des individus. Les sables jaunes de l'Astien atteignent une épaisseur de 30 mètres. Leur faune est pauvre en espèces. Les calcaires gréseux ont 20 mètres de puissance. Les Gastéropodes, si abondants dans les argiles bleues, ont disparu et ont fait place à de nombreux *Ostrea, Pecten* et autres bivalves.

Dans les environs immédiats d'Alger, le Pliocène inférieur a la même disposition et les mêmes caractères, seulement il est ici surmonté en discordance par le Pliocène supérieur.

Les localités les plus intéressantes de tout ce bassin pliocène des environs d'Alger sont, indépendamment des berges de l'Oued Maniah, de l'Oued Nador et du Mazafran, Douéra, Dély-Brahim, El Biar, la propriété de Kodja-Berri, la campagne Laperlier, au col de Sidi-Moussa, Cheraga, El Achour, Ouled-Fayet, Beni-Messous, Mustapha supérieur, le ravin de la Femme sauvage (Oued Kniss), entre Mustapha et Kouba, qui est riche en oursins, etc.

Nous résumons plus loin, en une liste unique, les Échinides recueillis dans ces diverses localités.

ÉTAGE PLIOCÈNE SUPÉRIEUR. — Cette nouvelle formation, visible non seulement dans le Sahel d'Alger, mais dans la Kabylie et sur la côte d'Oran, a été reconnue par tous les géologues comme complètement distincte du Pliocène inférieur. Elle se compose de

dépôts meubles et clysmiens, sables, grès et poudingues, toujours parfaitement indépendants des calcaires et des sables de
l'Astien et séparés d'eux par une discordance complète de stratification. Les localités où elle est le mieux observable sont les
environs de la colonne Voirol. Le Pliocène supérieur y débute
à 220 mètres d'altitude pour se continuer à la partie supérieure
des collines de Mustapha et de Kouba, jusqu'à la Maison-
carrée (1) où il atteint le niveau de la mer. C'est dans les environs de cette dernière localité, le long de l'Oued Ouchaïa, qu'on
a la coupe la plus complète. On y trouve, de bas en haut, des
sables très fins à *Mytilus pictus* avec beaucoup d'autres fossiles
et des oursins, des grès jaunâtres durs qui passent à des poudingues et enfin, au-dessus de ces poudingues, un nouveau
banc de grès avec *Ostrea edulis* (var. *lamellosa*), *Pecten maximus*,
P. jacobœus, etc., et une assise de nouveaux sables jaunâtres
compactes formant une zone de 10 mètres d'épaisseur.

A l'est du Sahel d'Alger, c'est-à-dire de l'autre côté de la
Metidja et dans la Kabylie, où, d'après M. Ficheur, le Pliocène
inférieur n'existerait pas, le Pliocène supérieur présente néanmoins une extrême analogie avec les couches supérieures de
la Maison-carrée auxquelles il est relié par une étroite bande
littorale au nord de la Metidja. Ce sont également, à l'Oued
Corso, à Belle-Fontaine, etc., des sables avec des zones caillouteuses qui donnent à ce terrain l'apparence d'un dépôt alluvionnaire (2). La coupe des collines de Belle Fontaine que M. Ficheur
a donnée reproduit très visiblement celle d'El Biar à la Maison-
carrée donnée par M. Welsch, avec cette seule différence que
les marnes, attribuées dans la première à l'étage sahélien, sont,
dans la seconde, attribuées au Pliocène inférieur.

Les Échinides sont assez abondants dans les assises pliocènes,
tant dans celles de l'étage inférieur que dans les supérieures.
M. Welsch a bien voulu nous en communiquer d'assez nombreuses espèces qui proviennent principalement de Douéra, de
Mustapha, de l'Oued Kniss et de la campagne Laperlier. En

(1) Welsch. *Bull. Soc. géol. France*, 3e série, t. XVII, p. 137.
(2) Ficheur, *Géol. de la Kabylie du Djurjura*, p. 393.

réunissant ces éléments à ceux publiés déjà par M. Pomel et par
M. Delage, on obtient la liste ci-dessous qui représente la faune
échinologique de tout le Pliocène du Sahel d'Alger :

Echinocardium (Echinospatangus) mauritanicum
Pom.; Oued Kniss (ravin
de la Femme sauvage) près
Alger.

—   *algirum*   d°

Spatangus simus,   —   Dély-Brahim.

— *varians*   —   d°

— *subinermis* —   Mustapha supér. (route
de Douéra).

— *pauper*   —   Douéra (couches infér.)

— *Flamandi* Delage; Ouled-Fayet.

Trachypatagus Gouini; Aïn-Kouabi.

Plagiobrissus Pomeli Delage; Dély-Brahim.

Schizaster speciosus Delage ; Cheraga.

—   *maurus* Pomel; Mustapha sup.; Ouled-
Fayet; Oued Kniss.

Echinolampas algirus Pom.; Oued Kniss.

Hypsoclypus Pouyannei Delage; Cheraga; Mustapha.

Clypeaster Letourneuxi; El Biar.

Echinocyamus pliocenicus; Beni-Messous ; Campagne Laperlier.

Anapesus serialis; Oued Kniss; Douera; Sidi-
Moussa.

— *afer*;   d°

— *angulosus*; Tixeraïn (près d'Alger).

Echinus algirus; El Achour; Dély Brahim ;Chabet-
el-Ksob; Douéra.

— *Durandoi*; Douéra.

Arbacina Nicaisei Pom.; Douéra; Mustapha supér.,
ravin de la Femme sauvage.

Psammechinus Mustapha Gauthier; Mustapha sup.

Cidaris Desmoulinsi Sismonda ; Campagne Laperlier (col de Sidi-Moussa).

Cidaris prionopleura Pom. ; Campagne Laperlier
(col de Sidi-Moussa).

— *pseudohystrix* — d°

Dorocidaris Welschi — d°

En dehors des Échinides, qui ne sont abondants que sur certains points, les fossiles les plus répandus sont les *Ostrea cochlear*
*O. edulis, Limopsis aurita, Terebratula ampulla, Ceratotrochus
duodecim costatus,* etc., dans l'horizon inférieur et les *Ostrea edulis,
Pecten jacobeus, P. maximus, Mytilus pictus, Pectunculus viola-
cescens,* etc., dans l'horizon supérieur.

PROVINCE D'ORAN.

ÉTAGE LANGHIEN. — L'étage langhien ne se montre dans la province d'Oran, comme dans celle d'Alger, qu'en îlots disséminés qui ne prennent un peu d'étendue superficielle que vers la frontière marocaine.

A l'ouest du grand affleurement que nous avons signalé auprès de Ténès, on ne trouve plus, dans le Tell oranais, que de petits lambeaux épars qu'il ne paraît pas nécessaire d'énumérer ici et qu'il est d'ailleurs facile de relever sur la carte géologique de MM. Pomel et Pouyanne.

Parmi ceux qui méritent une mention particulière nous cite-citerons les suivants :

1° Le gisement qui s'étend au sud de Relizane, sur la rive gauche de la Mina ; c'est l'un des plus étendus ; il occupe tout le pays des Hanatras ;

2° Ceux des environs de Mascara ;

3° Ceux plus restreints, mais importants au point de vue échinologique, qui sont épars dans cette région du Tell oranais comprise entre le littoral et le Chélif, qu'on appelle le Dahra. Les environs de Sidi-Saïd et surtout de Ouillis, non loin de l'embouchure du Chélif, sont remarquables par le nombre des oursins qu'ils ont fournis. A Ouillis, en particulier, M. Pomel a signalé les suivants :

> *Schizobrissus mauritanicus,*
> *Echinolampas inæqualis,*
> — *claudus,*
> — *pyguroïdes,*
> *Hypsoclypus doma,*
> *Clypeaster petasus.*
> — *turgidus,*
> — *obtusus,*
> — *petalodes,*
> — *angustatus.*

A Sidi-Saïd, au Dahra, le même savant a trouvé :

Echinolampas abreviatus,

Echinocyamus declivis.

Au-delà de Mascara, en allant vers l'ouest, il règne un long espace où le Langhien ne se montre plus. C'est seulement vers l'extrémité occidentale de notre colonie, dans le pays des Traras, aux environs de Nemours et un peu plus au sud, autour de Lalla-Marnia, qu'on retrouve de larges affleurements de cet horizon. Le pays des Traras a fourni quelques oursins, *Amphiope Villei*, *Arbacina Massylea*; mais nous n'en connaissons aucun des environs de Lalla-Marnia qui paraissent pauvres en fossiles. M. le docteur Seguin, médecin militaire dans cette localité, nous a fait savoir que, malgré des recherches minutieuses poussées dans toutes les directions, il n'a rencontré que des matériaux fort peu importants. En fait d'Échinides il n'a observé que des coupes médianes d'un oursin qui lui semble être une Scutelle et qui se trouvent dans un banc d'*Ostrea* relevé vers le Nord, sur les bords de la Tafna.

Dans ces divers gisements oranais, la composition lithologique et la situation stratigraphique des assises langhiennes sont fort analogues à celles que nous avons indiquées dans les gisements de Ténès, Milianah, etc.

Nous n'avons d'ailleurs rien à mentionner d'inédit à ce sujet et nous ne nous y arrêterons pas davantage.

ÉTAGE HELVÉTIEN. — Cet étage du système miocène occupe dans le Tell de la province d'Oran une surface beaucoup plus étendue que le Langhien.

Indépendamment de la bande qui s'étale dans la vallée du Chélif, sur tout le pourtour du grand massif de l'Ouarsenis, l'Helvétien occupe tout le littoral depuis le cap Kranis jusqu'au-delà de l'embouchure du Chélif.

Depuis Relizane, à l'Est, jusqu'à la Tafna, par Mascara, Bel-Abbès et Tlemcen, une énorme bande du même terrain couvre toute la région et s'étend en largeur de Saint-Denis-du-Sig à la Tabia, au sud de Bel-Abbès et de la Sebka d'Oran à Tlemcen.

Il s'en faut de beaucoup que tous les gisements intéressants disséminés sur cette vaste surface aient été convenablement explorés. Il reste beaucoup à faire sous ce rapport. D'ailleurs les divers affleurements ne comprennent pas toujours toutes les subdivisions de l'étage. Le plus souvent même une partie seulement de l'Helvétien se montre dans chacune des localités.

Dans les environs de Tlemcen, dont M. le docteur Bleicher nous a communiqué de bons fossiles, notamment de beaux polypiers, l'*Ostrea digitalina*. etc., c'est le terme inférieur de la formation qui domine (1). A Nemours, sur le littoral et sur la rive gauche du Chélif, c'est la deuxième assise, c'est-à-dire les calcaires à *Lithothamnium* qui se montrent avec de beaux Clypéastres et des *Echinolampas*, dont notre confrère, M. le docteur Bleicher, nous a envoyé de très beaux spécimens (*Clypeaster altus, Echinolampas subhemisphæricus*).

Le même horizon des calcaires à *Lithothamnium* se montre puissant et très développé aux environs de Mascara, de Teniet-el-Hâd et de Tiaret, à Tafarouï, aux Cheurfas, à Aïn-Oumata et Aïn-Temouchent.

L'assise supérieure de l'Helvétien, c'est-à-dire les marnes et calcaires gréseux à *Ostrea crassissima*, est la plus puissante et la plus répandue. Il ne paraît pas nécessaire d'en indiquer ici la répartition et l'extension géographique que l'on peut d'ailleurs reconnaître sur la carte géologique. Nous nous bornerons donc pour terminer le chapitre de l'Helvétien à signaler les principaux gisements de cet étage qui ont fourni des Échinides, avec l'indication des especes recueillies.

Dans les environs de Mascara, chez les Beni-Chougran, à Saint-Hippolyte, à Sidi-Daho, etc., on a rencontré :

> *Echinolampas insignis* (non Duncan et Sladen),
> *Clypeaster myriophyma*,
> —   *cultratus*,
> —   *pachypleurus*,
> —   *subellipticus*,
> —   *parvituberculatus*.

(1) Cependant Ville a cité l'*Ostrea crassissima* dans cette localité (*Notice minér. Oran et Alger.*)

A l'Oued-Riou, près Inkerman, sur la rive gauche du Chélif :

> *Spatangus tesselatus,*
> *Brissopsis Boutyi,*
> *Clypeaster Cinalaphi,*
> — *Beringeri,*
> — *parvituberculatus,*
> — *decemcostatus,*
> — *ægyptiacus* (var. *punctulatus*),
> *subacutus,*
> *Anapesus tuberculatus,*
> *Olygophyma cellense.*

Aux mines de Beni-Saf, près de Rachgoun, à l'embouchure de la Tafna, localité explorée par M. Le Mesle :

> *Clypeaster altus,*
> — *subacutus,*
> — *portentosus,*
> — *parvituberculatus,*
> — *doma,*
> — *tumidus.*

A la falaise de Nemours :

> *Schizaster Bocchus,*
> *Echinolampas subhemisphæricus,*
> *Clypeaster Demaeghti,*
> — *Syphax,*
> — *altus,*
> — *tumidus.*

Aux Cheurfas du Sig :

> *Anapesus tuberculatus,*
> — *interruptus,*
> *Clypeaster doma.*

A Renaut, dans le pays de Mediouna, au Dahra, et à Mazouna, localité voisine :

> *Clypeaster collinatus,*
> — *pulvinatus,*
> — *productus,*

Clypeaster curtus,
— *parvituberculatus,*
— *decemcostatus.*

Au Djebel de Tessala, à l'Ouest des Trembles :

Clypeaster pulvinatus,
— *Atlas,*
— *pachypleurus,*
Amphiope depressa.

A Marceau, près Zurich :

Clypeaster expansus,
— *obesus,*
— *pachypleurus.*

Enfin, bien d'autres localités ont fourni encore une ou plusieurs espèces d'Échinides dont nous mentionnerons les suivantes qui paraissent jusqu'ici propres à leur localité; ce sont : l'*Echinolampas Raymondi* qui a été trouvé à Beni-Bou-Mileuk ; l'*Echinolampas Chelone* qui vient d'Aïn-Oumata, entre Oran et Bel-Abbès ; le *Clypeaster tesselatus* trouvé à Hennaya, au nord de Tlemcen ; le *Clypeaster Laboriei* trouvé au barrage de Tlélat ; le *Clypeaster ogleianus,* à Arbal ; le *Clypeaster paratinus* et l'*Amphiope depressa* à Aïn-el-Arba, au sud de Lourmel ; le *Clypeaster crassicostatus* et l'*Echinolampas soumatensis,* ce dernier trouvé par M. Welsch à la cascade de l'Oued Seffalou, près Tiaret ; enfin le *Clypeaster subhemisphæricus* déjà cité ailleurs, a été trouvé par M. Jourdy, au pic de Tafarouï, près Valmy, où se rencontre aussi l'*Anapesus interruptus.*

ÉTAGE TORTONIEN. — M. Pomel a placé sur l'horizon des marnes de Tortone, désigné par lui sous le nom d'étage sahélien (1), un groupe de couches assez développé et occupant de notables espaces superficiels dans le Dahra oranais, sur la rive droite du Chélif et dans les environs immédiats d'Oran. Il est certes possible et même probable que le véritable étage tortonien existe en effet sur le littoral africain, de même qu'il existe en Italie, en

(1) Voir à ce sujet l'article relatif à ce même étage dans la province d'Alger.

Sicile, en Espagne, aux Baléares, etc.; c'est-à-dire dans toutes les contrées les plus voisines de l'Algérie. Mais, ainsi que nous l'avons constaté déjà, le savant auteur a principalement constitué son étage sahélien (tortonien) avec des assises qui appartiennent à un niveau plus élevé que les marnes de Tortone et qui, au lieu d'être attribuées au Miocène supérieur, doivent être rattachées au système pliocène.

Dans le Sahel d'Alger, nous avons vu que, abstraction faite de ces assises pliocènes, il ne reste en réalité pour représenter le Tortonien que quelques affleurements très douteux au sujet desquels les opinions sont contradictoires.

Il semble qu'il en est exactement ainsi pour la province d'Oran. Nous montrerons ci-après que ceux des gisements, dits sahéliens ou tortoniens, de cette province qui nous sont bien connus doivent être rattachés au Pliocène inférieur. Quant aux autres, nous ne pouvons que réserver notre opinion et attendre que des observations détaillées nous permettent de faire la distinction entre les assises vraiment tortoniennes et celles qui sont pliocènes.

Jusqu'ici c'est à M. Pomel seul que revient le mérite d'avoir essayé d'établir cette distinction. M. Mayer a bien publié une liste de fossiles provenant de Mascara et qu'il considère comme indiquant l'existence de l'étage tortonien dans cette localité; mais, d'après M. Pomel (1) lui-même, la continuité stratigraphique des argiles gréseuses qui constituent, chez les Beni-Chougran de Mascara, le niveau fossilifère en question, indique certainement l'âge helvétien des fossiles cités par M. Mayer, lesquels constituent d'ailleurs un mélange d'espèces faluniennes et d'espèces tortoniennes.

On voit par ces quelques remarques combien sont incertaines nos données sur la présence de l'étage tortonien en Algérie.

ÉTAGE PLIOCÈNE INFÉRIEUR.—Ce terrain, quoique montrant une grande analogie avec celui des environs d'Alger, présente néanmoins des différences importantes dans les caractères lithologiques des roches et dans le faciès général de leur faune. Quelques

_____

(1) *Descrip. strat. génér. Algérie*, p. 159.

caractères particuliers le rapprochent absolument du Pliocène inférieur des Apennins et des environs de Messine et tendent à lui
faire assigner un âge un peu moins récent que le Pliocène plaisancien-astien. Les environs d'Oran, où ce terrain est bien développé et où il a été d'ailleurs le mieux exploré, doivent en être
considérés comme le meilleur type. C'est à Renou, à Ravergie, à
Ville que nous devons les premiers renseignements sur ce gisement dont nous leur emprunterons la description. Ces renseignements ont été complétés, au point de vue paléontologique, par les
recherches et les études de MM. Ehrenberg, Agassiz, Sauvage,
Pomel, Bleicher, etc,

La ville d'Oran est construite sur les bords d'un grand ravin
dont le fond est cultivé en jardins potagers. En remontant le
cours d'eau, à partir du centre de la ville, on marche entre deux
escarpements de calcaires en bancs horizontaux, d'une couleur
blanche et crayeuse, qui fait désigner souvent ce ravin sous le
nom de Ravin blanc. La formation débute sur ce point par une
épaisse assise argileuse remplie de points verts qui est exploitée
comme terre à briques. Cependant, d'après M. Pomel, il faudrait
encore rattacher à la même formation une masse de grès micacés
qui, sur certains points, atteindrait 50 mètres de puissance et qui
en formerait la base.

Au-dessus des argiles, dans le ravin d'Oran comme autour de
la ville, se superposent une série de bancs de calcaires blanchâtres séparés par des lits de marne blanche. Les calcaires, en
bancs à peu près horizontaux, fournissent à la ville d'Oran d'excellentes pierres de construction (1). Ces calcaires sont en général
très fossilifères. Leur pâte, ainsi que celle des marnes interstratifiées, est parfois entièrement composée de débris de Bryozoaires,
de Diatomées, de Radiolaires et de spicules de Spongiaires. Les
*Ostrea cochlear, Pecten latissimus, Spondylus crassicosta, Tere-
bratula ampulla* y sont abondants ainsi que des Échinides variés
et des Congéries.

Au milieu de ces couches, notamment vers le fort Saint-André,
on remarque des bancs composés d'une marne schisteuse très

(1) Ville, *Notice minér.*

tendre et, dans les feuillets de cette marne, qui se délite comme des ardoises, on rencontre de nombreuses empreintes de poissons parfaitement conservées.

Depuis longtemps cette assise à poissons a été explorée. La collection qu'en a rapportée Deshayes renfermerait, d'après Agassiz, au moins 15 ou 20 espèces (1). Cependant M. Sauvage (2) qui a repris l'étude des poissons de ce gisement, n'en mentionne que cinq : *Alosa elongata, Alosa crassa* (ces deux espèces très abondantes); *Alosa numidica, A. Renoui, Scombresox obtusirostris.*

Un certain nombre de ces poissons, aussi bien d'ailleurs que les foraminifères et d'autres fossiles, se retrouvent identiques et dans des conditions stratigraphiques remarquablement analogues, à Licata, en Sicile, et sur plusieurs points de la péninsule italienne.

Tous les géologues ont donc été d'accord pour placer ce gisement d'Oran sur le même horizon que celui de Licata. Ajoutons ici, avant d'examiner l'âge réel de cet horizon, que l'analogie paléontologique des deux terrains est complétée par les caractères lithologiques et notamment par la présence de puissantes couches de gypse interstratifiées dans les assises supérieures. Ces couches gypseuses, qui n'existent pas dans le ravin d'Oran, sont très développées dans tout le Dahra oranais où l'on y remarque des grottes devenues célèbres dans nos annales algériennes. C'est, à tous les points de vue, l'équivalent de la grande zone gypseuse qui, en Italie, longe les Apennins depuis Mondovi jusqu'à Girgenti (Sicile) (3).

M. Pomel, qui admet le synchronisme du gisement d'Oran avec celui de Licata, dit dans son texte explicatif de la carte géologique provisoire (4) de la province d'Oran que le gisement de Licata est considéré comme tortonien. Nous ne pouvons partager cette manière de voir.

Si nous nous reportons aux travaux géologiques et aux recher-

(1) Renou, *Descrip. géol. Algérie*, p. 99.
(2) *Annales. sc. géol.*, t. IV, 1873 et t. XI.
(3) Mayer, *Bull. Soc. géol. France*, 3ᵉ série, t. V, p 293.
(4) P. 41.

ches auxquels ce gisement et autres analogues de l'Italie méridionale ont donné lieu et qui ont été très clairement résumés
par M. Sauvage dans ses mémoires sur les poissons de Licata et
d'Oran (1), nous voyons qu'en Sicile le gisement des poissons se
trouve au milieu de cette formation à laquelle Seguenza a donné
le nom d'étage zancléen (2), lequel est superposé à l'étage tortonien et surmonté par le Plaisancien. Cet étage zancléen,
d'après Seguenza, doit, en raison de sa position, de ses caractères et de ses affinités, être rattaché au système pliocène dont
il forme la base.

Dans les environs de Messine, où il est le mieux développé,
l'étage zancléen, ayant pour substratum les marnes tortoniennes
également bien développées et bien caractérisées, comprend :

1° A la base, des marnes remplies de foraminifères, alternant
avec des couches sableuses;

2° Au milieu, des calcaires marneux compactes, avec Polypiers
et Brachiopodes ; c'est le niveau qui, à Licata, renferme la couche
à poissons ;

3° A la partie supérieure, des marnes sableuses remplies de
foraminifères et de Brachiopodes.

Cet étage zancléen de Seguenza se retrouve très analogue dans
les Calabres, dans la Toscane et jusque dans la Ligurie. Il se
charge dans ces régions d'une puissante assise de gypse inter-
calée dans le terme médian de la formation. M. Mayer (3), qui
l'a étudié surtout en Ligurie, a trouvé à la base de cette couche
gypseuse les espèces de mollusques fluviatiles qui, en Provence,
caractérisent les couches à Congéries de Bollène.

M. Mayer, ainsi que nous l'avons dit précédemment, a subs-
titué au nom d'étage zancléen celui d'étage messinien, qui
semble être actuellement adopté par la généralité des spécia-
listes. Mais, quoiqu'il en soit de la question de nom, le fait qui
nous importe, c'est que ce nouvel étage, le Messinien, corres-

(1) *Annales Sc. géol.*, t. IV et t. XI.
(2) De Zancla, ancienne dénomination de Messine. *Bull. Soc. géol. Fr.*,
t. XXV, 2e série, p. 479.
(3) *Bull. soc. géol. France*, sér. 3, t. V, p. 293.

pond exactement au Zancléen, qu'il comporte les mêmes limites,
les mêmes assises et les mêmes subdivisions; que, superposé au
Tortonien, il en est parfaitement distinct ainsi que du Plaisancien-Astien qui le surmonte lui-même et qu'en résumé il forme
un étage particulier, puissant parfois de 300 mètres, que l'auteur
place à la base de la période pliocène et qui est bien nettement
représenté, non seulement dans toute l'Italie, mais en Suisse,
dans la France méridionale, en Espagne, etc.

En France, l'étage messinien est représenté dans le bassin du
Visan (1) et ailleurs par des faluns à *Nassa semistriata*, *Cerithium
vulgatum*, etc., par des sables à *Ostrea barriensis* et *O. cucullata*
et par des marnes à Congéries dont certaines espèces se retrouvent en Italie.

Cet horizon des marnes à Congéries se retrouve également en
Corse où M. Hollande (2) l'a reconnu sur la côte orientale, auprès
d'Aleria et de Casabianda. Il y est également caractérisé par
Congeria simplex, *Melanopsis Matheroni*, etc.

C'est donc, comme on le voit, un horizon bien défini et très
répandu dans le bassin méditerranéen.

Quelles sont, dans l'est de la province d'Oran et dans le Sahel
d'Alger, les relations de ces couches messiniennes avec les
argiles bleues plaisanciennes? Nous l'ignorons. Peut-être en
existe-t-il un représentant dans ces marnes compactes gypseuses
à globigérines et nombreux autres foraminifères que M. Delage a
distinguées en dessous du Pliocène? Mais nous ne pouvons qu'ex-
primer ici cette hypothèse avec les plus grandes réserves.

Plus loin, dans l'est, c'est-à-dire dans la province de Constantine, il paraît probable que le même horizon est représenté par
des formations terrestres et d'eau douce. Probablement on doit
lui rapporter ces assises que M. Thomas a classées dans l'étage
mio pliocène. Ainsi se trouverait justifiée l'appellation de ce
savant, car l'on sait que c'est sous ce nom de Mio-pliocène que
l'horizon messinien a été parfois désigné par les géologues.

L'étage pliocène inférieur, tel que nous venons de le voir

(1) Fontannes, *Étude strat. pour serv. à l'hist. de la période tert.*, III,
p. 60.
(2) *Ann. Sc. géol.*, t. IX, p. 85 et suiv.

constitué à Oran même, existe encore assez abondamment dans les environs de cette ville, au cap Figalo, à Lourmel et au nord de la Sebka. Plus à l'est, on en trouve de nombreux îlots entre le littoral et la rive droite du Chélif. M. Pomel a mentionné les gisements de Nekmaria, de Mazouna, etc., et celui des Beni-Rached où l'étage est de plus en plus restreint et où les assises supérieures, devenues sableuses et gréseuses, renferment de nombreux fossiles conservés avec leur test.

Beaucoup de ces gisements, notamment l'Oued Ameria, près Lourmel, Nekmaria, le barrage du Sig et surtout le ravin d'Oran, renferment beaucoup d'oursins dont quelques-uns à peine se retrouvent dans le Pliocène du Sahel d'Alger. Nous donnons ci-après la nomenclature de tous ces Échinides, en réunissant dans une même liste ceux qui ont été signalés et décrits par M. Pomel et ceux, moins nombreux, qui nous ont été communiqués par MM. Bleicher, Durand, Jourdy, etc.

Spatangus saheliensis Pomel; ravin d'Oran ;
  —   *excisus*   —   —
Trachypatagus oranensis Pomel ; —
  —   *brevis*   —   —
Brissoma Rocardi   —   barrage du Sig ; ravin d'Oran ;
  —   *saheliense*   —   Oued-Ameria ;
  —   *latipetalum*   —   barrage du Sig ;
  —   *speciosum*   —   Oued-Ameria ; ravin d'Oran ;
Brissopsis depressa   —   ravin d'Oran ; Oued-Ameria ;
  —   *lata*   —   Oued-Ameria ;
  —   *Pouyannei*   —   —
  —   *Durandi*   Gauthier ;   ravin d'Oran ;
  —   *oranensis*   Pomel ;   —
Brissus Nicaisei   Gauthier ;   Dahra ;
Schizobrissus saheliensis Pomel ;   ravin d'Oran ;
Schizaster saheliensis   —   Oued-Ameria ;
  —   *Hardouini*   Gauthier ; Ferme d'Arbal ; envir. d'Oran ;
Opissaster Jourdyi   —   barrage du Sig ;
  —   *Bleicheri*   —   —
Trachyaster globulus   Pomel ;   ravin d'Oran ;

Echinolampas Hayesianus Desor; ravin d'Oran;

Hypsoclypus latus   Pomel;   —

    — *oranensis*   —   —

Clypeaster simus   —   —

    — *sinuatus*   —   —

    — *Jourdyi*   Gauthier;   —

    — *megastoma*   Pomel;   environs d'Oran;

    — *planicostatus*   —   Nekmaria;

    — *subconicus*   —   —   Bou-Tlelis;

    — *Douvillei*   Gauthier; barrage du Sig;

Echinocyamus umbonatus   Pomel; Oran (derrière la Casbah);

    — *strictus*   —   Bou-Tlelis;

Anapesus saheliensis   —   Oran;

    — *maurus*   —   rive gauche du Sig; ferme d'Arbal;

Oligophyma oranense   —   Oran;

Psammechinus subrugosus   —   ravin d'Oran;

    — *lævior*   —   —

Arbacina saheliensis   —   —

    — *asperata*   —   —

Diadema saheliense,   —   —

Cidaris Desmoulinsi   Sismonda;   —

    — *prionopleura*   Pomel;   —

    — *saheliensis*   —   —

ÉTAGE PLIOCÈNE SUPÉRIEUR. — En dehors des assises du Pliocène inférieur ou Messinien dont nous venons de parler ci-dessus, le système pliocène ne paraît plus représenté dans les environs d'Oran et sur tout le littoral oranais que par une formation d'un caractère lithologique très différent, constamment séparée du terrain pliocène inférieur par une discordance de stratification très prononcée.

Cette formation supérieure qui présente la plus complète analogie avec la formation similaire que nous avons vue recouvrir l'étage astien dans le Sahel d'Alger a été placée par quelques auteurs dans le terrain quaternaire. Indépendamment des renseignements fournis sur elle par Renou, Ville, M. Pomel, etc., nous

devons à M. Bleicher une étude spéciale et très complète de ce
terrain (1).

Le Pliocène supérieur n'occupe dans les environs d'Oran qu'un
espace restreint. En dehors de ses affleurements le long de la
côte il ne se rencontre que sous le terrain quaternaire et à une
profondeur variable, ou plus rarement à l'état d'îlots isolés.

Il se compose d'un grès coquillier grossier, à faciès éminem-
ment littoral, et de poudingues plus ou moins conglomérés. Ces
dépôts sont disposés en gradins étagés sur les flancs du Pliocène
inférieur dont les roches marneuses sont taraudées par les mollusques lithophages. Il s'est donc passé, ainsi que le dit M. Bleicher, entre le dépôt de ces deux terrains, un phénomène géologique d'une grande importance. Est-ce, comme le dit M. Pomel,
le soulèvement des Alpes occidentales ? M. Bleicher ne le pense
pas et admet qu'un mouvement lent d'émersion rend mieux
compte des faits.

Un forage exécuté, à 4 kilomètres sud d'Oran, dans la propriété
de M. Kharoubi, a montré le Pliocène supérieur sous forme de
dépôt fluvio-marin, à une altitude de 100 mètres au-dessus du
niveau de la mer. On y a rencontré de bas en haut, des argiles
à hélices, des argiles à coquilles d'eau douce, terrestres et marines et à ossements de mammifères, traversées par des grès à
coquilles marines ; puis des argiles feuilletées avec traces de
combustible et coquilles d'eau douce, et enfin une argile brune
emballant des blocs de calcaire et couronnée par une croûte tra-
vertineuse superficielle.

Sur certains points et notamment sur les bords du ravin de
Ras-el-Aïn, au-dessus du Pliocène inférieur, on trouve des grès
fins ou poudinguiformes, avec fossiles marins, coquilles, ossements de Dauphins, Baleines, etc., puis des sables rouges.

Les falaises montrent de nombreux dépôts de ce genre échelonnés entre les altitudes de 40 mètres et 300 mètres et qui ne
paraissent pas tous synchroniques.

D'après M. Pomel (2), ce terrain pliocène supérieur renferme

(1) *Recherches sur le terrain tertiaire supérieur des environs d'Oran*,
in *Rev. sc. nat.*, Montpellier, t. III, p. 577 (1875).

(2) *Sahara*, p. 46.

quelques oursins : *Echinolampas* et *Schizaster*. Toutefois nous ne connaissons, provenant du gisement d'Oran, que l'*Echinolampas algirus* qui se retrouve au même horizon supérieur dans les environs d'Alger.

D'autres espèces sont bien citées par M. Pomel dans le terrain pliocène, notamment au barrage du Sig, à Aïn-Kouabi et à Bled-Msilah, au Dahra, mais nous ne savons pas exactement à quel horizon du Pliocène ils appartiennent.

Ce sont :

Schizaster speciosus, Aïn-Kouabi, Bled-Msilah, barrage du Sig ;
— *maurus*, — — —
Trachypatagus Gouini, — ;
Brissoma tuberculatum, Bled-Msilah ;
Opissaster declivis, — ;
Clypeaster pliocenicus, (non Seguenza), N.-O, de Lourmel.

Le *Schizaster speciosus* se retrouve à Crescia, dans le Sahel d'Alger (M. Welsch). Il existe également en Tunisie, en Provence et à Perpignan. Le *Schizaster maurus* est également une espèce commune aux gisements du Dahra oranais et au Pliocène supérieur du Sahel d'Alger.

Nous arrêtons à cet horizon notre travail sur les couches à Échinides de l'Algérie. Nous pensons en effet n'avoir pas à nous occuper dans ce travail de quelques cordons de dépôts littoraux qui appartiennent à l'époque quaternaire et que l'on peut observer sur le littoral algérien où ils s'élèvent jusqu'à une trentaine de mètres au-dessus du niveau de la mer. Ces dépôts littoraux renferment bien parfois quelques Échinides, mais, de même que pour les mollusques qu'on y trouve, les espèces auxquelles ils appartiennent sont encore actuellement vivantes dans les eaux de la Méditerranée. Ce sont des *Strongylocentrotus* (*S. lividus*), *Sphærechinus brevispinosus*, des *Echinocardium* et surtout des *Echinocyamus tarentinus*.

DESCRIPTION DES ESPÈCES

Plus de six ans se sont écoulés depuis la publication de notre IXme fascicule, et peut-être n'est-il pas inutile de faire connaître ici les motifs qui ont apporté un tel retard à l'apparition du Xme. Nous savions, en livrant au public les Échinides éocènes (1885), que M. Pomel était sur le point de faire paraître le texte explicatif de certaines planches concernant les Échinides tertiaires de l'Algérie, planches qu'il avait fait établir depuis longtemps, mais qui étaient restées entre ses mains. Il nous sembla utile d'attendre la publication de matériaux plus riches que les nôtres. En effet, un volume parut en 1887, comprenant les planches inédites et la description des espèces qui y étaient dessinées ; mais en même temps l'auteur y ajoutait un nombre considérable de types nouveaux, dont la description renvoyait à des figures qui n'étaient point données. Il en résulta pour nous un sérieux embarras : devions-nous attendre encore l'achèvement des nouvelles planches annoncées dans le livre de M. Pomel, ou bien publier immédiatement nos matériaux, au risque de donner des noms nouveaux à des espèces décrites, mais que nous pouvions difficilement reconnaître, faute de figures ? Sans doute, dans ce dernier cas, nous eussions eu pour nous le droit de priorité, puisque, les premiers, nous aurions accompagné nos descriptions de planches explicatives. Mais nous avons craint de causer une confusion regrettable ; et, comme les planches de M. Pomel étaient en préparation, nous avons résolu de différer encore l'impression de notre fascicule. Plusieurs années se sont ainsi écoulées sans qu'une seule des planches annoncées ait été livrée au public, et nous trouvons aujourd'hui qu'il ne nous est plus possible de tarder davantage ; nous avons donc décidé de faire paraître la présente livraison. Cependant, toujours désireux d'éviter une confusion certaine, si nous donnions des noms nouveaux aux espèces que nous avons entre les mains, nous nous sommes soumis à un travail des plus pénibles, celui de chercher à reconnaître dans les descriptions du savant professeur d'Alger nos propres fossiles, sans avoir aucun autre guide que le texte. Il suffira, pour faire comprendre les difficultés que nous avons affrontées, de dire que pour les seuls Clypéastres, sur les soixante-huit espèces établies par M. Pomel, trente-cinq seulement ont été figurées par lui ; c'est donc au milieu de trente-trois descriptions d'espèces souvent voisines, qu'il nous a fallu chercher les noms de ceux de nos exemplaires qui ne correspondaient à aucune des figures données. Y avons-nous toujours réussi ? Nous l'espérons ; mais nous ne pouvons pas l'affirmer absolument. S'il reste quelque erreur, nos lecteurs nous en excuseront en considération des ennuis que nous nous sommes imposés volontairement, pour ne point paraître accaparer un droit de priorité, qui pourtant eût été légitime.

Quant aux nombreuses espèces que M. Pomel, beaucoup mieux placé que nous pour cela, a réunies en dehors de celles que nous avons pu étudier, nous nous contenterons de les citer à part, les indiquant à nos lecteurs sans les décrire, et laissant tout le mérite, et aussi toute la responsabilité des distinctions spécifiques, à celui qui les a établies.

SPATANGIDÆ

Genre SPATANGUS Klein, 1734.

Spatangus castelli, Peron et Gauthier, 1891.

Pl. I, fig. 1.

Longueur[9] — Largeur, 86 mill.

Nous ne possédons qu'un fragment important de cette espèce ; la partie antérieure est seule conservée.

Exemplaire de taille moyenne pour le genre, paraissant avoir été médiocrement élevé, large, profondément échancré en avant par le sillon ambulacraire. Apex excentrique en avant, à 41 millimètres du bord antérieur.

Appareil apical peu distinct. Ambulacre impair logé dans un

sillon large et évasé, peu creusé à la partie supérieure, plus profond à mesure qu'il se rapproche du bord; l'échancrure atteint vingt millimètres en largeur. Zones porifères très étroites, avec paires de pores médiocrement rapprochées près du sommet, puis très distantes, portées par de larges plaques pentagonales, dont elles occupent à peu près le milieu. Pores ronds, très petits, serrés l'un contre l'autre, séparés par un granule. Les plaques porifères montrent plusieurs tubercules secondaires, surtout en dehors des pores.

Pétales pairs antérieurs médiocrement allongés, n'atteignant pas tout à fait les deux tiers de la distance du sommet au bord (27/45). Ils sont superficiels, mais le test est légèrement déprimé en cet endroit; ils n'ont que six millimètres en largeur. Zone porifère antérieure arquée, flexueuse, tandis que la postérieure est à peu près droite, et forme comme la corde de l'arc; elles se réunissent à l'extrémité. Pores ovalaires, largement ouverts, conjugués par un sillon. L'espace interzonaire est plus large qu'une des zones.

Interambulacres larges, à plaques renflées et séparées par des sutures horizontales bien visibles; les zones antérieures dans (1) 2 et 3 sont plus étroites que les postérieures, et dans les latéraux, 1 et 4, cette différence s'exprime par la proportion de 16 millim. à 20 ; la suture verticale médiane est légèrement déprimée.

Tubercules primaires nombreux, crénelés et perforés, inégaux, réunis par groupes plus ou moins importants sur les plaques supérieures et moyennes des interambulacres, plus rares près du bord. Les tubercules secondaires sont mêlés aux primaires ou épars sur les plaques. Le reste nous est inconnu.

Rapports et différences. — Nous avons dit que notre unique exemplaire paraissait peu élevé; mais il faut se défier de ce

(1) Nous désignerons parfois, pour plus de facilité, les ambulacres et les interambulacres, conformément à la méthode employée par Lovén. Les ambulacres sont notés en chiffres romains : I est l'ambulacre postérieur de droite; II, l'antérieur du même côté; III, l'impair; IV, l'antérieur pair de gauche; V, le postérieur. Les interambulacres sont en chiffres ordinaires, en suivant la même marche : 1 est le latéral de droite ; 5, l'impair postérieur.

caractère dans les Spatangues fossiles, la grande taille de ces
Échinides et le peu d'épaisseur de leur test les exposant à céder
à la moindre pression. Bien qu'incomplet, le sujet que nous
venons d'étudier nous a paru se distinguer de toutes les espèces
connues, ou, du moins, nous n'avons pu le rapporter solidement
à aucune d'elles. La grande largeur de son sillon ambulacraire,
les sutures très marquées des plaques le rapprochent du *Sp.
tesselatus* Pomel, mais les ambulacres pairs sont moins longs, et
la zone postérieure en est droite au lieu d'être arquée ; les
tubercules sont aussi moins développés. Cette forme des ambulacres antérieurs rappelle le *Sp. delphinus* Defrance ; celui-ci
a les ambulacres plus étroits et le sillon antérieur beaucoup
moins large ; la variété *corsicus* dont M. Cotteau a fait un type
spécifique distinct, s'éloigne de notre espèce par sa forme plus
allongée, ses ambulacres plus longs avec la zone postérieure
moins tendue, et par son sillon antérieur plus étroit.

LOCALITÉ. — Tizi-Ouzou, dans la carrière au-dessous du fort.
— Etage miocène (langhien).

Collection Peron.

EXPLICATION DES FIGURES. — Pl. I, fig. 1, fragment du *S. castelli*,
partie supérieure.

M. Pomel ne cite aucune espèce du genre *Spatangus* dans le
terrain langhien ; mais il est beaucoup plus riche que nous pour
les couches supérieures : il décrit 1 espèce de l'Helvétien ; 4 de
son étage Sahélien ; 5 du Pliocène. Nous n'avons que quelques
fragments insuffisants de deux ou trois de ces espèces, et nous
nous contenterons de nommer ici les types décrits par cet
auteur.

Spatangus tesselatus, Pomel, *Paléont. de l'Algérie, Échinides*, p. 12.
A. pl. XV, fig. 4-5 ; pl. XIX, fig. 3-4. — 1887.

Terrain helvétien, calcaires à mélobésies. — Djidiouia, Riou,
Lalla-Ouda.

Spatangus saheliensis, Pomel, *loco. cit.*, p. 13. A. pl. XV, fig. 1-3.

Terrain (sahélien) pliocène ; couches à spicules du ravin
d'Oran.

Spatangus excisus, Pomel, *loc. cit.*, p. 14, A. pl. II, fig. 4; pl. XVIII, fig. 3-4; pl. XV, fig. 6 (*Sp. depressus*).

Terrain (sahélien) pliocène. Ravin d'Oran.

Spatangus asper, Pomel, *loc. cit.*, p. 16. A. pl. XVIII, fig. 1-2 (cette planche n'est pas encore publiée).

Terrain (sahélien) pliocène. Ravin d'Oran.

Spatangus oranensis, Pomel, *loc. cit.*, p. 22. A. pl. XI, fig. 5.

Terrain (sahélien) pliocène. Couches du Ravin d'Oran.

Spatangus simus, Pomel, *loc. cit.*, p. 17. A. pl. XXI, fig. 2-4 (cette planche n'est pas encore publiée).

Terrain pliocène, zone à *Terebratula ampulla*, à Dély-Brahim, près d'Alger.

Spatangus varians, Pomel, *loc. cit.*, p. 18; A. pl. XIX, fig. 5, et pl. XX; fig. 4-6 (planches non publiées).

Terrain pliocène. — Dély-Brahim et Mustapha supérieur.

Spatangus subinermis, Pomel, *loc. cit.*, p. 20, A. pl. I, fig. 1-2; pl. II, fig. 1-3; pl. IX, fig. 1 2; pl. XXI, fig. 1 (les deux dernières planches non publiées).

Terrain pliocène. — Mustapha supérieur; route de Douéra aux Quatre-Chemins; Bled-Msila (Dahra).

Spatangus pauper, Pomel, *loc. cit.*, p. 23, A. pl. I, fig. 3-4; pl. II, fig. 2.

Terrain pliocène. — Couches inférieures à Douéra.

Spatangus Flamandi, Delage — Pomel, *loc. cit.*, p. 24; A. pl. XX, fig. 1-3 (planche non publiée).

Terrain pliocène. — Ouled-Fayet, dans le Sahel d'Alger.

GENRE MARETIA GRAY, 1855.

MARETIA TENUIS, Peron et Gauthier, 1891.

Pl. I, fig. 2.

? SARSELLA FICHEURI, Pomel, *loc. cit.*, p. 3, pl. XXIII, fig. 9-10 (inédite). 1887.

? Sarsella Ficheuri, Ficheur, *Terr. éocènes de la Kabylie*, p. 342,
1890.

Longueur, 26 mill.? — Largeur, 24 mill. — Hauteur, 7 mill.

Exemplaire de petite taille, très déprimé, large en avant,
rétréci en arrière; pourtour cordiforme, fortement échancré par
le sillon ambulacraire. Face supérieure à peine convexe, déclive
de chaque côté; face inférieure déprimée. Sommet apical excentrique en avant.

Appareil resserré, montrant quatre pores génitaux en trapèze,
les antérieurs très rapprochés, les postérieurs un peu plus écartés ;
le corps madréporiforme se prolonge en arrière de l'appareil.

Ambulacre impair logé dans un sillon à peu près insensible
près du sommet, puis s'élargissant très vite et se creusant à mi-
distance du bord qu'il entaille profondément sur une largeur de
huit millimètres. Pores très petits, à peine visibles, disposés par
paires assez distantes, par suite de la hauteur des plaques qui
les portent.

Ambulacres pairs antérieurs placés dans une légère dépression
du test, divergents, formant entre eux un angle de 120 degrés,
s'étendant à peu près jusqu'aux deux tiers du bord. La zone
antérieure commence par sept ou huit paires de pores très petits,
et se continue ensuite par des pores ovalaires, conjugués par un
sillon, chaque paire étant séparée de la suivante par une petite
cloison. La zone postérieure n'a qu'une ou deux paires atrophiées et monte presque jusqu'au sommet. Ambulacres postérieurs bien moins divergents, lancéolés, assez étroits, un peu
plus courts que les antérieurs, ayant aussi deux ou trois paires
atrophiées près du sommet; ils s'étendent peu au-delà de la
moitié de la distance du sommet au bord.

De gros tubercules, fortement scrobiculés, couvrent les interambulacres pairs antérieurs, où ils forment deux rangées verticales de trois ou quatre; dans les interambulacres latéraux, ils
forment trois rangées, deux dans la première moitié, une dans
la seconde, très près de la suture médiane, loin de l'ambulacre
postérieur.

Péristome assez rapproché du bord, à peu près au tiers antérieur, plus en avant que l'apex. Les bords de la face inférieure sont

garnis de gros tubercules. Cette partie du test est d'ailleurs mal conservée sur notre unique exemplaire; la partie postérieure fait défaut.

Rapports et différences. — La forme déprimée de notre exemplaire, sa petite taille, la largeur et la profondeur du sillon de l'ambulacre impair, lui donnent une physionomie particulière. Le *M. grignonensis* Cotteau n'est pas sans analogie de forme avec notre espèce; mais le bord est moins entamé par le sillon, la plus grande largeur est plus arrière, les tubercules sont plus nombreux et plus petits. Par contre, notre type nous paraît se rapporter au *Sarsella Ficheuri* Pomel, recueilli dans la même localité; et nous regrettons d'être obligé de changer le nom spécifique. Nous ne sommes point parvenu, malgré un minutieux examen, à découvrir la moindre trace de fasciole interne, et l'oblitération des pores ambulacraires, surtout dans la zone antérieure des pétales II et IV, n'est pas plus prononcée que chez des individus vivants du genre *Maretia*. Il nous a donc paru plus juste d'attribuer notre espèce à ce dernier genre qu'au genre *Sarsella* qu'un grand nombre d'Échinologistes refusent de reconnaître. M. Pomel décrivant ailleurs un *Hemipatagus Ficheuri*, et ce dernier genre ne nous paraissant plus pouvoir subsister à côté des *Maretia*, surtout depuis qu'il a été prouvé que le type même de Desor est muni d'un fasciole sous-anal, les deux espèces se trouveraient à porter toutes deux le nom de *Maretia Ficheuri*. Nous laissons donc à l'espèce actuelle le nom qu'elle porte depuis longtemps dans notre collection.

LOCALITÉ. — Oued Sebt, près de Tizi-Ouzou. — Étage miocène, grès langhiens.

Collection Peron.

EXPLICATION DES FIGURES. — Pl. I, fig. 2, *M. tenuis*, face supérieure.

MARETIA SOUBELLENSIS, Peron et Gauthier, 1891.

Pl. I, fig. 3.

Longueur, 45 mill. — Largeur, 41. — Hauteur?

Espèce de taille moyenne, assez allongée, échancrée en avant par le sillon antérieur, assez renflée à la partie supérieure. Apex subcentral.

6

Appareil apical peu développé; les deux pores génitaux antérieurs, bien ouverts, ne sont séparés que par une mince cloison; les postérieurs sont un peu plus écartés et séparés par le corps madréporiforme qui s'étale en arrière de l'appareil.

Ambulacre impair logé dans un sillon à peine sensible au sommet, étroit et médiocrement creusé à l'ambitus. Zones porifères étroites et rapprochées, composées de paires peu nombreuses de très petits pores séparés par un granule.

Pétales pairs antérieurs peu divergents pour le genre, superficiels, assez larges, flexueux, descendant jusqu'aux deux tiers de la distance du bord. La zone antérieure, fortement arquée, montre six ou sept paires de pores atrophiées, c'est-à-dire à peu près la moitié du nombre total; la zone postérieure est normale jusqu'au sommet, à l'exception d'une ou deux paires. Espace interzonaire en forme d'arc, large au milieu, aigu aux deux extrémités.

Pétales postérieurs très rapprochés, légèrement flexueux à l'extrémité, presqu'aussi longs que les antérieurs; les zones porifères postérieures ne s'élèvent pas complètement jusqu'au sommet et ont environ quatre paires atrophiées; les autres sont plus longtemps normales et n'ont guère que deux paires oblitérées.

Les tubercules primaires sont gros et fortement scrobiculés; ils forment deux rangées verticales dans les interambulacres antérieurs 2 et 3, et trois dans les latéraux 1 et 4. Il n'y en a qu'une dans la seconde zone et tout près de la suture, le reste de l'aire est nu, ainsi que l'interambulacre 5 tout entier.

Périprocte assez grand, occupant une partie notable de l'aréa postérieure.

Le dessous de notre exemplaire est empâté.

Rapports et différences. — Le *M. soubellensis* est assez voisin de forme du *M. Pellati* Cotteau; il s'en distingue par ses ambulacres antérieurs moins divergents, plus flexueux, par ses ambulacres postérieurs moins longs et moins écartés, par ses tubercules plus gros et moins nombreux. Il ne saurait se confondre avec le *M. Ficheuri,* car, bien que de taille plus grande, il ne porte qu'une rangée de tubercules, au lieu de deux, sur la zone pos-

térieure des interambulacres 1 et 4 ; la carène dorsale est beaucoup moins accentuée, et les ambulacres postérieurs sont moins
obliques. On pourrait aussi se demander si notre exemplaire ne
serait pas un jeune du *M. ocellata* (*Spatangus ocellatus* Defrance)
assez commun dans le Dauphiné. Ce rapprochement nous paraît
peu probable. Si l'on peut attribuer au jeune âge le nombre
moins grand des rangées de tubercules primaires, on remarquera
qu'ils sont au moins aussi volumineux, aussi fortement scrobiculés, ce qui serait difficile à expliquer ; puis les pétales antérieurs sont moins divergents, la forme est plus allongée, moins
dilatée, la zone postérieure des interambulacres latéraux est plus
vide. Puisque nous parlons du *Maretia ocellata*, observons en
passant que Duncan, tout récemment, l'a rangé dans le genre
Lovenia. C'est une erreur ; nous avons des exemplaires dont le
test est assez bien conservé pour qu'on puisse facilement constater la présence d'un fasciole interne, s'il en existait un, et il
n'y en a certainement pas.

Localité. — Foum-Soubella, au sud de Sétif, département de
Constantine. — Étage miocène (langhien).

Collection Peron.

Explication des figures. — Pl. I, fig. 3, *Maretia soubellensis*,
face supérieure.

M. Pomel décrit une espèce que nous ne connaissons pas :

Maretia (Hemipatagus) Ficheuri, Pomel, *loc. cit.*, p. 26, A. pl. XXIII
(inédite). *Hemipatagus Ficheuri*, Ficheur, *Terr. éoc. de la Kabylie*,
p. 342. 1890.

Terrain langhien. Fort-National, près de Tizi-Ouzou.

Genre ECHINOCARDIUM, Gray. 1825.

Nous ne connaissons aucune espèce, appartenant à ce genre,
recueillie à l'horizon géologique qui nous occupe. M. Pomel en
cite deux espèces, que nous résumerons plus bas. Cet auteur a
voulu rendre à ces types spécifiques le nom générique d'*Echinospatagus*, établi par Breynius, parce que, dans les trois mauvaises
figures données par cet ancien naturaliste, il a reconnu avec
M. de Loriol, un *Amphidetus* de la mer Adriatique. D'Orbigny

avait déjà cru reconnaître dans une des figures données par
Breynius le *Toxaster complanatus* d'Agassiz ; et, en conséquence,
il a appliqué le nom générique d'*Echinospatagus* aux *Toxaster*.
Beaucoup d'Échinologistes ont accepté cette interprétation ; et
les figures étant méconnaissables, il serait bien difficile de les
prendre pour base d'une grave discussion. Qu'il y ait plusieurs
types dans le genre *Echinospatagus* de Breynius, personne ne le
conteste ; que l'une de ces formes soit ce qu'Agassiz a appelé *Amphidetus* et Gray *Echinocardium*, nous le reconnaissons. Mais
l'identification d'une des autres figures avec les *Toxaster*, faite
par d'Orbigny, a la priorité, et nous croyons devoir la lui laisser.

Echinocardium mauritanicum, Pomel, *in* Delage. *Carte géol. du
massif d'Alger.   Echinospatagus mauritanicus*, Pomel, *Paléont.
algér.*, p. 5. 1887.

Terrain pliocène. — Molasses du Ravin de la Femme Sauvage,
près d'Alger.

Echinocardium algirum, Pomel, *in* Delage, *loc. cit.* — *Echinospatagus algirus* Pomel, *Paléont de l'Algérie*, p. 6. 1887.

Terrain pliocène. — Molasses de l'Oued Kniss. M. Pomel cite
encore l'*Echinocardium cordatum* Gray (*Echinospatagus cordifor-
mis* Breynius). Cette espèce qui vit actuellement est indiquée
comme quaternaire, avec un point de doute ; nous n'avons donc
pas à nous en occuper ici.

Genre BRISSOMORPHA Laube,

Brissomorpha Welschii.

M. Pomel cite sous ce nom un Échinide recueilli dans le
Miocène (Helvétien) de Bou-Medfa, par M. Welsch, qui a de grands
rapports avec le *Prenaster excentricus* Wright, lequel *Prenaster*
semble avoir une grande analogie avec le type du *Brissomorpha*
Laube. Les pétales sont logés, près du sommet, dans des « plis »
ou dépressions qui n'existent pas sur le type de Laube. De son
côté Laube ne parle pas du *Prenaster excentricus* de Wright,
mais c'est le *Brissus tuberculatus* du même auteur, décrit dans le
même ouvrage et figuré dans la même planche, qu'il rapproche

de son *Brissomorpha Fuchsi*, ainsi que le *Brissus depressus* Cotteau, des Pyrénées. La lumière se fera sans doute quelque jour sur tous ces rapprochements. — (Figures non publiées).

Genre TRACHYPATAGUS, Pomel.

Ce genre a été établi d'abord pour un Echinide de grande taillle, des environs d'Oran; voici la diagnose : Test gibbeux, très élevé, tronqué plus ou moins en arrière; ambulacre impair différent des autres, sans sillon ; ambulacres pairs longs et superficiels. Un fasciole péripétale rapproché du bord et sinueux ; un fasciole sous-anal. Péristome semilunaire, labié. Périprocte ample, à la partie postérieure. Tubercules de deux sortes à la partie supérieure, les primaires crénelés et perforés, les autres plus petits. Depuis, M. Pomel a donné plus d'extension à son genre, et y a admis des espèces déprimées et très basses; nous aurons à décrire un peu plus loin un spécimen de ce second type. Duncan, dans sa récente classification réunit les *Trachypatagus* aux *Macropneustes*. Cette réunion n'est possible qu'à la condition de ne pas tenir compte de l'absence ou de la présence de sillons ambulacraires. Les affinités sont bien plus étroites avec les *Brissus*.

TRACHYPATAGUS ORANENSIS, Pomel.

TRACHYPATAGUS ORANENSIS, Pomel, *Paléont. de l'Algérie*, p. 30. A. pl. XVI, fig. 1-6, 1887.

Espèce gibbeuse, subovale, élevée, tronquée en arrière. Apex excentrique en avant. Ambulacre impair superficiel, sans aucune trace de sillon, présentant des paires de pores très réduites. Ambulacres pairs superficiels, à pétales flexueux ; zones porifères déprimées, à pores inégaux, les extérieurs ovales, les intérieurs ronds.

Péristome peu éloigné du bord, semilunaire, fortement labié. Périprocte ample, arrondi, occupant une grande partie de la face postérieure. — Fasciole péripétale sinueux, rapproché du bord, par suite de la longueur des pétales; fasciole sous-anal large, enveloppant le talon postérieur.

Nous avons entre les mains un exemplaire de très grande

taille, recueilli par M. le commandant Durand. Il ne mesure pas
moins de 160 millimètres de longueur. La partie supérieure est
un peu écrasée, mais les caractères en restent assez nets. Nous
n'avons pas pu voir l'appareil apical; les ambulacres postérieurs
sont longs de 62 millimètres; les antérieurs sont un peu plus
courts. La face inférieure est bien conservée, et nous pouvons de
ce côté compléter la description de M. Pomel, qui déclare ne connaître ni les environs du péristome, ni le plastron. Péristome
très grand, transverse, semilunaire, avec lèvre postérieure large
et très saillante. Les avenues du trivium, en y aboutissant, se creusent fortement et s'élargissent : l'ambulacre impair est le moins
large, bien que le sillon qu'il occupe ait dix millimètres; les
deux ambulacres pairs finissent dans une dépression large de
douze millimètres, très sensible jusqu'à mi-distance du bord où
elle cesse en se rétrécissant comme la pointe d'un triangle. Les
péripodes sont nombreux; nous n'en comptons pas moins d'une
douzaine dans chaque zone des ambulacres II et IV du trivium;
III en présente un nombre moins considérable; ils sont plus distants dans I et V du bivium. Ils se présentent sous la forme
d'une dépression en cornet, qui est entourée elle-même d'une
petite plate-forme subcirculaire, dont elle n'occupe pas le centre.
Les pores n'ont qu'une ouverture sans cloison; mais ils ne sont
pas ronds, et il y a toujours une petite échancrure oblique d'un
côté. Il en est ici comme dans presque tous les genres prymno-
desmiens, c'est-à-dire pourvus d'un fasciole sous-anal, comme l'a
fait remarquer Lovén (*On Pourtalesia*). L'espace interzonaire,
large près de la bouche, forme en se rétrécissant, comme nous
l'avons dit, un triangle curviligne, couvert d'assez gros granules
peu serrés, mais dépourvu des tubercules primaires qui occupent tout le test avoisinant. Les avenues des ambulacres postérieurs ne sont pas déprimées; elles sont de médiocre largeur
près du péristome, couvertes, comme les antérieures de gros
granules espacés; elles se restreignent peu à peu en se rapprochant du bord, où elles sont envahies par les tubercules.

Plastron large, subtriangulaire, couvert de tubercules serrés,
plus petits que les tubercules primaires, sauf en avant, et diminuant de volume jusqu'au bord postérieur. Ils sont portés, ainsi

que tous les tubercules de la face inférieure, par de petites la-
melles ovales, parfois hexagones, dont ils occupent la partie antérieure.

Cette disposition de la face inférieure est complètement celle
des vrais *Brissus*, dont le genre qui nous occupe ne diffère que
par son fasciole péripétale serrant de moins près les ambulacres,
par ses aires ambulacraires paires superficielles, par ses tubercules primaires couvrant toute la face supérieure ; encore ce dernier caractère n'existe-t-il pas pour certaines espèces déprimées
où les gros tubercules, comme dans les *Brissus*, ne couvrent que
la moitié antérieure.

LOCALITÉ. — Ravin d'Oran. — Couches à spicules. — Pliocène.

TRACHYPATAGUS DEPRESSUS, Peron et Gauthier. 1891.

Pl. I, fig. 4.

TRACHYPATAGUS TUBERCULATUS? Pomel, *loc. cit.*, p. 29.
—   —   ? Ficheur, *Terr. éoc*, p. 342.

Longueur 68 mill.? — Largeur 64 mill. — Hauteur 25 mill.

Espèce ovalaire, presque aussi large que longue, arrondie régulièrement sur les côtés, à peine rétrécie et faiblement tronquée
en arrière. Le bord antérieur marque à notre unique exemplaire.
Face supérieure peu élevée, uniformément convexe, avec le milieu de l'interambulacre impair un peu plus relevé, sans être
caréné. Face inférieure plate, à peine renflée à la partie postérieure du plastron. Apex excentrique en avant.

Ambulacre impair différent des autres, superficiel, assez large.
Zones porifères étroites, formées de paires très réduites de petits
pores ronds, obliques, séparés par un granule. Les paires sont
assez distantes et placées près de la suture à la partie inférieure
de la plaque qui est aussi haute que large.

Ambulacres pairs à fleur de test, non renflés, longs et assez
larges. Les pétales antérieurs mesurent 26 millimètres de longueur; ils sont très divergents, sans être tout à fait perpendiculaires à l'axe. Zones porifères superficielles, étroites, composées
de pores ovalaires presque égaux, les externes à peine plus allongés que les internes ; elles se rapprochent un peu à leur ex-

trémité, mais sans fermer le pétale. L'espace interzonaire est plus large que l'une des zones, granuleux près du sommet ; mais, à partir des deux tiers de la longueur, il porte des tubercules primaires semblables à ceux de l'interambulacre. Pétales postérieurs plus longs que les antérieurs de six paires de pores, moins divergents entre eux qu'avec les antérieurs.

Péristome excentrique en avant, à fleur de test, large, transverse, mal conservé.

Périprocte ovale, largement ouvert, occupant presque toute la troncature postérieure qui est verticale. Plastron ovale, peu saillant, à peine renflé sur la suture médiane.

Fasciole péripétale peu sinueux, passant à l'extrémité des ambulacres, assez large. Le fasciole sous-anal, s'il a existé, n'est pas distinct, par suite de l'usure du test.

Tubercules primaires couvrant toute la partie dorsale ; ils ne sont pas limités par le fasciole péripétale, même dans la partie postérieure ; à la partie inférieure, ils couvrent également les interambulacres et le plastron.

Rapports et différences. — L'espèce que nous venons de décrire est assurément très voisine de celle que M. Pomel a donnée sous le nom de *T. tuberculatus*, si toutefois ce n'est pas la même. Notre exemplaire est d'une taille moins considérable ; il n'a point la partie postérieure aussi échancrée, car le bord n'est que flexueux à la base ; les gros tubercules se continuent sans aucun doute au-delà du fasciole péripétale dans l'interambulacre impair. A la face inférieure, le plastron est ovale plutôt que triangulaire, à peine renflé au milieu, et non subcaréné. Ce que valent ces différences, nous ne pouvons guère le dire, les exemplaires de M. Pomel étant frustes, comme le nôtre, et celui-ci de taille moins développée. Mais nous ne pouvons nous associer à l'assimilation de notre type ni au *Brissus tuberculatus* Wright, ni au *Macropneustes Peroni* Cotteau, auxquels M. Pomel rapporte le sien. Comme forme, notre exemplaire est moins rétréci en arrière que le premier ; comme détails, les zones porifères ne sont pas déprimées, ni les interporifères saillantes, tandis que l'auteur anglais indique nettement ces deux caractères, dans son texte et dans la figure 1 de la planche XXII. Nous trouvons également des différences sensibles dans le *Macropneustes Peroni* que l'un de nous a décrit dans la « Faune des terrains tertiaires de la Corse. » Le *M. Peroni* est plus large dans son ensemble; ses ambulacres postérieurs sont plus divergents. M. Pomel dit de ses exemplaires que les ambulacres postérieurs sont moins divergents entre eux qu'avec les antérieurs, et c'est aussi ce qui a lieu pour le nôtre; il est facile de voir que c'est précisément le contraire qui se produit dans le type de Bonifacio. Dans notre *T. depressus* les pores de l'ambulacre impair sont toujours placés au bord inférieur de la plaque; ils sont au milieu dans le *M. Peroni;* et les tubercules de celui-ci s'arrêtent au passage du fasciole dans l'interambulacre impair, tandis qu'ils le dépassent dans le nôtre.

Nous concluons donc que notre type n'est ni le *Brissus tuberculatus* de Wright, ni le *Macropneustes Peroni* de M. Cotteau; nous sommes moins affirmatif pour les exemplaires de M. Pomel, d'autant plus que les figures n'en sont point encore publiées. Il est très difficile de se reconnaître au milieu de ces différents types, dont l'affinité n'est pas contestable, mais dont l'identité spécifique est loin d'être certaine. Presque toujours les exemplaires sont incomplets, déformés, usés, et les détails délicats font défaut; et c'est là ce qui explique les différences d'interprétation auxquelles ont donné lieu ces Échinides insuffisamment connus.

Nous avons suivi M. Pomel en attribuant cette espèce au genre *Trachypatagus;* nous remarquerons néanmoins que la conformité n'est pas complète. Tout en admettant qu'il y ait des exemplaires déprimés et à peine convexes à côté d'autres élevés et gibbeux, nous ferons observer que les pores ambulacraires offrent quelque différence. Dans le *T. oranensis*, et aussi, d'après la description, dans le *T. tuberculatus* le pore interne est rond et l'externe ovale ou virgulaire; dans notre espèce, les deux pores de chaque paire sont largement ovales, et si nous avons dit que les externes sont à peine plus allongés que les internes, cette différence ne se voit qu'avec une bonne loupe; à l'œil nu, ils sont semblables. Nous n'avons pas voulu donner à ce caractère une importance exagérée; il en est de même du fasciole péripétale, beaucoup plus brisé et anguleux dans le *T. oranensis*, et qui nous paraît plus simple et plus droit sur notre exemplaire où, d'ailleurs, il n'est pas visible partout.

LOCALITÉ. — Gorges de l'Oued Soubella, au Sud de Sétif. Étage miocène (langhien).

Collection Peron.

EXPLICATION DES FIGURES. — *Trachypatagus depressus*, face supérieure. Grandeur naturelle.

M. Pomel cite encore une espèce qui nous est inconnue :

Trachypatagus Gouini, Pomel, *loc cit* , p. 31 ; A. pl XXIII (inédite).

Pliocène. — Aïn-Kouabi , à Bou-Zoudjar, près de Lourmel. Recueilli par M. Gouin.

GENRE PLAGIOBRISSUS POMEL.

Ce nom générique est destiné à remplacer le terme de *Plagionotus* L. Agassiz, déjà employé auparavant. Ce genre a été réuni depuis aux *Metalia*, avec qui il a de grands rapports (1). M. Pomel rétablit la distinction des deux types, celui qui nous occupe ayant les pétales « non creusés en sillons, mais au fond d'une simple dépression ; la zone porifère postérieure de la seconde paire semblable à sa voisine et non longuement atrophiée ». De gros tubercules ornent l'intérieur du fasciole péripétale.

Plagiobrissus Pomeli, Delage, *Géol. du massif d'Alger* ; Pomel, p. 34, A. pl XXII (inédite).

Cet exemplaire a été recueilli dans l'étage pliocène de Dély-Brahim par M. Delage.

GENRE BRISSUS KLEIN, 1734.

BRISSUS NICAISEI Peron et Gauthier, 1891.

Pl. II, fig. 1.

Longueur 48 mill. — Largeur 39 mill. — Hauteur 22 mill.

Exemplaire de taille médiocre, ovalaire, rétréci et tronqué en arrière, à bord entier en avant, pulviné au pourtour. Face supérieure convexe, ayant son point culminant aux deux tiers posté-

(1) Duncan maintient cette réunion. *Classif.*, p. 245, 1889.

rieurs; de là déclive en pente très douce en avant et en arrière. L'aire interambulacraire impaire présente une carène assez renflée, mais tout à fait mousse. Face inférieure écrasée dans notre exemplaire ; elle devait être légèrement convexe. Apex excentrique en avant, à peine au-delà du quart antérieur (13/48).

Appareil apical dans une légère dépression, peu développé, montrant quatre pores génitaux en trapèze, avec madréporide prolongé en arrière.

Ambulacre impair superficiel, à peine marqué par une légère dépression qui ne s'étend pas jusqu'au bord. Pores extrêmement petits, paires obliques, distantes ; l'espace interzonaire est occupé par deux rangées régulières de tubercules très réduits qui le bordent de chaque côté.

Pétales pairs antérieurs logés dans des sillons assez profonds, étroits, formant un arc peu tendu dont la concavité est en avant. Leur divergence avec l'axe antéro postérieur dépasse légèrement l'angle droit. Zones porifères assez larges, égales, formées de pores semblables, peu allongés, ovalaires, disposés par paires régulières, au nombre de vingt-cinq L'espace interzonaire est nul, les pores internes s'ouvrant tout près de la suture.

Pétales postérieurs assez divergents pour le genre, un peu plus longs que les antérieurs, comptant de vingt-neuf à trente paires, logés dans des sillons également creusés, plus larges, droits, mais légèrement infléchis à l'extrémité. Zones porifères semblables à celles des ambulacres antérieurs. Ils ne s'étendent guère au-delà de la moitié de la longueur totale 26/48.

Péristome mal conservé sur notre exemplaire; il était situé assez près du bord, au quart antérieur. Plastron grand, ovale, peu saillant?, couvert de tubercules sériés en chevrons, diminuant de volume à mesure qu'ils se rapprochent de la partie postérieure.

Périprocte assez grand, ovale verticalement, placé au sommet de la face postérieure, qui est à peu près droite.

Fasciole péripétale passant en avant près du bord, sinueux, remontant peu dans les interambulacres latéraux, formant entre les pétales postérieurs un sinus égal au tiers de leur longueur (5/15). Fasciole sous-anal entourant le talon.

Tubercules primaires assez développés et nombreux à la partie antérieure ; ils ne s'étendent pas au-delà de la naissance des pétales postérieurs, et toute la seconde moitié de la face supérieure ne porte que des tubercules secondaires ; en dessous, les tubercules sont à peu près uniformes dans tous les interambulacres, sauf ce que nous avons dit du plastron.

Rapports et différences. — Nous avons longtemps hésité à séparer ce type de l'espèce décrite par M. Pomel sous le nom de *B. Gouini;* et, quoique nous lui donnions ici une désignation spécifique particulière, nous ne sommes qu'à moitié convaincus. Il y a pourtant quelques différences assez appréciables. Notre exemplaire est moins développé d'un cinquième : il est relativement plus large, le rapport de la largeur à la longueur étant de plus de 0,81, au lieu de 0.75 dans le *B. Gouini;* il est aussi haut, ce qui ne devrait pas être, vu la différence de taille ; l'apex est plus excentrique en avant, au 13/48°, et non au tiers antérieur ; les pétales antérieurs semblent être plus rejetés en arrière ; les postérieurs s'étendent moins loin, car ils n'atteignent que les 26/48ᵒˢ de la longueur totale, tandis qu'ils atteignent presque le tiers postérieur dans l'autre type. Le fasciole péripétale forme entre les pétales postérieurs un sinus égal au tiers de leur longueur, tandis que M. Pomel dit que celui du *B. Gouini* est un peu rentrant. Ces divergences, mesurées avec le plus grand soin, ne nous empêchent pas de reconnaître que les deux types sont très voisins. Nous aimons mieux cependant séparer le nôtre, car les figures annoncées par M. Pomel ne sont pas publiées ; et, réduits à sa description seule, nous craignons de faire un rapprochement contestable.

Nous avons comparé notre exemplaire avec un *B. Scillæ* de même taille. L'espèce vivante est sensiblement plus étroite, plus haute ; l'apex est moins en avant ; les ambulacres postérieurs sont plus longs ; le fasciole péripétale est identique.

Localité. — Chaîne du Dahra. Nous ignorons la provenance précise.

Probablement de l'étage pliocène.

Explication des figures. — P. II, fig. 1, *Brissus Nicaisei,* face supérieure. Grandeur naturelle.

Brissus Gouini, Pomel, *loc. cit.*, p. 39; A. pl. XXIII (inédite).

Terrain pliocène ; Aïn-Kouabi, Bou-Zoudjar.

Genre BRISSOPSIS, Agassiz, 1847.

Brissopsis crescenticus Wright, 1854.

Brissopsis crescenticus, Wright, *On the foss. Echin. from. the island
of Malta*, p. 93, pl. VI, fig. 2.

M. Peron a recueilli deux exemplaires dont le rapprochement
avec les exemplaires de Malte ne nous paraît pas contestable. La
taille et la physionomie sont les mêmes ; la forme est oblongue,
arrondie et sinueuse en avant, tronquée en arrière. Apex excentrique en avant, dans une dépression. Ambulacre impair droit,
logé dans un sillon étroit, assez marqué, échancrant médiocrement le bord.

Les ambulacres pairs sont presque égaux, les antérieurs plus
longs que les postérieurs de deux ou trois paires de pores seulement. Ils sont logés dans des sillons bien marqués, un peu plus
larges dans le trivium, et formant de chaque côté un arc assez
bien dessiné, dont la convexité aboutit près du sommet. La divergence des pétales est plus considérable en avant qu'en arrière, où
ils sont plus rapprochés. Pores linéaires, allongés, formant des
zones assez larges ; la zone antérieure dans II et IV est en grande
partie atrophiée près du sommet ; dans I et V, c'est au contraire
la zone postérieure qui s'efface, à un degré moindre, avant d'arriver à l'apex.

Péristome assez éloigné du bord, presque au tiers antérieur,
transverse, ovale, labié en arrière.

Périprocte ovale, au sommet de la troncature postérieure.

Le fasciole péripétale, difficile à suivre dans nos exemplaires,
remonte le long des pétales dans l'interambulacre latéral, formant un arc moins parfait que l'arc ambulacraire. Nous voyons
à peine quelques traces du fasciole sous-anal.

Nos exemplaires proviennent d'un grès très dur, et le sable les
a usés et a détruit en partie les détails superficiels ; néanmoins
les principaux caractères sont suffisamment conservés, et nous
ont permis la description que nous venons de faire. Ils sont bien

conformes à la figure donnée par Wright; cependant le sillon antérieur est un peu plus creusé dans l'un que dans l'autre, sans
que la différence soit bien sensible. L'auteur anglais dit de ce
sillon qu'il est « inconsidérable », et la figure le représente en
effet comme peu profond, mais causant à l'ambitus une sinuosité
assez prononcée. M. Cotteau, qui a rapporté une espèce corse au
type de Malte, dit, au contraire, que le sillon antérieur est large,
profond, entamant fortement l'ambitus; aussi n'est-il pas très
certain de l'exactitude du rapprochement qu'il établit entre les
deux types. Sur nos exemplaires algériens, le sillon, à la partie
supérieure, est aussi étroit, mais un peu plus creusé qu'il ne parait l'être dans le spécimen figuré par Wright; mais il n'entame
pas plus l'ambitus, et nous venons de dire que le degré de profondeur n'est pas complètement égal sur tous deux. Nous ne
voyons pas là une raison suffisante pour les séparer du *B crescenticus*, peut-être même pourraient-ils servir à établir une transition entre le type de Malte et la variété, à sillon plus profond,
rencontrée en Corse.

LOCALITÉ. — Oued Sebt, à l'ouest de Tizi-Ouzou. — Étage
miocène (langhien).

Collection Peron.

BRISSOPSIS MESLEI, Peron et Gauthier, 1891.
Pl. I, fig. 5-6.

Longueur 33 mill. — Largeur 32 mill. — Hauteur 21 mill.

Espèce de taille moyenne, presque aussi large que longue,
tronquée et rétrécie en arrière, également rétrécie et échancrée en
avant, ayant sa plus grande largeur presque au milieu. Face supérieure légèrement déclive d'arrière en avant; pourtour renflé;
face inférieure convexe, déprimée seulement, et très peu, en avant
du péristome. Apex central.

Appareil mal conservé. — Ambulacre impair logé dans un
sillon large et bien accusé à la partie supérieure, entamant sensiblement le bord. Zones porifères peu développées, formées de
petites paires de pores ronds, séparés par un granule et obliquement disposés. L'espace interzonaire est large et couvert d'une
fine granulation.

Ambulacres pairs antérieurs placés dans des sillons assez larges, peu profonds, s'étendant à plus des deux tiers de la distance du sommet au bord, complètement droits; ils sont assez divergents. Zones porifères larges, formées de pores égaux, allongés, acuminés à la partie interne. L'état de nos exemplaires ne nous permet pas de compter le nombre de paires atrophiées dans la zone antérieure. Espace interzonaire étroit. A l'extrémité du sillon, quoique celui-ci soit bien fermé, une légère dépression marque encore le passage de l'ambulacre et cause une sinuosité sur le bord.

Ambulacres postérieurs très convergents, plus étroits, et de moitié plus courts que les antérieurs, portant des pores de même nature; ils sont légèrement infléchis en dehors à l'extrémité.

Fasciole péripétale bien visible, très sinueux, suivant de très près le bord des sillons ambulacraires, et remontant dans les interambulacres latéraux presque jusqu'à la dépression où se trouve le sommet. Fasciole sous-anal développé en largeur, entourant le talon postérieur.

Péristome assez éloigné du bord, ovale, transverse, avec lèvre postérieure.

Périprocte placé au sommet de l'aréa postérieure, qui est oblique, légèrement rentrante en bas et un peu déprimée au-dessous de l'ouverture anale.

Rapports et différences. — Le *Brissopsis Meslei* se rapproche assez du *B. crescenticus* qui se rencontre dans la même localité, mais dans une couche différente; il s'en distingue par sa forme plus élargie, par son apex central, par ses ambulacres pairs antérieurs droits, par l'ensemble de son système ambulacraire plus développé. Les deux espèces ne nous paraissent pas pouvoir se confondre.

Localité. — Recueilli par M. Peron à l'ouest de Tizi-Ouzou, à l'Oued Sebt, dans une couche gréseuse jaunâtre. — Étage miocène (langhien).

Collection Peron.

Explication des figures. — Pl. I, fig. 5, *Brissopsis Meslei*, vu de profil; fig. 6, le même, face supérieure.

BRISSOPSIS DURANDI, Peron et Gauthier, 1891.

Pl. I, fig. 7-8.

Longueur 60 mill. — Largeur 52 mill. — Hauteur ?

Espèce d'assez grande taille, ovalaire, médiocrement entamée en avant par le sillon impair, tronquée en arrière. Apex un peu excentrique en arrière, dans une dépression.

Ambulacre impair logé dans un sillon bien déterminé, assez large dès le sommet, de profondeur moyenne. Zones porifères étroites, formées de petites paires assez distantes de pores obliquement disposés et séparés par un granule ; l'espace interzonaire est large, et couvert jusqu'au bord d'une granulation fine et peu serrée.

Ambulacres pairs antérieurs logés dans des sillons assez larges, médiocrement creusés ; ils sont assez divergents. Zones porifères non flexueuses, formées de paires de pores ovalaires, acuminés à l'extrémité interne, conjugués par un sillon. Il y a vingt paires dans chaque zone ; dans la zone antérieure, les six paires les plus rapprochées du sommet sont atrophiées. Espace interzonaire un peu moins développé qu'une des zones.

Ambulacres postérieurs logés dans des sillons semblables mais plus courts, assez divergents pour le genre et faisant suite diagonalement aux antérieurs. Ils comptent quinze paires de pores ; dans les zones les plus rapprochées de l'interambulacre impair, il y a cinq paires atrophiées près du sommet.

Péristome placé au quart antérieur, transverse, réniforme, labié en arrière. Les avenues ambulacraires sont larges et nues à la face inférieure ; le plastron affecte une forme triangulaire, et il est couvert de petits tubercules.

Périprocte placé au sommet de la face postérieure, qui est un peu écrasée dans notre exemplaire.

Fasciole péripétale large et traversant le sillon antérieur près du bord, en arc à peine tendu, anguleux et presque en zigzag jusqu'aux pétales antérieurs ; remontant assez haut dans les interambulacres latéraux, à peine convexe à la partie postérieure. Fasciole sous-anal largement développé, formant à sa partie supérieure, au-dessus du bord, une courbe rentrante, dont la jonc-

tion aux parties latérales est marquée par une petite protubé-
rance. Il enveloppe de chaque côté quatre paires de pores, accom-
pagnées également de petites protubérances, et de rangées de
petits tubercules rayonnant de la paire de pores au fasciole.

Rapports et différences. — L'espèce que nous venons de décrire a les plus grands rapports avec le *Brissoma Rocardi* Pomel,
et peut-être n'en est-elle qu'une variation individuelle, car elle
provient de la même localité. Sa physionomie, sa taille, la direction des ambulacres, le nombre des paires de pores dans chaque
pétale, la disposition du fasciole péripétale, le sillon antérieur
sont conformes à la figure du *B. Rocardi*, qui est représenté dans
l'atlas sous le nom de *Brissopsis ovatus* (non Desor), pl. V.   Les
différences sont peu nombreuses : le péristome est sensiblement
plus en avant dans notre exemplaire, et les paires de pores atrophiées près du sommet dans l'une des zones des quatre ambulacres pairs sont plus nombreuses du double au moins.

M. Pomel, dans sa *Classification méthodique* de 1883, et dans
les planches qu'il a livrées au public en 1887, avait séparé,
comme Desor, les *Brissopsis* en deux genres : les *Brissopsis* proprement dits et les *Toxobrissus*. Depuis, dans son texte détaillé,
il a reconnu que les deux mots étaient synonymes, et que le mot
Toxobrissus, venu le dernier, devait disparaître de la nomenclature. Il a créé alors le genre *Brissoma,* qui doit comprendre les
espèces qu'il avait rapportées aux *Brissopsis*, et il a reporté dans
le genre *Brissopsis* les espèces qu'il en avait exclues et qui répon-
daient au genre *Toxobrissus.* Nous ne discuterons pas ici la valeur
du genre *Brissoma ;* nos matériaux ne sont pas assez abondants
pour aborder en toute sûreté une discussion de cette nature.
Toutefois nous regrettons que les limites du nouveau genre ne
soient pas mieux précisées. Il ne diffère en réalité des *Brissopsis*
que par la disposition des paires de pores dans la partie supérieure des ambulacres, et par l'inflexion des pétales en forme de
croissant aux approches du sommet. Ce dernier caractère, plus
ou moins prononcé, n'a qu'une valeur fort médiocre au point de
vue générique, et M. Pomel lui-même a publié des espèces,
comme *Toxobrissus (Brissopsis) oblongus, T. speciosus*, où les pétales sont absolument droits. Quant aux paires de pores, chez les

vrais *Brissopsis*, les plus rapprochées du sommet dans une des deux zones sont atrophiées ; elles le sont aussi dans le genre *Brissoma ;* seulement le nombre de ces paires atrophiées est moins grand dans ce dernier genre. Il n'y a donc qu'une question de degré, dont la limite ne nous paraît pas facile à fixer, attendu qu'elle n'est pas stable. La description du *Brissoma Rocardi* n'indique pas le nombre de ces paires réduites, l'atlas donne un grossissement (fig. 6) qui semble indiquer trois paires amoindries dans les ambulacres pairs antérieurs, et deux dans les postérieurs. Notre exemplaire montre six paires atrophiées, peut-être même sept, dans la zone faible des ambulacres II et IV, cinq dans les postérieurs I et V. Nous avons comparé cette disposition avec celle du *Brissopsis pulvinata* qui vit dans la Méditerranée, et que M. Pomel cite dans sa *Classification méthodique* comme un des types du genre *Toxobrissus*, c'est-à-dire des véritables *Brissopsis :* à taille égale, l'espèce vivante a de sept à huit paires atrophiées dans les ambulacres antérieurs, et de six à sept dans les postérieurs. Notre espèce fait donc bien partie des vrais *Brissopsis ;* et voilà pourquoi nous la distinguons du *Brissoma Rocardi*, tout en constatant combien sont nombreux les caractères communs aux deux espèces. M. Pomel dit de son type : « Par ses pétales un peu atténués près du sommet et les grandes surfaces lisses de la face inférieure, cette espèce fait transition aux *Brissopsis*, mais elle est encore bien à sa place dans *Brissoma*. » Il n'est pas possible d'en dire autant de notre exemplaire.

LOCALITÉ. — Ravin d'Oran. — Pliocène.

Recueilli par M. Durand.

EXPLICATION DES FIGURES. — Pl. I, fig. 7, *Brissopsis Durandi*, face supérieure ; fig. 8, ambulacre antérieur pair, grossi.

M. Pomel décrit en outre les espèces suivantes que nous ne connaissons que par son ouvrage :

Brissopsis lata, Pomel, *loc. cit.*, p. 50. — *Toxobrissus latus*, Pomel, *Explic. des pl. d'Échinodermes* A. pl. VII, fig. 1-3.

LOCALITÉ. — Oued Ameria, près de Lourmel. — (Sahélien). Pliocène.

Brissopsis Pouyannei, Pomel, *loc. cit.*, p. 51. – *Toxobrissus oblongus*, Pom., *Expl. des pl. d'Échin.*, A. pl. VII, fig. 5-7 ; pl. VI, fig. 6.

Localités. — Oued Ameria ; Ravin d'Oran. — (Sahélien). Pliocène.

Brissopsis depressa, Pomel, *loc. cit.*, p. 52. — *Toxobrissus depressus* Pom., *Expl. des pl. d'Échin.*, A. pl. VI, fig. 7 ; pl. VIII, fig. 5-7.

Localités. — Oued Ameria ; Ravin d'Oran. — (Sahélien). Pliocène.

Brissopsis Boutyi, Pomel, *loc. cit.*, p. 53 ; A. pl. XXIV, fig. 1-4. (pl. non publiée).

Localités. -- Calcaires à mélobésies de l'Oued Riou (Inkermann) ; Quessiba, près d'Arzew ? — Helvétien.

Brissopsis Nicaisei, Pomel, *loc. cit.*, p. 54 ; A. pl. XXIV, fig. 5-6. (non publiée). — *Eupatagus elongatus*, Nicaise (non Agassiz) *Cat. des anim. foss. de la prov. d'Alger*, p. 93, 1870.

Localité. — A trois kilomètres de Mouzaïa-Mines. — Helvétien.

Brissopsis Tissoti, Pomel, *loc. cit.*, p. 55 ; A. pl. XXIV, fig. 7-9 (non publiée).

Localité. — Djebel Garribou, au sud-ouest de Batna. — Miocène (Helvétien).

Brissopsis Delagei, Pomel, *loc. cit.*, p. 56 ; A. pl. XXIV, fig. 10 12 (non publiée).

Localité. — El Biar, grès à Clypéastres.

Brissopsis oranensis, Pomel, *loc. cit.*, p. 57 ; A. pl. VII, fig. 4 ; pl. XXIV, fig. 13-14 (la dernière pl non publiée). — *Toxobrissus oranensis*, Pomel, *Explication des pl. d'Échin*, pl. VII.

Localité. — Ravin d'Oran. — (Sahélien). — Pliocène.

Brissopsis incerta, Pome., *loc cit.* p. 58, A. pl. XXIV, fig., 15-16.— Ficheur, *Terr. éoc. de la Kabylie*, p. 383.

Localités. — Azib-Zamoun. — (Sahélien). Pliocène. — Terre

à briques du ruisseau, près Hussein-Dey; cette dernière localité peut-être Pliocène inférieur.

Genre BRISSOMA, Pomel, 1887.

Nous renvoyons, pour la diagnose de ce genre, à ce que nous avons dit dans la description du *Brissopsis Durandi*. Nous n'en possédons aucun spécimen; et, par conséquent, nous énumérons sans discussion les espèces que M. Pomel a attribuées à ce genre.

Brissoma milianense, Pomel, *Paléont. de l'Algérie*, 2ᵉ fascic. p. 43. *Brissopsis milianensis*, Pom., *Expl. des pl*, A. pl. VIII, fig. 3-4.

Localité. — Col des Beni-Menasser, à l'ouest de Milianah. — (Cartennien). Langhien.

Brissoma saheliense, Pomel, *loc. cit.*, p. 44; *Brissopsis saheliensis*, Pom., *Expl. des pl.* A. pl. V, fig. 1-3.

Localité. — Oued Ameria, près de Lourmel. — (Sahélien). Pliocène.

Brissoma latipetalum, Pomel, *loc. cit.*, p. 45.— *Brissopsis latipetalus*, Pom., *Explic des pl* A. pl. VI, fig. 5.

Localité. — Barrage du Sig. — (Sahélien). Pliocène.

Brissoma Rocardi, Pomel, *loc. cit.*, p. 46. — *Brissopsis ovatus*, Pom. (non Desor). — *Explic. des pl.* A. pl. V, fig. 4-8.

Localités. — Ravin d'Oran; barrage du Sig. — (Sahélien). Pliocène.

Brissoma speciosum, Pomel, *loc. cit.*, p. 47. *Brissopsis speciosus*, Pom., *Explic. des pl.* A. pl. VIII, fig. 1-2.

Localités. — Oued Ameria, près de Lourmel; Ravin d'Oran.— (Sahélien). Pliocène.

Brissoma tuberculatum, Pomel, *loc. cit.*, p. 48. — *Brissopsis tuberculatus*, Pom , *Explic. des pl.* A. pl. VI, fig. 1-4.

Localité. — Bled-Msila, chez les Beni-Zeroual du Dahra. — Pliocène.

Genre SCHIZOBRISSUS, Pomel.

Ce sont de grands oursins, très voisins des *Brissus*, dont ils diffèrent en ce que l'ambulacre impair est logé dans un sillon, qui échancre profondément l'ambitus. M. Pomel en décrit deux espèces, qui nous sont inconnues.

Schizobrissus mauritanicus, Pomel, *loc cit*, p. 59; A. pl. III, fig. 1-3; pl. IV, fig 5-6. — Ficheur, *Terr. éocènes de la Kabylie*, p. 342, 1890.

LOCALITÉS. — Ouillis (Dahra); El Biar; Haussonvilliers. — (Cartennien). Langhien.

Schizobrissus saheliensis, Pomel, *loc cit.*, p. 61, A. pl. XXIII, fig. 1 (pl. non publiée).

LOCALITÉS. — Couches à diatomées et à spicules d'Oran ; Sidi-Hamadi. — (Sahélien). Pliocène

Genre AGASSIZIA, Valenciennes, 1847.

AGASSIZIA HEINZI, Peron et Gauthier, 1891,

Pl. II, fig. 2-5.

Longueur 33 mill. — Largeur 28 mill. — Hauteur 23 mill.

Espèce de taille moyenne, renflée, ovoïde, allongée, à pourtour entier en avant, tronqué en arrière. Face supérieure presque uniformément globuleuse, avec point culminant à l'apex, en pente douce vers le bord antérieur qui est très épais. Face inférieure pulvinée. Apex excentrique en arrière, presque aux deux tiers (20/33).

Appareil apical étroit, montrant quatre pores génitaux disposés en trapèze. Le madréporide est rejeté en arrière.

Ambulacre impair presque superficiel, logé dans un long sillon à peine sensible, bien visible cependant sur les deux tiers de la longueur. Paires de pores distantes ; pores très réduits, séparés par un granule.

Pétales pairs antérieurs longs, à peu près droits, peu divergents, s'arrêtant environ à six millimètres du fasciole latéral.

logés dans des sillons à peine sensibles, presque superficiels, comme l'impair. Zone porifère postérieure normale, large, formée de pores ovalaires, les externes un peu plus allongés que les internes, conjugués par un sillon bien net ; il y a vingt et deux paires assez distantes. La zone antérieure occupe le bord évasé de la dépression ; elle est complètement atrophiée. Avec une forte loupe seulement on distingue quelques petits pores, et les plaques qui les portent sont plus hautes que larges.

Pétales postérieurs plus courts et plus divergents entre eux que les antérieurs, légèrement flexueux, en avant, larges à l'extrémité. Les sillons ne sont pas plus accentués que dans le trivium ; les deux zones sont normales, et les paires de pores disposées comme celles de la zone régulière des ambulacres antérieurs ; il y a quatorze paires. Espace interzonaire un peu plus étroit qu'une des zones.

Péristome assez grand, fortement labié en arrière, réniforme, situé à dix millimètres du bord. Le plastron est peu saillant, subcaréné en avant, couvert de tubercules semblables à ceux des aires interambulacraires. Les avenues ambulacraires sont ornées d'une granulation assez grossière.

Périprocte ovale longitudinalement, placé au sommet de la face postérieure qui est haute, étroite et plate.

Tubercules couvrant à la face supérieure toutes les aires interambulacraires, plus gros en avant, comme dans les *Brissus ;* à la face inférieure ils sont aussi plus développés autour du péristome

Fasciole latéro-sous-anal passant en avant sur la marge même, à neuf millimètres du péristome, puis à une assez grande distance de l'extrémité des pétales pairs antérieurs, se relevant un peu dans les interambulacres latéraux, et formant un pli sous le périprocte. Le fasciole péripétale s'en détache en arrière des ambulacres pairs antérieurs, forme un arc en remontant vers le sommet, puis une autre courbe en sens inverse pour contourner les pétales postérieurs ; il forme également entre ces deux derniers un arc dont la convexité regarde l'apex.

Rapports et différences. — L'*A. Heinzi* n'est pas sans rapports avec une espèce éocène décrite par M. Pomel sous le nom d'*A.*

Tissoti, et dont les figures ne sont pas encore publiées. Notre espèce nous paraît s'en distinguer facilement par sa forme moins haute relativement, plus allongée, car l'auteur de l'*A. Tissoti* dit qu'il est brièvement ovoïde, et donne pour proportions de la longueur et de la largeur 25 et 24 mill., ce qui montre que son espèce est à peu près aussi large que longue; la troncature postérieure est plus accentuée dans l'*A. Heinzi*, l'apex est plus en arrière, les sillons des ambulacres pairs sont moins marqués, le sillon impair est plus prolongé; les pétales antérieurs sont droits tandis qu'ils sont flexueux dans l'autre espèce; le plastron est à peine renflé, et M. Pomel dit « très convexe » pour celui de son espèce; enfin le fasciole péripétale forme un arc entre les deux ambulacres postérieurs, tandis qu'il est droit dans l'*A. Tissoti*, et tronque les pétales postérieurs.

LOCALITÉ. — Antilope, près d'El Outaïa, département de Constantine. — Miocène? Recueilli par M. Heinz, a qui nous nous faisons un plaisir de dédier cette espèce.

EXPLICATION DES FIGURES. — Pl. II, fig. 2, *Agassizia Heinzi*, vu de profil; fig. 3, face supérieure; fig. 4, face inférieure; fig. 5, ambulacre pair antérieur grossi.

Genre SCHIZASTER AGASSIZ.

SCHIZASTER BOGHARIENSIS, Peron et Gauthier, 1891.

Pl. II, fig. 6-8.

Longueur 35 mill. — Largeur 35 mill. — Hauteur 22 mill.

Espèce de taille médiocre, aussi large que longue, arrondie sur les côtés, sensiblement échancrée en avant, tronquée en arrière. Face supérieure déclive d'arrière en avant, le point culminant se trouvant entre l'apex et l'extrémité de la carène qui forme un léger rostre au-dessus de la face postérieure. Face inférieure presque plate, un peu creusée autour du péristome. Apex excentrique en arrière, aux 20/35ᵉˢ.

Appareil apical dans une dépression, mal conservé sur nos exemplaires; il paraît n'y avoir eu que deux pores génitaux.

Ambulacre impair logé dans un sillon médiocrement élargi à la partie supérieure, se rétrécissant un peu au pourtour, où il cause une entaille assez profonde; de là il continue en s'atténuant jusqu'au péristome. Les parois escarpées sont surplombées par l'extrémité recourbée des plaques interambulacraires. Zones porifères simples, portant des paires de pores peu nombreuses et peu développées.

Ambulacres pairs logés dans des sillons coudés près du sommet, presque droits ensuite, les antérieurs à peine infléchis à leur extrémité, s'élargissant de plus en plus, très profonds et à parois abruptes. Les pétales antérieurs, assez divergents, sont d'un tiers plus longs que les autres, et comptent environ dix-huit paires de pores dans chaque zone. Les postérieurs sont plus rapprochés et s'étendent au bas de la carène interambulacraire qui les domine.

Aires interambulacraires assez tourmentées ; les antérieures saillantes et fortement pincées près du sommet ; les latérales noduleuses, larges à la base, mais finissant en pointe ; la postérieure impaire se terminant par un rostre qui recouvre l'aréa anale.

Péristome aux 10/35ᶜˢ de la longueur totale, réniforme, avec lèvre postérieure acuminée et saillante. Plastron aigu en avant, assez large en arrière, à peu près plat, couvert de tubercules seriés en chevrons, qui diminuent régulièrement de volume en s'éloignant du péristome. Avenues ambulacraires inférieures larges, se creusant légèrement en aboutissant au péristome, surtout celles du trivium.

Périprocte ovale verticalement, assez grand, placé sous le rostre postérieur, au sommet d'une aréa presque ovale et peu évidée.

Fasciole péripétale serrant de près les sillons ambulacraires, remontant dans les interambulacres antérieurs pour descendre ensuite le long du sillon impair et le traverser à une distance assez sensible du bord. Le fasciole latéro-sous-anal s'en détache en arrière des pétales pairs antérieurs, au tiers environ de leur hauteur, et va passer sous le périprocte. L'état de nos exemplaires ne nous permet pas de constater comment il se comporte en cet endroit.

Rapports et différences. — La forme large et subarrondie du *S. boghariensis,* sa petite taille, sa face supérieure fortement déclive en avant, la profondeur de ses sillons ambulacraires, sa face inférieure plate lui donnent une physionomie particulière, qui le distingue facilement de toutes les espèces que nous connaissons en Algérie. M. Pomel a décrit quelques espèces nouvelles dont la largeur égale la longueur, de taille médiocre, et qui paraissent avoir plus d'un rapport avec notre type. A défaut de figures, qui nous renseigneraient beaucoup mieux, nous avons cru, d'après la description, que le *S. cruciatus*, qui est de taille un peu plus grande, doit s'en distinguer par son sillon impair peu profond, à parois peu élevées, par ses pétales postérieurs relativement plus longs, par son apex à peine déprimé et montrant quatre pores génitaux. Le *S. Bogud* est plus voisin encore ; sa taille est la même, car les dimensions que nous avons indiquées sont celles de notre plus grand exemplaire ; la partie supérieure est également déclive en avant ; mais l'apex est plus excentrique en avant, et la description indique un sillon impair très large et peu profond, ce qui suffit pour qu'il ne puisse pas se confondre avec l'espèce qui nous occupe.

LOCALITÉ. — Le *S. boghariensis* a été recueilli par M. le Mesle à 1 kilomètre au nord du Ksour Boghari, dans des grès regardés comme miocènes. Mais il peut se faire que cette espèce appartienne à l'étage éocène, que M. Pomel a signalé dernièrement dans ces parages (1).

EXPLICATION DES FIGURES. — Pl. II, fig. 6, *Schizaster boghariensis*, vu de profil ; fig. 7, face supérieure, fig. 8, face inférieure.

SCHIZASTER SEBTENSIS, Peron et Gauthier, 1891.

Pl. II, fig. 9.

Longueur 38 mill. — Largeur 34 mill. — Hauteur ?

Espèce de taille médiocre, ovalaire, sensiblement rétrécie en arrière, arrondie, un peu resserrée et médiocrement échancrée en avant. Face supérieure déclive d'arrière en avant, face postérieure inconnue, ainsi que toute la partie inférieure ; notre unique exemplaire étant empâté dans un grès très dur. Apex excentrique en arrière, aux deux tiers de la longueur (25/38).

_____

(1) *Description stratigraphique de l'Algérie*, p. 127. — 1889.

Appareil apical dans une dépression, mal conservé, paraissant n'avoir eu que deux pores génitaux.

Ambulacre impair logé dans un sillon peu élargi, mais très profond, surplombé par les bords des interambulacres antérieurs qui se replient en bourrelet sur la crête et forment une partie de la paroi. Le sillon se rétrécit à peine près du bord ; pores disposés par simples paires assez serrées.

Ambulacres pairs antérieurs courts, peu divergents, formant entre eux un angle de 80 degrés, étroits et coudés près du sommet, élargis vers l'extrémité et légèrement infléchis en dehors. Les sillons qui les contiennent sont étroits et très profonds, beaucoup moins cependant que le sillon impair. Zones porifères assez larges, placées sur les parois abruptes du sillon, composées de paires de pores ovalaires, bien ouverts, conjugués, au nombre de vingt-deux à vingt-quatre paires. L'espace interzonaire est moins large que l'une des zones. Ambulacres postérieurs peu divergents, logés aussi dans des sillons profonds, arrondis à l'extrémité. Ils sont très courts et n'atteignent pas même la moitié de la longueur des pétales antérieurs. Les paires de pores y sont plus serrées et s'élèvent au nombre de douze.

Les aires interambulacraires antérieures sont très étroites entre les sillons, formant partout une carène mousse, presque aiguës en arrivant à l'apex ; les latérales sont noduleuses, étroites au sommet, mais un peu moins ; la postérieure impaire est carénée, arquée et s'avance en rostre au-dessus de la face postérieure.

Les fascioles sont peu visibles, le sable qui enveloppe ces oursins en ayant poli la surface. On distingue assez bien la direction du péripétale qui remonte assez haut dans les interambulacres latéraux, et passe en avant à une certaine distance du bord. Le latéro-sous-anal se détache en arrière des pétales antérieurs, à une nodosité placée au tiers inférieur ; nous ne pouvons pas le suivre plus loin,

Rapports et différences. — Le *Schizaster sebtensis* nous paraît présenter assez d'analogie avec le *S. Christoli* Pomel ; nous ne sommes cependant pas certain de l'identité, et dans le doute nous avons mieux aimé établir un type spécifique nouveau. Les interambulacres antérieurs nous paraissent moins étroits et moins pincés, car M. Pomel insiste beaucoup sur ce détail ; le fond des ambulacres pairs est beaucoup plus élevé que celui de l'impair ; la face inférieure nous est inconnue ; nous saurons sans doute, quand nous connaîtrons les figures du *Sc. Christoli*, si nous avons eu raison de séparer les deux espèces.

LOCALITÉ. — Oued Sebt, dans l'ouest de Tizi-Ouzou, départe ment d'Alger. — Langhien.

Collection Peron.

EXPLICATION DES FIGURES. — Pl. II, fig. 9, *Schizaster sebtensis*, face supérieure.

SCHIZASTER PUSILLUS, Peron et Gauthier, 1891.

Pl. II, fig. 10 12.

Longeur 17 mill.	— Largeur 17 mill.	— Hauteur 13 mill
— 20	— 19 — —	— 11
— 22	— 20 — —	— 15

Espèce de très petite taille (les dimensions que nous donnons étant celles des plus grands exemplaires). aussi ou presque aussi large que longue, assez fortement échancrée en avant, tronquée un peu obliquement en arrière, avec un léger rostre formé par l'extrémité de la carène interambulacraire, presque plate en dessous. Face supérieure déclive d'arrière en avant ; le point culminant est tout à fait en arrière, aux deux tiers de la carène finale. Apex excentrique en arrière, aux 16/22ᵉˢ.

Appareil apical déprimé, dominé par les saillies interambu-lacraires, ne portant que deux pores génitaux largement ouverts.

Ambulacre impair logé dans un sillon à fond plat, relative-ment profond, assez étroit, s'étendant jusqu'au pourtour anté-rieur sans s'élargir ni se rétrécir. Il est un peu moins profond en franchissant le bord, qu'il échancre néanmoins assez fortement. Les bords latéraux sont surplombés par un pli des aires inter-ambulacraires. Zones porifères droites et simples, les paires de pores étant rangées à la base de la paroi verticale.

Ambulacres pairs antérieurs très courts. médiocrement diver-gents, coudés près du sommet, droits et s'élargissant jusqu'à l'extrémité qui est arrondie. Les sillons qui renferment les pétales sont profonds, à parois verticales. Zones porifères larges, formées de paires assez serrées, au nombre de seize ou dix-sept. L'espace interzonaire est plus étroit que l'une des zones.

Les ambulacres postérieurs atteignent en longueur la moitié des autres, ils sont logés dans des sillons profonds, arrondis à l'extrémité, et suivis au-delà par une légère dépression qui n'atteint pas le pourtour. Zones porifères semblables à celles des ambulacres antérieurs, comptant huit paires de pores serrées.

Aires interambulacraires antérieures saillantes, carénées, rétrécies entre les sillons, sans être néanmoins trop atténuées. Aires latérales noduleuses, larges à la base, en pointe arrondie près du sommet. Carène postérieure assez saillante, légèrement arquée, s'abaissant à l'extrémité sur la face postérieure.

Peristome réniforme, avec lèvre saillante ; il est à six millimètres du bord dans notre plus grand exemplaire, et à quatre dans celui que nous figurons ; les avenues du trivium se creusent profondément en y aboutissant. Plastron ovalaire, renflé mais peu saillant, bordé par les avenues ambulacraires postérieures qui sont assez larges. Périprocte ovale, assez grand au sommet de l'aréa postérieure, sous le rostre.

Les fascioles sont mal conservés, oblitérés par le sable qui enveloppe l'oursin. Sur un seul de nos exemplaires nous avons pu constater la bifurcation du fasciole péripétale et du fasciole latéro-sous-anal, sans pouvoir suivre ce dernier plus loin. Le fasciole péripétale n'est lui-même que très rarement visible.

Rapports et différences. — La petite taille de notre espèce la distingue de presque tous ses congénères, mais elle a en outre des caractères particuliers qui ne permettent pas de la confondre avec les autres types aussi peu développés. Le *S. Bogud* Pomel est plus grand, son sillon impair peu profond, très large, se contractant vers le bord en un canal étroit et peu profond, ne correspondant pas à celui que nous venons de décrire. Le *S. subcylindricus* Cott. a la partie antérieure moins entamée par le sillon, la partie postérieure plus verticale, les ambulacres postérieurs plus développés, les antérieurs plus divergents. Le *S. Clevei* Cotteau a la même taille ; il est plus étalé, les ambulacres postérieurs sont plus développés, les antérieurs plus divergents et moins flexueux, le sillon antérieur moins profond et plus évasé. Le *S. the-bensis* de Loriol, de l'Éocène d'Égypte et de Tunisie, est très différent dans sa forme, dans la largeur de son sillon impair. L'espèce la plus voisine est certainement le *S. Scillæ* Agassiz, dont notre petite espèce semble être la miniature. La différence de taille est telle qu'elle suffit pour les distinguer. Nous avons cherché cependant à nous assurer que nos exemplaires ne sont pas les jeunes de cette espèce. Le *S. pusillus*, en tenant compte de la différence des proportions, a le sillon impair plus étroit, non contracté près du bord ; les interambulacres antérieurs sont moins pincés, le plastron est moins saillant, l'appareil plus en arrière. Ces caractès sont constants sur tous nos exemplaires, qui sont assez nom-breux, sans qu'aucun ait une tendance à se rapprocher du *S. Scillæ*, soit par une augmentation de taille, soit par un amoin-drissement de la valeur des détails qui lui sont propres.

LOCALITÉ. — Oued Sebt, près de Tizi-Ouzou — Langhien. — Assez abondant.

Collections Peron, Gauthier, Cotteau.

EXPLICATION DES FIGURES. — Pl. II, fig. 10, *Schizaster pusillus*, vue de profil ; fig. 11, face supérieure ; fig. 12, face inférieure. (Exemplaire de 20 millimètres).

SCHIZASTER SCILLÆ Agassiz, 1847.

Spatangus Scillæ (des Moulins).

SCHIZASTER SCILLÆ? Nicaise, *Cat. des anim. foss. de la prov. d'Alger*, p. 93. — 1870.

Longueur 61 mill. — Largeur 55. — Hauteur 35 mill.

Espèce de taille moyenne, subcordiforme, épaisse en arrière, amincie en avant, dilatée et arrondie sur les côtés. Face supé-rieure fortement déclive d'arrière en avant depuis le milieu de la carène postérieure, qui est saillante, arrondie en arc, formant un rostre aigu incliné brièvement vers la partie postérieure. Face inférieure sillonnée en avant par les avenues du trivium, avec plastron très saillant, bien qu'à peine convexe ; de chaque côté le test se déprime dans les avenues ambulacraires et les interam-bulacres latéraux. Apex aux deux tiers de la longueur (40/61) dans le plus grand de nos exemplaires, et 28/42 dans un autre moins développé.

Appareil mal conservé, montrant deux pores génitaux sur notre plus petit exemplaire.

Ambulacre antérieur logé dans un sillon très large dès le sommet, profond, se rétrécissant un peu avant d'arriver au bord qu'il échancre fortement. Les bords du sillon forment des carènes noduleuses et étroites jusque près du sommet, où elles se rétrécissent beaucoup et s'arrondissent un peu plus.

Ambulacres pairs antérieurs coudés à leur origine, peu divergents, ne laissant à leur extrémité, entre le milieu des aires porifères et la carène du sillon impair qu'un espace de neuf millimètres dans le grand exemplaire, et de six dans le second. Ambulacres postérieurs droits, peu divergents, très courts, n'atteignant pas tout à fait la moitié des antérieurs pairs, touchant de près la forte carène de l'aire interambulacraire.

Péristome situé à 14 millimètres du bord ou à 10, selon la taille de l'exemplaire. Plastron ovale, aigu en avant, arrondi en arrière, presque plat, mais saillant ; il est couvert de tubercules moins gros que ceux des interambulacres. Périprocte ovale, placé sous le rostre postérieur, entouré de nodosités. Au-dessous, l'aire postérieure est un peu rentrante jusqu'au talon terminal du plastron.

Les détails des zones porifères, des fascioles, de la granulation, ne sont pas visibles dans notre plus grand exemplaire ; la forme seule est bien conservée. Dans le second, on peut observer les pores des ambulacres pairs, allongés et égaux : le fasciole péripétale serre de près les ambulacres et passe, en avant, assez près du bord, entre deux nodosités des bords du sillon. La physionomie de ces deux individus est complètement celle du moule en plâtre P. 86 du musée de Neufchâtel, et il ne nous reste point de doutes sur le rapprochement que nous faisons. Le sommet apical qui, dans le moule, est placé à 42/64 de la longueur totale, est à 40/64 dans notre exemplaire un peu moins développé ; le rostre postérieur, la forme et les dimensions du sillon impair, la direction des sillons ambulacraires n'offrent aucune divergence.

M. Pomel ne cite pas cette espèce en Algérie ; Nicaise l'a indiquée

aux environs d'Orléansville et à l'extrémité du Djebel Garribou.
M. Pomel, qui a peut-être entre les mains les exemplaires visés
par Nicaise, le met en synonymie de *S. phrynus*, qui est bien
voisin, mais qui a l'apex un peu moins en arrière, aux 3/5es et
non aux 2/3. Le *S. Ficheuri* est aussi très voisin, et se distingue
également par son apex moins excentrique en arrière.

LOCALITÉS. — Oued Soubella, à 70 kilomètres au sud de Sétif ;
bords de l'Oued Sebt. dans l'ouest de Tizi-Ouzou (Kabylie). —
Etage miocène (Langhien). — Recueilli par MM. Peron et le Mesle.

SCHIZASTER SAHELIENSIS Pomel 1887.

SCHIZASTER SAHELIENSIS Pomel. — *Paléont. alg.* 2e fasc. p. 72, A.
pl. XIII, fig. 1-5. — 1887.

Longueur 74 mill. — Largeur 70 mill. — Hauteur ?

Espèce de grande taille, plus longue que large, assez haute,
rétrécie en arrière, arrondie et largement échancrée en avant.
Face supérieure déclive d'arrière en avant, le point culminant
plus près de l apex que du bord ; la carène interambulacraire
postérieure se termine en un rostre qui couvre la face anale un
peu rentrante. Dessous renflé, mais médiocrement. Apex excentrique en arrière aux 3/5es de la longueur totale.

Appareil apical dans une dépression formée par la saillie des
interambulacres. Les plaques génitales postérieures montrent
deux grands pores, les antérieures en sont dépourvues, le corps
madréporiforme ne se prolonge que très peu en arrière.

Ambulacre impair logé dans un sillon profond et large, dont
les bords sont surplombés par un repli des plaques extérieures
des interambulacres. Ce sillon se rétrécit un peu près du bord,
au passage du fasciole. Zones porifères droites, très longues,
étroites, formées d'une série régulière de paires de pores rapprochées et restant également distantes jusqu'à l'endroit où passe
le fasciole péripétale. Pores peu développés, mais bien visibles,
séparés par un granule. Zone interporifère large et granuleuse.

Ambulacres pairs antérieurs coudés près du sommet, droits
ensuite, sauf une légère inflexion en dehors à l'extrémité. Ils
sont logés dans des sillons profonds, médiocrement larges, à

bords escarpés. Zones porifères larges, appliquées à moitié contre la paroi verticale, formées de pores peu allongés, bien ouverts, conjugués par un fort sillon ; une cloison saillante et granuleuse sépare les paires de pores, qui sont au nombre d'environ trente-cinq dans chaque série, les plus rapprochées du sommet étant très réduites. Ambulacres postérieurs assez divergents, logés dans des sillons d'abord très rétrécis près de l'apex, s'élargissant tout à coup, atteignant à peine la moitié de la longueur des autres. Les paires de pores sont au nombre de dix-huit à vingt, dont quatorze dans la partie élargie.

Aires interambulacraires antérieures saillantes, bicarénées, étroites à leur partie supérieure, s'élargissant ensuite en formant un talus de plus en plus développé vers le sillon des ambulacres pairs. Aires latérales larges à la base, noduleuses, médiocrement saillantes pour le genre.

Péristome rapproché du bord, en croissant, bordé en arrière d'une lèvre large et saillante. Les avenues ambulacraires du trivium forment de légers sillons. Plastron grand, ovale, élevé sensiblement au-dessus des avenues postérieures ; il est couvert de nombreux tubercules, sériés en chevrons, qui diminuent de volume à mesure qu'ils s'éloignent du péristome.

Périprocte largement ovale, placé en haut de la face supérieure, immédiatement au-dessous du rostre et au-dessus d'une aréa déprimée et rentrante.

Fasciole péripétale grand, anguleux, étranglé à chaque pli, plus développé à l'extrémité des sillons ambulacraires, suivant d'assez près les pétales, droit en arrière, oblique en avant et traversant le sillon à l'endroit où il l'atteint, sans en longer les bords. Le fasciole latéro-sous-anal se détache en arrière des pétales antérieurs, à peu près au tiers inférieur, et va passer en écharpe sous le périprocte ; il est très étroit.

Rapports et différences. — Cette grande espèce forme un type bien caractérisé par sa physionomie médiocrement élevée en considération de sa taille, par la largeur de son sillon impair un peu rétréci près du bord, par ses ambulacres pairs antérieurs presque droits. Il diffère très sensiblement de toutes les espèces que nous avons décrites précédemment. Il s'éloigne notamment du *Sc. Scillæ* par sa forme plus ovalaire, plus élargie et moins épaisse en arrière, par son rostre postérieur moins prononcé, par son apex un peu moins excentrique, par ses ambulacres pairs antérieurs moins flexueux. Une comparaison avec le *S. canaliferus*, qui vit dans la Méditerranée, montrerait des différences encore plus accentuées, et, d'ailleurs, la seule disposition des pores dans l'ambulacre impair suffit amplement pour distinguer les deux espèces.

M. Pomel indique, sous le nom de *S. saheliensis*, var. *dilatatus*, une variété plus arrondie, dont il a figuré un exemplaire pl. X, fig. 4-8, et un autre pl. XXV, que nous ne connaissons pas; cette variété offre quelques différences assez notables : l'ambulacre impair est disposé de la même manière, mais le sillon qui le contient, généralement plus large, n'est pas constant dans ses dimensions; les interambulacres postérieurs sont plus étroits, et leurs deux carènes sont presque confondues, les pétales sont en général plus courts, les postérieurs sont presque ovales; les fascioles sont semblables.

M. Pomel décrit encore une autre variété, *S. saheliensis* var. *attenuatus* (pl. X, fig. 3). C'est un exemplaire de petite taille, dont les caractères variables contrastent presque complètement avec le précédent : la forme est longuement rétrécie en arrière; les pétales antérieurs sont plus étroits, beaucoup plus courts, plus serrés contre le sillon impair, les postérieurs plus étalés; mais en même temps le sillon impair a la même conformation que dans le type, les fascioles sont aussi semblables.

LOCALITÉS. — Ravin d'Oran, et, selon M. Pomel, Aïn-Ameria ; — Crescia (M. Welsch). — Pliocène.

SCHIZASTER HARDOUINI, Peron et Gauthier, 1891.
Pl. III, fig. 1.
Longueur, 65 mill. — Largeur, 65 mill. — Hauteur, 32 mill.?

Espèce d'assez grande taille, aussi large que longue, subcirculaire, à peine rétrécie en arrière, largement échancrée en avant. Face supérieure médiocrement déclive, ayant son point culminant un peu en arrière de l'apex; face postérieure arrondie,

8

presque verticale, surplombée par un rostre en auvent peu développé, plutôt épaisse que très élevée. Pourtour arrondi, pulviné, diminuant d'épaisseur progressivement d'arrière en avant. Face inférieure mal conservée, médiocrement renflée. Apex excentrique en arrière, aux deux tiers de la longueur totale (43/65).

Appareil apical fortement déprimé, resserré par la saillie des interambulacres, ne montrant que deux pores génitaux bien ouverts. Ambulacre impair logé dans un sillon profond, rapidement élargi près de l'apex, se contractant un peu près du bord, tout en restant assez ouvert (8 millimètres). Il est surplombé par les bords des interambulacres. Pores ronds, séparés par un granule, en paires très serrées et nombreuses, placées à l'angle formé par la partie plate du fond et la paroi qui se relève perpendiculairement. Lspace interzonaire large, garni de nombreux granules et de rangées irrégulières de petits tubercules, situés surtout près des zones porifères. Le sillon se continue à la face inférieure, un peu moins large, mais bien accusé jusqu'au péristome.

Ambulacres pairs antérieurs coudés au point de départ, puis presque droits jusqu'au bout, un peu infléchis, assez divergents et laissant un espace de 16 millimètres entre leur extrémité et le bord du sillon impair. Les sillons sont larges et profonds ; zones porifères relevées sur les côtés, bien développées, présentant des pores ovalaires conjugués, formant environ quarante paires dans chaque zone ; les dix paires supérieures sont très réduites ; l'espace interzonaire est moins large qu'une des zones. Ambulacres postérieurs n'atteignant pas la moitié des antérieurs, piriformes, larges, logés également dans des sillons bien creusés, divergents au point de faire suite aux antérieurs ; ils présentent vingt-quatre paires de pores, les huit premières très réduites.

Interambulacres antérieurs bicarénés en dehors du fasciole, mais ne montrant qu'une carène à l'intérieur de celui-ci, ou plutôt une série de nodosités sinueuses et peu prononcées, divisant l'aire en deux parties à peu près égales. La carène est tout près de la suture médiane, mais sur la zone qui verse vers l'ambulacre pair. Interambulacres latéraux larges, gibbeux et tronqués au sommet où ils se rétrécissent considérablement.

Interambulacre impair renflé plutôt que caréné; le test est, d'ailleurs, mal conservé en cet endroit.

Péristome rapproché du bord, à dix millimètres environ. Périprocte rond, sous l'auvent peu prononcé de la partie postérieure, qui est déformée sur notre unique exemplaire; la face inférieure laisse aussi beaucoup à désirer.

Fasciole péripétale très large, au point d'atteindre trois millimètres à l'extrémité des pétales antérieurs; un peu anguleux, légèrement étranglé quand il couvre une nodosité ou change de direction; il passe près du bord antérieur, suit d'assez près les pétales antérieurs, et s'en détache pour gagner l'extrémité des postérieurs qu'il contourne presque en ligne droite. Fasciole latéro-sous-anal se détachant de l'autre en arrière des pétales antérieurs assez bas, à la première nodosité. Il est bien visible et relativement large, montrant de front de cinq à six grainets; il forme un pli très prononcé sous le périprocte.

Rapports et différences. — Notre nouvelle espèce n'est pas sans analogie avec la variété du *S. saheliensis* que M. Pomel a désignée par le nom de *dilatatus*. La taille est plus développée, mais la forme est à peu près la même, et la disposition des pores analogue dans tous les ambulacres. D'un autre côté, le fasciole péripétale, par sa largeur peu ordinaire, la présence d'une seule carène sur les interambulacres antérieurs, en même temps que la largeur plus considérable de ces aires interambulacraires, les pétales antérieurs plus longs nous ont paru présenter une différence assez sérieuse avec cette variété qui, elle-même, diffère déjà sensiblement du type véritable. En effet, si nous comparons notre exemplaire, dont la partie supérieure est admirablement conservée, au vrai type du *S. saheliensis*, la physionomie est très différente; la forme arrondie de l'oursin, les ambulacres plus divergents, le fasciole si remarquable frappent tout de suite les yeux. Il ne nous a point paru possible de les réunir.

LOCALITÉ. — Ferme d'Arbal. — Pliocène. — Recueilli par M. Hardouin.

Collection de l'École des mines de Paris.

EXPLICATION DES FIGURES. — Pl. III, fig. 1, *Schizaster Hardouini*, face supérieure.

Schizaster speciosus, Pomel. 1887.

Schizaster speciosus, Pomel, *Paléont. de l'Algérie, Zooph.* IIe fascicule,
2e livr., p. 70, A. pl. XI, fig. 1-7. 1887.

Espèce de très grande taille, très haute à la partie postérieure, épaisse en avant, ovalaire, fortement échancrée par le sillon antérieur, médiocrement rétrécie en arrière. Face supérieure déclive d'arrière en avant, mais en pente très douce, le point culminant se trouvant en arrière de l'apex, plus près de celui-ci que du bord. Face postérieure surplombée par le rostre inter-ambulacraire; face inférieure renflée, avec plastron convexe. Apex excentrique en arrière, aux deux tiers de la longueur totale.

Appareil apical placé dans une dépression formée par la saillie des aires interambulacraires; il ne porte que deux pores géni-taux, les postérieurs, qui sont largement ouverts. Le corps ma-dréporiforme est médiocrement développé et ne se prolonge que très peu en arrière.

Ambulacre impair logé dans un sillon très profond et large dès le sommet, se prolongeant jusqu'au bord, à peine rétréci au passage du fasciole. Les parois sont escarpées et surplombées par le bord des aires interambulacraires. Les carènes sont no-duleuses, et portent, près de l'apex, quelques gros tubercules. Zones porifères étroites, longues et droites; les paires sont ser-rées et toujours à la même distance l'une de l'autre; elles ne commencent à s'écarter qu'à quelques millimètres de l'endroit où elles rencontrent le fasciole. Zone interporifère large, à sutures apparentes, couvertes de granules qui augmentent de volume sur les côtés.

Ambulacres pairs antérieurs longs, assez larges, fortement coudés près de l'apex, médiocrement flexueux, sauf à l'extrémité. Les sillons qui contiennent les pétales sont profonds, a parois verticales. Zones porifères larges, composées de paires serrées de pores allongés, formant des chevrons à angles très obtus, conjugués par un sillon bien marqué. Le bourrelet qui sépare les côtes est très granuleux. Nous comptons de trente-sept à trente-huit paires. Zone interporifère finement granuleuse, plus étroite qu'une des zones porifères.

Ambulacres postérieurs courts dans leur partie pétalée, n'atteignant pas en longueur la moitié des antérieurs, comme eux coudés et rétrécis près du sommet, larges au milieu. Le sillon qui les renferme s'arrondit à l'extrémité; nous comptons de dix-neuf à vingt paires de pores, dont quatorze dans la partie élargie.

Aires interambulacraires antérieures étroites près du sommet, saillantes, portant sur leurs doubles carènes deux lignes de nodosités qui divergent fortement à la partie inférieure. Interambulacres latéraux très larges à la base, formés de grandes plaques irrégulièrement hexagonales, se rétrécissant à partir du fasciole péripétale, et aboutissant au sommet par un bord tronqué, large de trois millimètres. Les nodosités sont plus nombreuses à la partie supérieure. L'interambulacre impair est fortement arqué, avec deux carènes obtuses, qui se recourbent pour former le rostre terminal.

Fasciole péripétale anguleux, large, étranglé à chaque pli, où se trouve une nodosité; il est presque droit en arrière, traverse les interambulacres latéraux en faisant une courbe à long rayon, et passe en avant très près du bord, traversant obliquement les interambulacres antérieurs sans longer le sillon. Fasciole latéro-sous-anal à peu près nul. On le voit sur un de nos exemplaires de taille médiocre, provenant du Dahra; il se détache assez haut en arrière des pétales antérieurs et traverse obliquement les flancs de l'Oursin pour aller former un grand pli au-dessous du périprocte. Le grenetis est formé de deux rangées extrêmement réduites, qu'on ne peut suivre qu'à la loupe. Mais sur nos deux plus grands exemplaires, provenant du barrage du Sig, bien que la granulation y soit bien conservée, on n'en aperçoit aucune trace, ni au point de bifurcation, ni sur les surfaces latérales; seulement, à la partie postérieure, une sorte de petite côte très étroite reproduit le pli que nous avons indiqué sur le petit exemplaire, sans que sur l'arête ainsi produite nous ayons pu distinguer nettement le grenetis.

Péristome médiocrement éloigné du bord, en croissant, avec lèvre postérieure grande et saillante. Plastron large, ovale, couvert de séries en chevrons de tubercules serrés, un peu plus développés près du péristome. Les avenues ambulacraires qui le bordent sont assez étroites.

Périprocte largement ovale, presque rond, placé assez bas au-dessous de l'auvent postérieur qui est très épais. Vu la hauteur du test dans cette partie, il reste encore au dessous une longue aréa triangulaire, déprimée, et qui semble limitée par les arêtes fasciolaires dont nous avons parlé.

Rapports et différences. — Le *S. speciosus* a une grande affinité avec le *S. saheliensis,* décrit précédemment; la conformation du fasciole péripétale, les sillons ambulacraires sont analogues. Il se distingue cependant assez facilement de l'espèce indiquée par sa hauteur plus considérable à la partie postérieure, par sa partie antérieure plus épaisse, par son sillon impair moins rétréci au passage du fasciole, et par son fasciole latéro-sous-anal absent ou à peine indiqué. L'espèce vivante de la Méditerranée, le *S. canaliferus,* est extrêmement voisin; il atteint ordinairement une taille moins considérable; la forme est la même; les sillons ambulacraires, et jusqu'au nombre de paires de pores dans les pétales pairs, n'offrent point de différences sensibles; la carène postérieure est également mousse et dédoublée; les interambulacres antérieurs n'ont qu'une carène simple, du moins à la partie supérieure. Mais les pores de l ambulacre impair, en séries multiples dans l'espèce vivante, établissent une distinction importante, qui suffit amplement à séparer les deux types.

Localités. — Nous avons entre les mains trois exemplaires algériens; l'un, plus petit, provient de la chaîne du Dahra; les deux autres ont été recueil is par M. Bleicher près du barrage du Sig. — Étage pliocène.

Cette espèce a été recueillie en France dans les argiles pliocènes de Théziers (Gard), par M. Caziot, et, selon M. Pomel, à Millas, près de Perpignan. Nous en possédons aussi un bon exemplaire de Tunisie.

Schizaster maurus, Pomel, 1887.

Schizaster maurus, Pomel, *loc. cit.*, p. 87; — A. pl. XII, fig. 1-9, et pl. XXVIII, fig. 5; pl. XXIX, fig. 4 (les dern. pl. encore inédites).

Longueur, 68 mill. — Largeur, 58 mill. — Hauteur, 38 mill.

Espèce d'assez grande taille, subovale, rétrécie en avant et

surtout en arrière, élargie au milieu; partie antérieure échancrée par le sillon impair. Face supérieure déclive d'arrière en
avant, le point culminant occupant à peu près le milieu entre
l'appareil et le bord postérieur. Face postérieure rostrée en haut
et rentrante en bas; ambitus arrondi sur les côtés Face inférieure renflée, avec plastron ovale. Apex excentrique en arrière,
aux deux tiers de la longueur totale (45/68).

L'apareil apical est mal conservé sur notre exemplaire, et
paraît ne montrer que deux pores génitaux. Ambulacre impair
logé dans un sillon profond, excavé, médiocrement élargi, mais
presque partout également, sauf à l'extrémité antérieure où il se
resserre un peu. Les paires de pores assez serrées sont alignées
irrégulièrement, une paire sur deux s'avançant plus que l'autre.

Ambulacres pairs peu divergents, coudés à leur naissance, un
peu infléchis en arrière à leur extrémité, logés dans des sillons
profonds, moins cependant que l'ambulacre impair. Zones porifères égales, ayant les paires serrées, les pores allongés, surtout
les extérieurs, reliés par un sillon. Les pétales postérieurs sont
très courts et n'atteignent même pas la moitié de la longueur des
autres.

Interambulacres antérieurs étroits, carénés, se repliant sur le
bord du sillon impair. Interambulacres latéraux larges et nodu-
leux, saillants près du sommet. Interambulacre impair court,
médiocrement caréné à la face supérieure, en partie incliné vers
l'arrière.

Fasciole péripétale large à l'extrémité des ambulacres, avec
étranglement à chaque coude, passant, en avant, assez près du
bord, sur deux nodules des carènes du sillon. Fasciole latéro-
sous-anal beaucoup plus étroit, se détachant à peu près à moitié
de la longueur des ambulacres pairs.

Péristome médiocrement éloigné du bord, transverse, bien
labié. Plastron ovale, un peu bombé, limité de chaque côté par
de larges avenues ambulacraires, couvert de tubercules serrés,
diminuant de volume à mesure qu'ils s'éloignent du péristome.
Périprocte ovale, placé sous le rostre de l'interambulacre impair,
dans une aréa oblique, rentrante à la partie inférieure.

Rapports et différences. — Le *S. maurus* est bien voisin du

S. canaliferus qui vit aujourd'hui dans la Méditerranée; en le comparant à un exemplaire de même taille, on ne trouve, pour l'aspect général, que des différences peu considérables entre les deux types. Dans les détails, le principal caractère distinctif est dans la disposition des pores de l'ambulacre impair, beaucoup moins multipliés et seulement alignés irrégulièrement dans le *S. maurus;* son fasciole péripétale passe un peu plus près du bord antérieur par suite, sans doute, de l'allongement plus prononcé des pétales pairs.

LOCALITÉS. — Crescia. — Sables argileux jaunâtres de la base de l'Astien (M. Welsch). — Pliocène. Les localités indiquées par M. Pomel sont Aïn-Kouabı Bou-Zoudjar, Bled-Msila, Mustapha supérieur, Oued Kniss, Ouled Fayet, aux environs d'Alger.

M. Pomel décrit encore 12 espèces du genre *Schizaster*, qui nous sont inconnues.

Schizaster barbarus, Pomel, *loc. cit.*, p. 75; A. pl. X, fig. 1-2, pl. XXV, fig. 2-5 (cette dernière pl. encore inédite).

Terrain helvétien; couches à mélobésies, au flanc sud du Tessala et aux environs d'Orléansville.

Schizaster cavernosus, Pomel, *loc. cit.*, p. 76; A. pl. XXV, fig. 6-8 (pl. encore inédite).

Terrain helvétien; environs d'Orléansville; Djebel Garribou.

Schizaster curtus, Pomel, *loc. cit.*, p. 78; A. pl. XIV, fig. 5 à 8.

Terrain (cartennien?) langhien. — Dj. Bohey, près de Zurich.

Schizaster Letourneuxi, Pomel, *loc. cit.*, p. 79; A. pl. XXVI, fig. 1-6 (encore inédite). — Ficheur, *Terrains éocènes de la Kabylie*, p. 342. (1890).

Terrain (cartennien) langhien. — Grès à 8 kilomètres à l'est de Dra-el-Mizan; Tiklat.

Schizaster Bocchus, Pomel, *loc. cit*, p. 81; A. pl. XXVI, fig. 7 10 (encore inédite).

Terrain helvétien, zone à Clypéastres; environs de Nemours.

Schizaster Bogud, Pomel, *loc, cit.*, p. 83; A. pl. XXVI, fig. 11 14 (encore inédite).

Terrain (cartennien) langhien. — Ras-el-Abiod, à l'est de Cherchell.

Schizaster Christoli, Pomel, *loc. cit.*, p. 84; A. pl. XXVII, fig. 4-8 (encore inédite).

Terrain (cartennien) langhien. — Grès à Clypéastres d'El Biar et Chéraga.

Schizaster subcentralis, Pomel, *loc cit.*, pl. 96; A. pl. XIV, fig. 1-4.

Terrain (cartennien) langhien. — Oued Mehaba, près Cherchell.

Schizaster cruciatus, Pomel, *loc. cit.*, p. 98, A. pl. XXVII, fig. 11-13 (encore inédite).

Terrain (cartennien) langhien. — Chéraga; environs de Tenès.

Schizaster Ficheuri, Delage, *Géologie du massif d'Alger;* Pomel, *loc. cit.*, p. 99, pl. XXVIII, fig. 1-4, pl. XXIX, fig. 5 (pl. inédites); Ficheur, *Terr. éoc. de la Kabylie*, p. 342. 1890.

Terrain (cartennien) langhien. — El Biar, Haussonvillers, baie de Tazouan, chez les Traras.

Schizaster phrynus, Pomel, *loc. cit.*, p. 101; A. pl. XXIX, fig. 6-8 (encore inédite). — *S. Scillæ* Nicaise, *Cat. des anim. foss. de la prov. d'Alger*, p. 93, 1870; — *S. eurynotus* Wright? *Échin. de Malte*, p. 262, 1855.

Terrain helvétien; calcaire à mélobésies d'Orléansville et de l'Oued Riou, près d'Inkermann.

Schizaster numidicus, Pomel, *loc. cit.*, p. 103; A. pl. XXVIII, fig. 9-10; pl. XXIX. fig. 1-3 (pl. inédites).

Terrain helvétien; Djebel Garribou; Djebel Ouled-Soltan, en face Seganna.

Genre OPISSASTER, Pomel, 1883.

Genre composé d'espèces assez disparates, qui a pour caractères principaux d'avoir les sillons ambulacraires, surtout l'impair, assez semblables à ceux des *Schizaster*, et de ne présenter en même temps qu'un fasciole, le péripétale.

Opissaster polygonalis, Pomel, 1887.

Opissaster polygonalis, Pomel, *Classif. méthodique* et *genera*, p. 37, 1883.
   —   —   — *Paléont. Algér*, 2° fasc., p. 106, pl. IX, fig. 1-5. 1887.

Espèce de taille moyenne, aussi large que longue, à pourtour à peu près ovale, plus rétrécie en arrière qu'en avant, échancrée sensiblement, mais étroitement, par le sillon de l'ambulacre impair. Tous nos exemplaires sont écrasés et ne nous permettent pas de mesurer la hauteur et l'épaisseur du test. Apex excentrique en arrière.

Appareil apical mal conservé sur les sujets que nous avons entre les mains, ne montrant que deux pores génitaux.

Ambulacre impair logé dans un sillon profond, à parois abruptes et même surplombées dans la partie supérieure, aigu près du sommet, toujours un peu étroit, se resserrant encore vers le bord qu'il entame, comme nous l'avons dit. Zones porifères unisériées, assez longues, persistant jusqu'au passage du fasciole, au-delà duquel elles s'atrophient. Pores virgulaires, très obliques dans chaque paire, séparés par un granule saillant.

Ambulacres pairs courts, les antérieurs logés dans des sillons bien creusés, à bords droits, étroits près du sommet, s'élargissant ensuite; ils sont coudés à leur naissance et légèrement flexueux; ils forment avec l'axe antéro-postérieur un angle de 30 degrés. Zones porifères larges, la moitié externe appliquée contre la paroi verticale du sillon; pores allongés, conjugués, formant des paires séparées par une cloison granuleuse. Pétales postérieurs n'atteignant guère que la moitié de la longueur des autres, placés dans des sillons arrondis à l'extrémité.

Péristome situé au quart antérieur, avec lèvre postérieure bien marquée.

Périprocte à la face postérieure, au sommet d'une petite aréa que domine l'extrémité de la carène impaire.

Fasciole péripétale très flexueux, large, serrant de près les sillons ambulacraires, ce qui lui donne une forme beaucoup plus étalée en avant qu'en arrière; il traverse le sillon impair à une assez grande distance du bord.

Tubercules nombreux, serrés, couvrant toutes les aires inter-ambulacraires, augmentant de volume en se rapprochant du bord; crénelés, perforés, portés sur une petite plaquette circulaire dont ils n'occupent pas exactement le centre.

Un grand nombre de radioles sont conservés à la face supérieure; ils sont grêles, allongés, souvent courbés; quelques-uns atteignent quatre millimètres de longueur.

Localité. — Ravin d'Oran. — Pliocène. — Les exemplaires que nous avons étudiés appartiennent à la collection de l'École des mines de Paris, et à la nôtre.

OPISSASTER? BLEICHERI, Peron et Gauthier, 1891.

Pl. III, fig. 2-3.

Longueur, 51 mill. — Largeur, 51 mill. — Hauteur, 33 mill.

Espèce courte, subcordiforme, dilatée, aussi large que longue, épaisse, haute à la partie postérieure, avec point culminant placé à peu près à mi-distance entre l'apex et le bord, déclive régulièrement d'arrière en avant. Bord renflé, assez fortement échancré en avant par le sillon impair qui se continue, un peu plus étroit, jusqu'au péristome. Face inférieure convexe, saillante à l'endroit du plastron. Apex excentrique en arrière, aux 3/5 de la longueur totale (31/54).

Appareil apical détérioré sur notre unique exemplaire.

Ambulacre antérieur logé dans un sillon profond, étroit près du sommet, s'élargissant rapidement, un peu rétréci au passage du fasciole. Zones porifères assez longues, formées de paires serrées et nombreuses, séparées par une cloison couverte de granules; pores allongés, un peu obliques. Les bords du sillon sont verticaux, couverts par les carènes des interambulacres antérieurs, avec fond plat. Quelques tubercules mal alignés occupent le bord externe de la zone interporifère qui est assez restreinte.

Pétales pairs très inégaux, les postérieurs n'excédant pas en longueur la moitié des antérieurs; ceux-ci coudés à leur naissance, un peu flexueux à leur extrémité; ils sont courts, s'arrêtant à moitié de la distance de l'apex au bord, peu divergents, logés dans des sillons larges et profonds. Zones porifères bien développées, composées d'environ vingt paires de pores conjugués, relevées en partie contre les parois; l'espace interzonaire est plus étroit qu'une des zones.

Pétales postérieurs peu divergents, ovales, larges, présentant des pores disposés comme ceux des pétales antérieurs, au nombre de onze à douze par série.

Aires interambulacraires antérieures pincées en carène étroite entre les sillons, plus larges et bicarénées à partir de l'extrémité des pétales pairs. Interambulacres latéraux renflés, gibbeux au sommet, présentant sur les flancs deux séries noduleuses, dont la première est très près des pétales antérieurs. Interambulacre impair médiocrement caréné, terminé par un rostre peu accentué.

Péristome placé au tiers antérieur. Le plastron présente une surface aplanie, ovale, élargie au talon, saillante au-dessus des avenues ambulacraires et des bords pulvinés.

Périprocte à la face postérieure, mal conservé.

Fasciole péripétale mal conservé, visible seulement par places, passant en avant assez près du bord, paraissant suivre d'assez près les pétales, à peine flexueux en arrière.

Rapports et différences. — Ce n'est qu'avec réserve que nous attribuons cette espèce au genre *Opissaster*. Notre unique exemplaire, bien conservé pour la forme générale, a été en partie décortiqué par les agents atmosphériques, de sorte que les détails superficiels nous manquent; le fasciole latéro-sous-anal est complètement invisible; mais il peut se faire qu'il ait existé, et que nous soyons en présence d'un vrai *Schizaster*; le peu de divergence des pétales pairs antérieurs concorderait assez avec cette attribution générique. Nous avons cru devoir attribuer notre espèce au genre qui nous occupe, uniquement parce que nous n'avons pas la preuve matérielle de l'existence du second fasciole. Comme ambitus, elle est assez voisine de l'*Hemiaster Cotteaui* Wright; son test élevé, renflé, l'en rapproche également; mais les côtés sont plus déclives, le point culminant est plus en arrière; les ambulacres antérieurs sont moins divergents et plus courts.

LOCALITÉ.   Saint Denis du Sig. — Pliocène. — Recueilli par M. Bleicher, à qui nous nous faisons un plaisir de dédier l'espèce.

EXPLICATION DES FIGURES. — Pl. III, fig. 2. *Opissaster Bleicheri*, vu de profil; fig. 3, partie supérieure.

OPISSASTER JOURDYI, Peron et Gauthier, 1891.

Pl. III, fig. 4.

Longueur, 70 mill. — Largeur, 70 mill. — Hauteur, 35 mill. ?

Espèce de grande taille, à pourtour subcirculaire, à peine émarginée en avant, partout très épaisse. Dans l'état actuel de notre unique exemplaire, le point culminant est à l'apex, qui est excentrique en arrière (38/70); mais la partie postérieure ayant été fortement comprimée, nous ne pouvons pas savoir quelle en était la hauteur exacte.

Appareil apical mal conservé; il ne paraît pas y avoir eu plus de deux pores génitaux.

Ambulacre impair logé dans un sillon étroit, très profond, partout de même largeur et un peu évasé au pourtour où il devient plus superficiel et ne cause qu'un faible sinus. Le fond de ce sillon est plat, et les parois verticales sont fortement surplombées par le bord des interambulacres. Zones porifères unisériées, droites, s'étendant jusqu'au passage du fasciole en dehors duquel elles sont atrophiées. Pores assez largement ouverts, ronds ou ovalaires, séparés par un granule.

Ambulacres pairs longs, étroits et légèrement infléchis près du sommet; les antérieurs divergents, forment un angle de 50 degrés avec l'axe de l'Oursin; ils sont logés dans des sillons profonds, à bords verticaux, aussi larges que le sillon impair, presque droits, sauf une légère inflexion en arrière à l'extrémité; ils atteignent à peine en longueur les deux tiers du rayon (26/42). Zones porifères assez larges, la partie externe étant relevée

contre la paroi verticale, formées de paires peu serrées de pores
largement ouverts, allongés, conjugués; il y a environ vingt-
huit paires dans chaque zone; l'espace interporifère est moins
large qu'une des zones. — Pétales postérieurs égalant les 15/26^{es}
des antérieurs, semblablement disposés, et comptant une ving-
taine de paires.

Interambulacres antérieurs très aigus au sommet, surplom-
bant, comme nous l'avons dit, l'ambulacre impair, portant sur
leurs plaques des nodosités dont les plus accentuées sont près
du sillon de l'ambulacre antérieur; les latéraux, un peu gibbeux
et subtronqués au sommet, montrent aussi de légères nodosités
sur leurs plaques; l'interambulacre postérieur, moins bien conservé, paraît avoir été médiocrement caréné.

Le péristome, peu distinct, était placé à peu près au quart
antérieur, à en juger par la direction des sillons du trivium; le
périprocte n'est pas visible non plus; mais l'interambulacre
postérieur devait se terminer par un léger rostre sous lequel il
se trouvait.

Fasciole péripétale bien marqué et même sensiblement déprimé à l'extrémité des pétales, anguleux à la partie postérieure,
il passe en ligne droite d'un pétale à l'autre; sur les côtés, il
forme une courbe prononcée, remontant assez haut pour suivre
les pétales antérieurs pendant les deux tiers de leur longueur;
il entoure l'extrémité de ces derniers d'un lobe sinueux et élargi,
puis il gagne horizontalement les bords du sillon impair qu'il
longe sur une longueur de huit millimètres avant de le traverser, formant ici encore un lobe arrondi et assez grand. Il n'y
a aucune trace de fasciole latéral, quoique le test soit bien
conservé à l'endroit où il devrait passer; il n'y a non plus aucune
manifestation de fasciole sous-anal, car, malgré le mauvais état
de la face postérieure, nous en verrions certainement un côté,
s'il en avait existé un.

Tubercules serrés, nombreux, uniformes, très fins sur toute
la face supérieure, un peu plus développés au pourtour. Ils sont
perforés, couchés obliquement sur de petites plaquettes circulaires dont ils n'occupent pas le centre, ressemblant ainsi
complètement aux tubercules de *Schizaster*.

Rapports et différences. — Par sa grande taille, son pourtour arrondi et partout épais, l'*O. Jourdyi* nous paraît avoir de grands rapports avec l'*O. insignis* Pomel, dont les figures ne sont malheureusement pas publiées. A en suivre ponctuellement la description, il nous a semblé reconnaître les différences suivantes : l'exemplaire de l'*O. insignis* est plus grand que le nôtre, car il mesure 100 millimètres de diamètre. M. Pomel ne dit rien de la largeur du sillon impair ; il se contente de constater qu'il est abrupt ; dans notre exemplaire il est surplombé très sensiblement par le bord de l'interambulacre antérieur, qui s'avance en auvent au-dessus du sillon. Les pétales antérieurs sont moins longs dans l'*O. Jourdyi*, où ils n'atteignent pas complètement les 2/3 du rayon, tandis que ceux de l'autre espèce s'étendent jusqu'aux 4/5 ; les pétales postérieurs sont aussi sensiblement plus courts, car ils n'égalent pas la moitié de la distance du sommet au bord. Ces différences nous ont engagé à séparer les deux espèces : peut-être en trouverons-nous de plus grandes quand nous connaîtrons la planche où doit être figuré l'*O. insignis;* peut-être aussi les deux espèces devront être réunies ; pour le moment nous ne pouvons rien décider.

Localité. — Barrage du Sig, département d'Oran. — Pliocène? — Recueilli par M. Jourdy.

Explication des figures. — Pl. III, fig. 4, *Opissaster Jourdyi*, face supérieure ; exemplaire appartenant à l'École des mines de Paris.

M. Pomel décrit les deux espèces suivantes que nous ne connaissons pas :

Opissaster insignis, *loc. cit.*, p. 105 ; A. pl. XXX, fig. 1-3 (inédite).

Terrain helvétien ; calcaire à mélobésies d'Orléansville.

M. Pomel remarque que son exemplaire a une physionomie toute différente des autres espèces du genre ; il ajoute même qu'il l'avait d'abord rapporté à son genre *Brissoma*, et qu'il ne l'en a distrait que parce qu'il n'a pas aperçu la moindre trace de fasciole sous-anal. Il est certain également que notre *O. Jourdyi* n'a pas la physionomie d'un *Schizaster;* et si cette physionomie était indispensable pour faire partie du genre *Opissaster*, il faudrait l'en éliminer. Mais tous les détails de son test, sauf la forme, sont conformes à la diagnose du genre; il nous paraît donc constituer un type très convenable, qui justifie tout particulièrement l'établissement de ce genre. Les autres espèces, l'*O. polygonalis*, par exemple, peuvent prêter à la discussion, et plusieurs Échinologistes ont assez mal accueilli cette nouvelle coupe générique, la jugeant inutile, et en reportant les espèces dans les *Schizaster* ou dans les *Hemiaster*. Les deux espèces, au contraire, que nous citons ici, *insignis* et *Jourdyi*, ne peuvent être attribuées ni à l'un ni à l'autre de ces deux anciens genres; et quand même on croirait pouvoir détacher tous les autres types du genre *Opissaster*, il faudrait bien le maintenir pour ceux-ci (1).

Opissaster declivis, Pomel, *loc. cit.*, p. 107; A. pl. IX, ffg. 6-8.

Terrain pliocène. — Bled-Msila au Dahra.

Genre TRACHYASTER, Pomel, 1883.

Ce genre comprend les *Hemiaster* tertiaires dont le madréporide sépare ou excède les plaques ocellaires postérieures; en outre, les tubercules sont portés, à la partie supérieure, et surtout en dehors du fasciole, par des plaquettes obliques, à peu près comme pour le genre *Schizaster*. Ce dernier caractère n'a

(1) Quant au *Schizaster atavus* Arnaud et à l'*Hemiaster excavatus* Arn., qui appartiennent au Sénonien moyen, et que M. Pomel hesite à rapporter à son nouveau genre, faute de materiaux concluants, nous devons à l'obligeance de M. Arnaud d'en avoir pu examiner les types tout à loisir. Le *Schizaster* est bien réellement dépourvu de fasciole latéral, mais sa forme schizastérique est très caractérisée ; l'appareil a quatre pores génitaux ; malgré le dessin qui le fait ethmolysien, il nous semble bien que les plaques ocellaires se rejoignent en arrière et qu'il est ethmophracte. Le sillon antérieur est aigu au sommet, mais très large et très creusé tout de suite; les interambulacres antérieurs constituent la partie supérieure des parois, et forment un rebord au-dessus du sillon, qui est très excavé ; les ambulacres pairs antérieurs, flexueux comme ceux des vrais *Schizaster*, sont très rapprochés du sillon antérieur; les postérieurs sont très courts. La face inférieure est moins caractérisée ; le péristome est petit, très médiocrement labié; les gros tubercules sont rares, sauf sur le

pas la valeur que lui attribue M. Pomel, car plusieurs grands *Hemiaster* du Sénonien supérieur présentent la même particularité. L'apex ethmolysien n'a aussi qu'une valeur relative; l'un de nous a démontré ailleurs (Assoc. franç. — Congrès de Nancy, p. 406) qu'on le rencontre chez bon nombre d'individus du genre *Hemiaster* appartenant au Crétacé supérieur et même au Crétacé moyen. Seulement, à l'époque crétacée, ce n'est qu'un fait exceptionnel, individuel, et la grande majorité des exemplaires de la même espèce a le madréporide enfermé entre les plaques de l'appareil. Il n'y a pas lieu de tenir compte de cette disposition dans les *Hemiaster* crétacés, puisqu'elle n'est pas fixe; mais, à l'époque tertiaire, nous admettons qu'on puisse y attacher une plus grande valeur, puisqu'elle devient la règle générale au lieu d'être l'exception. Toutefois, nous comprenons les scrupules des Échinologistes qui n'ont pas voulu donner le droit

plastron où ils sont assez serrés ; ils ressemblent à des tubercules d'*Hemiaster*, entourés d'une couronne de granules, et non portés, comme chez les *Schizaster*, sur un petit socle ; ou, s'il y a quelques traces de ces socles, ils sont tout à fait rudimentaires, et l'on en trouve d'aussi développés, et même plus, chez certains *Hemiaster* de la Craie supérieure ; le périprocte, grand, large, longitudinal, est à fleur de test sans aréa bien circonscrite. — L'*H. excavatus* présente aussi quelques caractères qui peuvent le faire rentrer dans le genre *Opissaster* ; l'appareil a quatre pores génitaux ; le dessinateur l'a fait ethmolysien, ce qui est, pour nous, douteux dans le grand exemplaire ; il est certainement ethmophracte sur un autre plus petit, où le madréporide n'est représenté que par une quinzaine de ponctuations. Le sillon impair est étroit, creux ; il s'efface presque entièrement au pourtour qui est épais et arrondi. Les interambulacres antérieurs surplombent un peu le sillon impair, mais ne font point partie des parois, comme dans l'espèce précédente ; les pétales pairs antérieurs sont à peine flexueux, étroits, creusés, divergents, et les postérieurs sont assez longs. Les tubercules de la face inférieure sont placés sur un petit socle hexagonal, peu prononcé, comme pour le *S. atavus*. En résumé, la face inférieure n'a guère l'aspect de celle d'un *Schizaster*. A la face supérieure la disposition des pétales se rapproche un peu plus de certains types éocènes de ce dernier genre, et l'on pourra y voir un *Opissaster* ou un *Hemiaster*, selon les idées préconçues de chacun : c'est un type de transition. L'*O. atavus* est, au contraire, comme nous l'avons dit, un vrai *Schizaster* à la face supérieure, et, bien qu'il tienne des *Hemiaster* à la face inférieure, il nous paraît n'avoir sa place que dans le genre qui nous occupe, à moins qu'on ne voie une objection dans l'appareil, qui est peut-être ethmophracte.

9

de cité au genre *Trachyaster*. L'un de nous l'ayant admis dans la *Paléontologie française,* nous le maintiendrons ici. Il n'a d'ailleurs que peu d'importance en Algérie, où il n'est représenté que par une espèce.

TRACHYASTER GLOBULUS, Pomel, 1887.

TRACHYASTER GLOBULUS Pomel, *loc. cit.*, p. 109; A. pl. IX, fig. 9-13, 1887.

Espèce de petite taille (de 20 à 30 millimètres), aussi large que longue, haute, déclive d'arriere en avant, tronquée verticalement à la partie postérieure, sinueuse en avant. Partie inférieure presque plate, légèrement bombée dans la région du plastron. Apex excentrique en arrière, aux $17/30^{es}$.

Appareil apical très petit, montrant quatre pores génitaux en trapèze ; la madréporide s'avance entre les deux plaques postérieures, et écarte en outre les plaques ocellaires, sans les dépasser en arrière.

Ambulacre impair logé dans un sillon étroit, peu profond, qui s'efface peu à peu avant d'arriver au bord, où il ne cause qu'une faible sinuosité. Zones porifères médiocrement développées, composées de petites paires de pores régulièrement distantes ; pores très réduits, séparés par un granule.

Ambulacres pairs courts, logés dans de faibles sillons, les antérieurs larges, divergents, formant avec l'axe un angle de 64 degrés. Zones porifères égales, composées de pores allongés, acuminés à la partie interne, à peine conjugués ; il y a de seize à dix-sept paires par série, l'espace interporifère est plus étroit que l'une des zones. Ambulacres postérieurs très courts, larges, avec zones porifères semblables à celles des ambulacres antérieurs, comptant environ neuf paires de pores.

Péristome réniforme, labié, situé assez loin du bord, au tiers antérieur. Périprocte petit, ovale, s'ouvrant très haut, au sommet de la face postérieure, qui est marquée au-dessous d'un long sillon vertical, étroit, et qui s'efface en arrivant au bord inférieur.

Fasciole péripétale anguleux. Tubercules petits à la face supérieure, beaucoup plus gros au pourtour où ils sont portés par une petite plaquette oblique, dont ils n'occupent pas bien le centre.

Le *Trachyaster globulus* est la seule espèce du genre qu'on ait jusqu'ici rencontrée en Algérie ; elle habitait les couches inférieures du Pliocène, et l'on n'en a trouvé aucune trace ni dans le Miocène ni dans l'Eocène. Si l'on considère ces petits oursins comme les représentants tertiaires des *Hemiaster* crétacés, on sera certainement frappé de cette pauvreté, en songeant à l'extrême abondance des *Hemiaster* en Algérie, dans les diverses assises des étages cénomanien, turonien, sénonien, à la variété des espèces, au développement numérique, quelquefois énorme, des individus. Il n'y a pas de fait paléontologique qui montre mieux quelle immense évolution s'est produite dans le monde marin entre la fin des terrains secondaires et l'époque tertiaire. Ces individus chétifs et rares, qui remplacent une faune si riche, ne sont pas même les descendants directs de ces merveilleux types répandus à profusion dans les couches crétacées ; il y a eu une extinction complète, et ils sont venus, au début de la période pliocène, apportés par quelque courant sous-marin. Il serait difficile d'expliquer cette disparition subite du genre *Hemiaster* dans la région qui en a vu le plus grand épanouissement ; nous ne pouvons cependant nous empêcher de remarquer que dès l'étage dordonien la dégénérescence spécifique était déjà sensible. A cette dernière période des temps crétacés, les *Hemiaster* encore nombreux, sont souvent de petite taille ; les grandes espèces, comme l'*H. Fourneli* par exemple, ne sont plus représentées que par des individus amoindris, en qui on a quelque peine à reconnaître le type spécifique. Malgré la présence de quelques magnifiques représentants du genre, *H. Brossardi, superbissimus, enormis*, la transformation se préparait manifestement. Ce fut même un anéantissement total, puisque ni le genre *Hemiaster*, ni le genre *Trachyaster* n'ont été rencontrés en Algérie avant le commencement de la période pliocène.

LOCALITÉ. — Ravin d'Oran. — Pliocène. Nos exemplaires ont été recueillis par M. Bleicher.

Genre PERICOSMUS Agassiz, 1847.

Pericosmus soubellensis, Peron et Gauthier, 1891.

Longueur, 42 mill. — Largeur, 42 mill. — Hauteur, 25 mill.

Nous ne possédons qu'un exemplaire en mauvais état. La forme est intacte, mais la partie supérieure a été rongée par les agents atmosphériques, et la plupart des détails nous font défaut.

Espèce de taille médiocre, subcirculaire, aussi large que longue, assez élevée, déclive de tous les côtés à la face supérieure, le point culminant étant à peu près central, tronquée en arrière, arrondie et sensiblement échancrée en avant. Face inférieure à peu près plate. Apex central, aux 20/42es.

Appareil apical inconnu. Ambulacre impair logé dans un sillon rétréci près du sommet, s'élargissant rapidement, échancrant assez fortement le bord antérieur. Ambulacres pairs inégaux, les antérieurs plus longs que les postérieurs, logés dans des sillons médiocres, divergents, formant avec l'axe du test un angle de 62 degrés. Zones porifères assez larges ; pores allongés et conjugués, peu visibles d'ailleurs sur notre exemplaire.

Ambulacres postérieurs un peu plus courts que les antérieurs, beaucoup moins divergents, formant un angle de 30 degrés. Péristome médiocre, situé près du bord, au cinquième de la longueur totale. Périprocte transverse, largement ouvert, placé en haut de la face postérieure, à peine à moitié de la hauteur totale, au-dessus d'une aréa légèrement déprimée.

Malgré le mauvais état du sujet que nous décrivons, il nous est cependant possible de distinguer quelques traces des deux fascioles. Le péripétale remonte assez haut sur les côtés : le marginal, plus visible que l'autre, fait un pli en arrivant à la face postérieure, descendant jusqu'à la marge qu'il suit dans toute la largeur de l'aire anale.

Il nous serait difficile, dans l'état où se trouve notre oursin de l'assimiler à aucune autre espèce ; nous courrions grand risque de faire un rapprochement incertain. Nous aimons mieux décrire à part ce que nous en voyons, pensant bien qu'on trouvera plus tard de meilleurs sujets dans la localité. Sa taille peu développée, sa forme subcirculaire, son sommet à peu près central, ses ambulacres postérieurs plus courts et de moitié moins divergents que les antérieurs le distinguent d'ailleurs des autres espèces algériennes.

LOCALITÉ. — Foum-Soubella, au sud de Sétif, dans les grès du Miocène inférieur. Recueilli par M. Peron.

Nous avons renoncé à faire figurer cet exemplaire trop défectueux.

M. Pomel décrit deux espèces de *Pericosmus* qui nous sont inconnues :

Pericosmus Ficheuri, Pomel, *loc. cit.*, p. 113; A. pl. XXX, fig. 4-5 (inédite). 1887. — Ficheur, *Terr. éoc. de la Kabylie*, p. 342.

Plusieurs détails dans la description de M. Pomel, pourraient convenir à notre *P. soubellensis*, entre autres l'écartement proportionnel des pétales antérieurs et postérieurs.

Nous ne croyons pas cependant que les deux espèces puissent être réunies, du moins avec les matériaux actuels. La taille de notre exemplaire est beaucoup plus petite, ce qui peut-être ne prouve rien ; mais la partie antérieure est moins abrupte ; les pétales ne sont pas égaux, et le sommet paraît être un peu moins en avant. — Terrain langhien (cartennien). — Camp du Maréchal.

Pericosmus Icosii, Pomel, *loc. cit.*, p. 114; A. pl. XXX, fig. 6-7 (inédite). 1887.

Terrain (cartennien) langhien. — Bouzarea.

ECHINONEIDÆ

GENRE ECHINONEUS VAN PHELSUM, 1774.

ECHINONEUS THOMASI, Peron et Gauthier, 1891.

Longueur, 16 mill. — Largeur, 13 mill. — Hauteur, 6 mill. ?

Exemplaire de petite taille, ovale, assez large, renflé et convexe à la partie supérieure, à bord arrondi, presque plat à la partie inférieure, un peu déprimé vers le péristome. Apex à peine excentrique en avant.

Appareil apical peu développé, presque rectangulaire, montrant quatre pores génitaux, d'ailleurs assez mal conservé chez notre unique exemplaire. Zones porifères étroites, linéaires, dans un petit sillon, formées de paires très réduites et directement superposées de pores ronds ; à la partie inférieure, les pores deviennent obliques dans chaque paire, et ne se multiplient pas aux approches du péristome. Espace interzonaire renflé, saillant au-dessus des sillons porifères, s'élargissant régulièrement, mais médiocrement jusqu'à l'ambitus où il atteint trois millimètres ; il porte de petits tubercules étroitement scrobiculés, formant environ quatre rangées à la partie la plus développée. Interambulacres plus déprimés que les aires ambulacraires, portant des tubercules semblables à ceux des zones porifères, médiocrement serrés, mal alignés, ne formant de rangées régulières ni horizontalement ni verticalement ; ils augmentent de volume à la face inférieure, sans changer de disposition.

Péristome grand, sans doute ovale, oblique de gauche à droite, ayant son bord antérieur à six milli nètres de l'avant ; la lèvre postérieure manque chez notre exemplaire, ainsi que le périprocte, qui ne peut toutefois avoir été placé qu'entre le péristome et le bord.

Malgré cette dernière imperfection, nous ne voyons pas qu'il puisse y avoir le moindre doute sur l'attribution générique que nous établissons ici ; l'appareil apical, la disposition des pores dans les zones porifères, le renflement des zones interporifères, la nature des tubercules, toute la physionomie concordent absolument avec des individus de même taille de l'*E. semilunaris* que nous avons sous les yeux. La largeur est un peu plus grande dans l'espèce fossile, l'épaisseur un peu moindre, peut-être par suite de la compression qui a brisé une partie de la face inférieure ; le péristome paraît avoir été plus régulièrement ovale. M. Pomel a décrit, sous le nom de *Haimea Delagei* (*loc. cit.* p. 115), un exemplaire qui n'est peut-être pas très éloigné du nôtre ; l'apex est indiqué comme un peu plus en avant, la largeur est moins grande, les tubercules sont un peu mieux alignés. Nous ne pensons pas que notre exemplaire soit le même spécifiquement, quoique bien voisin ; mais nous ne voyons pas comment on pourrait le rapporter au genre *Haimea*, qui a le péristome pentagonal. M. Pomel semble douter de l'exactitude de cette dernière différence ; pourtant la description de Michelin et les figures qu'il a données (1) ne laissent aucun doute à cet égard. Nous craignons donc bien que l'exemplaire de M. Pomel, qui n'a pas le péristome pentagonal, n'appartienne pas au genre *Haimea*. Quant à l'obliquité des pores à la face inférieure et leur disposition un peu plus resserrée, elle se trouve sur tous les exemplaires vivants d'*Echinoneus*, quelle qu'en soit la taille, et nous ne voyons pas que ce caractère puisse autoriser à séparer notre exemplaire de ce type générique.

Localité. — Camp Morand, près de Boghar ; Miocène inférieur. Recueilli par M. Thomas, avec *Echinolampas Thomasi* et *Arbacina massylea*.

Par un oubli bien involontaire, nous avons négligé de remettre notre exemplaire au dessinateur, et nous ne nous en sommes aperçu que trop tard. Nous espérons pouvoir en donner prochainement la figure.

CASSIDULIDÆ

Genre PLIOLAMPAS, Pomel. 1888.

Plesiolampas, Pomel. *Genera*, 1883.	} Non Duncan
— — *Paléont. algérienne*, 1887.	} et Sladen.
Pliolampas, Pomel. *Bull. Soc géol.* 1888.	

Genre voisin des *Echinanthus*, qui en diffère par la position de son périprocte, rond ou ovale verticalement, placé obliquement à la marge postérieure, sous un rostre, de manière à être visible d'en haut et d'en bas ; il est ordinairement accompagné d'un sillon très court, situé au-dessous. Les ambulacres montrent généralement des paires de pores moins serrées et moins nombreuses, et l'appareil peut avoir de deux à quatre pores génitaux ; le nombre le plus fréquent est trois par suite de l'absence du pore antérieur de gauche. Le périprocte n'est jamais ni trans-

(1) *Revue et Mag. de Zoologie*, janvier 1851, n° 2, pl. II, fig. 2.

verse ni tout à fait inframarginal comme dans le genre *Echino-lampas*.

PLIOLAMPAS WELSCHI, Pomel, 1888.

Pl. VI, fig. 1-3.

PLESIOLAMPAS WELSCHII, Pom. *Paléont. alg.* p. 125 (pl. inédite), 1887.

PLIOLAMPAS WELSCHII, Pom. *Bull. Soc. géol.*, 3e série, t. XVI, p. 446, 1888.

Longueur 30 mill. — Largeur 27 mill. — Hauteur 17 mill.
— 32 — — — 28 — — — 20.

Espèce de taille moyenne, assez renflée, un peu rétrécie et arrondie en avant, élargie et anguleuse à la moitié postérieure des ambulacres latéraux, rétrécie et rostrée en arrière. Face supérieure renflée, convexe en avant et sur les côtés ; la ligne de faîte est presque horizontale jusqu'aux deux tiers postérieurs ; de ce point part une carène dorsale assez saillante bien qu'obtuse, qui se termine au-dessus du périprocte où elle finit en auvent. L'aire interambulacraire, divisée par cette carène, se déprime sensiblement de chaque côté. Bord épais, pulviné ; face inférieure plus ou moins déprimée autour du péristome. Apex excentrique en avant (12/32).

Appareil apical peu développé, montrant la madréporide entouré de trois pores génitaux (l'antérieur de gauche fait défaut) et de cinq pores ocellaires.

Pétales ambulacraires à peu près égaux, mal fermés à l'extrémité, s'arrêtant à peu près à mi-distance du bord, présentant de seize à dix-huit paires de pores inégaux, les internes ronds, les externes allongées et obliques ; les paires sont assez distantes l'une de l'autre ; l'espace interzonaire est granuleux comme le reste du test, et un peu moins large qu'une des zones. Les pétales postérieurs s'infléchissent légèrement en dehors en s'éloignant de l'apex.

Péristome presque à fleur de test dans un de nos exemplaires, un peu plus déprimé dans un autre, petit, pentagonal, plus long que large, avec bourrelets assez bien marqués et phyllodes à quatre rangées de pores dont les externes sont les plus développés.

Périprocte ovale longitudinalement, atteignant, à sa pointe supérieure, 10 millimètres au-dessus de la base de l'oursin ; il est recouvert, comme nous l'avons dit, par l'expansion de la carène interambulacraire impaire, dont la saillie fait paraître la partie inférieure au périprocte un peu oblique et rentrante. Un sillon vague et très court se dessine au-dessous de l'ouverture anale et cause une légère ondulation au bord inférieur.

Tubercules ordinaires des Cassidulides, assez fins et serrés à la partie supérieure et au pourtour, plus distants autour du péristome ; il n'y a point de raie lisse entre la bouche et le bord postérieur.

Rapports et différences. — Nous avous cru reconnaître dans cette espèce le *P. Welschi* de M. Pomel, dont le type provient de la même localité. La description donnée par cet auteur, tout en indiquant que le périprocte est au sommet d'un sillon très court qui émargine le bord, et visible d'en bas, ne dit pas nettement que l'ouverture anale est placée plus haut que dans les autres espèces du genre. Comme nous n'avons pas de type figuré pour nous guider, nous avons craint de faire une confusion spécifique car nous avons une seconde espèce du même endroit. Néanmoins le reste des caractères est tellement conforme, que le rapport que nous établissons nous paraît exact. La position assez élevée du périprocte et la présence d'un sillon sous-anal rapprochent beaucoup ce type des *Echinanthus* ; il en est de même de la conformation du péristome. Les ambulacres seuls, n'ayant qu'une médiocre tendance à se fermer, et formés de paires de pores, assez distantes et par conséquent peu nombreuses, présentent un caractère distinctif entre les deux genres ayant quelque importance ; encore les pores sont-ils de même nature. Le *P. Welschi* montre donc plus étroitement que ses congénères les relations des *Pliolampas* avec les *Echinanthus*. On peut en rapprocher notre *Echinanthus Meslei*, du Miocène des Bouches-du-Rhône (1) : la position du périprocte y est variable ; chez les grands exemplaires, il est assez haut, complètement à la même place que chez les *Echinanthus*, mais il est plus étendu ; chez les individus

(1) Cotteau, *Échin. nouv. ou peu connus*, 2⁰ série, p. 88, pl. X.

moins développés, il est plus bas, il touche presque le bord, et
et nous en avons où il devient à peu près oblique comme chez les
Pliolampas. Les pétales ambulacraires sont plus longs que ceux
du *P. Welschi*, mais les paires ne sont pas plus serrées, et, à
l'extrémité, les zones ne tendent guère à se rejoindre. La carène
postérieure est moins accentuée et ne forme pas de rostre au-
dessus du périprocte, sinon dans un ou deux exemplaires de
petite taille et de conservation douteuse ; aussi la base de la face
postérieure ne paraît-elle que très peu oblique, et même elle ne
l'est pas du tout chez les grands individus. Cet *Echinanthus*
miocène n'a aussi que trois pores génitaux, l'antérieur de gauche étant oblitéré. Il en résulte que ce type tient le milieu entre
les *Echinanthus* et les *Pliolampas*, et montre l'étroite parenté qui
les unit. Il a assez bien la physionomie du *P. Welschi*, qui nous
offre un autre degré intermédiaire plus éloigné des *Echinanthus*
que le type provençal, plus rapproché que lui des types parfaits
des *Pliolampas*.

LOCALITÉ. — Oued Moula, près de Bou-Medfa, département
d'Oran. Terrain helvétien. — Nos exemplaires ont été recueillis
par M. Welsch.

EXPLICATION DES FIGURES. — Pl. VI, fig. 1. *Pliolampas Welschi*,
vu de profil ; fig. 2, face supérieure ; fig. 3, face inférieure.

PLIOLAMPAS MEDFENSIS, Peron et Gauthier, 1891,

Pl. IV, fig. 3-4.

Longueur 32 mill. — Largeur 28 mill. — Hauteur 17 mill.
— 33 — — — 27 — — 16

Espèce de taille moyenne, médiocrement élevée, arrondie et
rétrécie en avant, ayant sa plus grande largeur à la deuxième
zone des interambulacres latéraux, fortement rétrécie en arrière
où elle finit en rostre bien marqué. Face supérieure faiblement
convexe, à peine déclive d'arrière en avant sur les deux tiers de
la longueur ; la carène postérieure n'est pas sensible, sauf tout
à fait à la partie postérieure où elle se termine en formant le
rostre qui couvre le périprocte. Face inférieure pulvinée sur les

bords, presque plane, avec une dépression peu importante dans la région du péristome. Apex excentrique en avant, 15/32.

Appareil apical peu distinct sur nos exemplaires ; il parait avoir eu quatre pores génitaux, mais par suite d'une cassure du test, il nous reste quelques doutes.

Pétales ambulacraires égaux, assez larges (4 millimètres) comptant de quinze à seize paires de pores, distantes l'une de l'autre ; le pore interne est rond, l'externe oblique et allongé, acuminé à la partie interne. L'espace interzonaire est aussi large que l'une des zones, et le pétale paraît n'avoir qu'une très médiocre tendance à se fermer.

Péristome excentrique en avant, au-dessous de l'appareil apical, petit, pentagonal, allongé, avec bourrelets peu saillants et phyllodes médiocres comptant quatre ou cinq paires de chaque côté.

Périprocte placé très bas, moitié au pourtour et moitié à la face inférieure, sur la partie oblique et rentrante du bord. Il est ovale longitudinalement, et nous n'y voyons aucune trace de sillon. Il est complètement invisible d'en haut, et, quand l'on place l'oursin devant soi sur une table, c'est à peine si l'on aperçoit la partie supérieure de l'ouverture.

Tubercules ordinaires au genre, moins serrés près du péristome.

Rapports et différences — Nous n'avons pas pu rapporter complètement nos exemplaires aux deux espèces que M. Pomel a nommées *P. Delagei* et *P. Ficheuri*, et dont nous parlerons plus bas. La première paraît être plus petite, sa face supérieure est plus carénée en toît, ses pétales ambulacraires doivent être plus étroits, d'après l'insistance avec laquelle l'auteur indique ce caractère ; son périprocte est arrondi au lieu d'être ovale, mais il semble occuper la même position. Le *P. Ficheuri* compte un plus grand nombre de paires de pores dans les pétales ambulacraires, sa face inférieure est plus concave, son périprocte est arrondi et occupe le haut d'un sillon. Notre type provient de la même localité que le *P. Welschi* ; il en diffère beaucoup par sa forme moins épaisse, moins anguleuse à la partie postérieure, par sa carène postérieure moins prononcée, par son apex plus en arrière et surtout par son périprocte placé bien plus bas.

LOCALITÉ. — Environs de l'Oued Moula, près de Bou-Medfa ; terrain helvétien. — Recueilli par M. Welsch.

EXPLICATION DES FIGURES. — Pl. IV, fig. 3, *Pliolampas medfensis* vu de profil ; fig. 4, le même, face supérieure.

Deux espèces décrites par M. Pomel nous sont inconnues :

Pliolampas Delagei, Pomel. — *Plesiolampas Gauthieri* Pomel, (non *Echinolampas Gauthieri* Cotteau, *nec Plesiolampas Gauthieri* Pomel, *Genera*, p. 62), *loc. cit.*, p. 123. — *Pliolampas Delagei* Pomel. *Bull. Soc. géol.*, 3º série, t. XVI, p. 446, 1888.

Terrain langhien (cartennien). — Chéraga.

Pliolampas Ficheuri, Pomel. — *Plesiolampas Ficheuri* Pomel, *loc. cit*, p. 124, B. pl. IX bis, fig. 8-11 (pl. inédite). — *Pliolampas Ficheuri* Pomel, *Bull. Soc. géolog.*, t. XVI, p. 446. 1888. — *Pliolampas Ficheuri* Ficheur, *Terr. éoc. de la Kabylie*, p. 342, 1890.

Terrain langhien. — Bou Chenacha.

GENRE ECHINOLAMPAS, GRAY, 1835.

ECHINOLAMPAS HEINZI, Peron et Gauthier, 1891.

Pl. IV, fig. 1-2.

Longueur, 119 mill. — Largeur, 110 mill. — Hauteur, 50 mill.

Espèce de très grande taille, presque circulaire, plus longue que large, renflée, subhémisphérique ; bord très épais, à tranche arrondie ; face inférieure presque plate, un peu déprimée aux environs du péristome. Apex subcentral.

Aires ambulacraires à fleur de test, larges, longues, s'étendant presque jusqu'au bord, avec une faible tendance à se fermer. Ambulacre antérieur plus étroit que les autres (12ᵐᵐ au lieu de 14), aussi long. Zones porifères grêles, composées de paires très serrées de pores inégaux, les internes ovalaires, les externes allongés, linéaires ; ils sont conjugués par un sillon. La zone gauche est rectiligne, la droite est légèrement arquée. L'espace interzonaire est de 8 millimètres, couvert d'une granulation serrée et très fine.

Ambulacres pairs antérieurs légèrement arqués en avant, avec zone porifère postérieure un peu plus longue que l'autre ; les paires de pores, semblables à celles de l'ambulacre impair, mais un peu plus larges, sont séparées par un petit bourrelet très granuleux ; l'espace interzonaire mesure neuf millimètres en largeur. Les ambulacres postérieurs présentent la même disposition, sauf qu'ils sont légèrement arqués en sens contraire, et que c'est la zone antérieure qui est la plus longue ; les granules interzonaires sont au nombre de douze dans la partie la plus large. Toute la face supérieure est couverte d'une granulation homogène, formée par de très petits tubercules scrobiculés et très serrés.

Péristome à peu près central, pentagonal, entouré de bourrelets médiocrement saillants et de phyllodes très développés, à fleur de test, en forme de lyre, larges de sept millimètres et longs de treize. Les aires ambulacraires ne forment pas de sillons à la face inférieure ; elles sont tout à fait superficielles, et les yeux les distinguent à peine en dehors du floscelle.

Périprocte inconnu, le test étant cassé en cet endroit. Les tubercules sont un peu plus développés à la face inférieure, mais tout aussi serrés.

Rapports et différences. — La grande taille de cette espèce, sa forme élevée et presque régulièrement hémisphérique la distinguent facilement de ses congénères. Parmi les grandes espèces du Miocène algérien, l'*E. pyguroïdes* Pomel s'en sépare complètement par sa partie supérieure moins haute, par son pourtour moins régulièrement circulaire, plus élargi sur les côtés, plus tronqué en avant. L'*E. Pomeli* (*insignis* Pomel) dont le pourtour se rapproche davantage de celui de notre espèce, est moins élevé, moins uniformément déclive, et ses pétales ambulacraires s'arrêtent plus loin du bord. L'*E. subhemisphœricus* Pomel est plus déprimé, plus concave en dessous, son péristome est moins central, ses pétales ambulacraires plus étroits, les phyllodes de son péristome beaucoup moins développés. Parmi les autres grandes espèces africaines, l'*E. africanus* de Loriol est plus conique et a les zones ambulacraires plus larges ; l'*E. Fraasi*, du même auteur, a une forme plus élevée, des ambulacres moins larges, avec zones porifères moins longues et déprimées dans un sillon; l'*E. Osiris* Desor est plus ovale, ses ambulacres pairs antérieurs sont moins longs, son péristome est plus en arrière. Ces trois dernières espèces appartiennent au terrain éocène.

LOCALITÉ. — Environs de Lambèse, au S.-E. de Batna. — Miocène. — Recueilli par M. Heinz.

ECHINOLAMPAS DOMA (Pomel sp.).

HYPSOCLYPEUS DOMA, Pomel, *loc. cit.*, p. 163; B. pl. II, fig. 1-3, 1887.
  —   — Ficheur, *Terr. éoc. de la Kabylie*, p. 342. 1890.

Espèce de grande taille, presque circulaire à la base, élevée en dôme subconique à la partie supérieure; bord mince; face inférieure déprimée en pente peu prononcée vers le péristome. Apex subcentral.

Appareil apical détruit sur notre exemplaire. Pétales ambulacraires rétrécis au sommet, s'élargissant régulièrement à mesure qu'ils s'en éloignent, atteignant à leur extrémité de douze à treize millimètres, dont quatre à peine pour les deux zones porifères : celles-ci, superficielles, étroites, composées de pores peu développés, paraissant ronds ou ovalaires dans les endroits usés, les extérieurs étant en réalité un peu plus allongés que les autres sur les parties bien conservées; ils sont conjugués. Le pétale antérieur impair est à peu près droit, sauf une légère inflexion d'élargissement vers le sommet, qui se reproduit sur tous les autres; les zones porifères sont à peu près égales, à deux ou trois paires près. Les pétales pairs II et IV ont la zone antérieure droite, plus courte de quatre à cinq paires de pores que la postérieure, qui est légèrement infléchie en arc; elles s'avancent jusque près du bord, restant largement ouvertes. Nous voyons moins bien les ambulacres postérieurs, notre unique exemplaire étant loin d'être en bon état; les pétales descendent aussi jusqu'auprès du bord, et les deux zones porifères sont un peu inégales entre elles.

Péristome à peu près central, fortement transverse et court, subpentagonal, avec de gros bourrelets; les phyllodes ne sont pas visibles sur notre exemplaire. Périprocte inconnu, inframarginal et transverse, d'après les figures données par M. Pomel.

Tubercules petits, assez nombreux, un peu plus développés en dessous.

L'oursin que nous venons de décrire fait partie d'un groupe pour lequel M. Pomel avait établi une coupe générique sous le nom d'*Hypsoclypeus*, afin de le distinguer des vrais *Conoclypeus*, à l'époque où l'on ignorait que ces derniers sont munis d'un appareil masticatoire. L'étroitesse des zones porifères chez ces Échinides formait un caractère distinctif plus frappant que solide, et les rapprochait, comme le remarquait le savant Échinologiste, des *Echinolampas* typiques ; leur périprocte transverse était encore un caractère commun avec ces derniers. Mais aujourd'hui que l'on a reconnu que les vrais *Conoclypeus* sont gnathostomes, les *Hypsoclypeus* en sont tellement éloignés, que leur réunion n'est plus possible et que la comparaison qu'on pourrait en faire au point de vue générique est complètement superflue. Au contraire, les caractères qui les rapprochaient des Échinolampes ressortent plus vivement et acquièrent une importance moins contestable. Aussi M. de Loriol n'hésite pas à les réunir, et son autorité nous paraît d'un grand poids. Sans doute ces oursins forment, dans le genre *Echinolampas*, un groupe à part ; mais leurs pétales à zones grêles et inégales, leur périprocte inframarginal et transverse, leur péristome entouré de phyllodes, sont autant de caractères qui les y relient. La différence la plus sensible serait dans leur bord moins renflé et presque aigu, qui les a fait confondre, dans le principe, avec les *Conoclypeus*. M. Pomel lui-même admet, dans le genre *Hypsoclypeus*, des types à bord convexe et arrondi (*H. oranensis, Pouyannei*), et, d'un autre côté, on trouve de vrais *Echinolampas* dont le bord est assez mince, sans être tranchant néanmoins. Tel est, par exemple, l'*E. amplus* Fuchs, très large et peu élevé, dont le bord est presque aussi anguleux que celui du type qui nous occupe, et la face inférieure lentement et uniformément déclive vers le péristome. Il y a donc des formes intermédiaires. Aussi, à l'exemple de M. de Loriol et tout dernièrement, l'un de nous, dans la *Paléontologie française* (1), passant en revue ces différents

(1) Terrain éocène, 2e volume, p. 277.

groupes, conclut qu'ils appartiennent à un genre unique. « Les
espèces que nous venons de décrire, dit-il, forment deux grands
groupes, qui se distinguent assez facilement au premier abord,
mais qui, cependant, se relient l'un à l'autre par des types intermédiaires. Le premier de ces groupes renferme les *Echinolampas*
de moyenne et petite taille, à forme un peu allongée, et dont les
aires ambulacraires effilées, bien que largement ouvertes, sont
composées de zones porifères inégales. Le second groupe comprend les espèces de taille un peu plus forte, souvent subconi-
ques, à sommet presque central, et dont les aires ambulacraires,
formée de zones porifères égales ou presque égales, à peine
effilées, sont droites, très ouvertes et descendent jusque vers
l'ambitus..... Le second groupe appartient aux *Conolampas* de
M. Pomel, et aux *Palœolampas* Bell ; toutes les espèces sont
remarquables par leur grande taille, leur forme subcirculaire, la
longueur et l'égalité de leurs zones porifères. Nous n'aurions pas
hésité à séparer génériquement ces espèces des *Echinolampas* si,
à côté d'elles, il ne s'en rencontrait d'autres qui se relient à
celles du premier groupe ; tels sont : les *Echinolampas Studeri,
Luciani, montevialensis, Achersoni, rotunda, subconica, angusti-
folia, sindensis, Duncani, insignis, Vidali,* qui, tout en affectant
une forme subcirculaire et en ayant des aires ambulacraires
droites, allongées, largement ouvertes, présentent déjà une inégalité plus ou moins prononcée dans leur zones porifères et
n'appartiennent franchement ni à un groupe ni à l'autre..... Les
différences qui séparent les deux groupes, excellentes lorsqu'il
s'agit de la distinction des espèces, sont insuffisantes pour moti-
ver la création de deux genres particuliers. »

Ce que M. Cotteau dit avec tant de raison pour les espèces
éocènes, s'applique tout aussi bien aux espèces miocènes. Le
genre *Hypsoclypeus,* qui ne se distingue guère des *Conolampas*
(non Agassiz) que par ses zones porifères plus étroites, se rat-
tache aussi bien, et même mieux, à cause de ce caractère, aux
Echinolampas typiques, dont les zones porifères ne sont jamais
bien élargies. L'*E. doma,* qui nous occupe en ce moment, présente en outre une petite inégalité dans la longueur des zones
porifères, qui est un caractère important du genre auquel nous
le rattachons.

Le type le plus voisin de notre espèce est ce qu'on appelait autrefois le *C. plagiosomus ;* nous en avons entre les mains un bon exemplaire de Corse, singulièrement voisin de forme de notre sujet algérien. Il est un peu moins développé, les pétales ambulacraires sont sensiblement plus étroits, 9 millimètres au lieu de 12, écart trop considérable pour qu'on puisse l'attribuer à la seule différence de taille. Toutefois, M. Pomel indique 18 millimètres pour la largeur des pétales du plus grand de ses exemplaires qui mesure 140^{mm} de longueur ; le nôtre n'en atteint pas tout à fait 100, et notre Échinide de Corse en a 90 : l'élargissement des pétales se produirait-il aussi rapidement avec l'accroissement du test ? Les tubercules sont plus serrés sur notre sujet algérien, et il est en si mauvais état que nous nous arrêtons à ce caractère distinctif et admettons, avec M. Pomel, que les deux espèces sont différentes.

LOCALITÉ. — A l'ouest de Tizi-Ouzou. — Miocène (Langhien). Recueilli par M. Peron.

ECHINOLAMPAS SUBHEMISPHÆRICUS, Pomel, 1887.

ECHINOLAMPAS SUBHEMISPHÆRICUS, Pomel, *loc. cit.*, p. 155; B. pl. VIII *bis*, fig. 1-3 (non publiée).

Dimensions de notre exempl. : Longueur, 100 mill. — Largeur, 98 mill. — Hauteur, 39 mill.

Exemplaire de grande taille, subcirculaire, à peine élargi à la deuxième zone des interambulacres latéraux, avec un rostre très restreint presque nul à la partie postérieure. Face supérieure renflée, convexe, un peu plus courte et plus arrondie en avant qu'en arrière. Face inférieure assez déprimée, onduleuse sur les bords par suite d'une légère dépression au passage des ambulacres, surtout dans la moitié postérieure. Apex un peu excentrique en avant, 45/100.

Appareil apical peu développé, pentagonal, entièrement criblé, les quatre pores génitaux autour du madréporide, les antérieurs moins écartés que les postérieurs ; les cinq plaques ocellaires petites, non couvertes des perforations du canal aquifère. Le

madréporide est parsemé de tubercules un peu plus petits que
ceux du test.

Pétales ambulacraires oblongs, médiocrement larges, s'arrêtant
à quelque distance du bord, inégaux, l'antérieur impair beaucoup plus court que les autres et déjeté à droite, les postérieurs
un peu plus longs que les antérieurs pairs. Zones porifères déprimées en petits sillons, relativement assez larges, égales en
longueur dans l'ambulacre impair, les antérieures plus courtes
que les autres de dix à onze paires dans les pétales pairs du
trivium ; dans les ambulacres postérieurs, il n'y a que deux ou
trois paires de plus dans la zone la plus longue, qui est tantôt en
avant, tantôt en arrière. Pores inégaux, les externes allongés et
acuminés, les internes à peu près ronds ; ils sont conjugués par
un sillon, et les petites cloisons qui séparent les paires sont couvertes d'une rangée de granules très fins, au nombre de cinq ou
six, souvent interrompus, dans notre exemplaire, par les gros
tubercules du reste du test, qui envahissent çà et là les crêtes
granuleuses. Espace interzonaire élevé au-dessus des zones porifères, à peine convexe, portant un très grand nombre de tubercules petits et sériés, formant jusqu'à seize rangées dans les
parties les plus larges. La largeur est de neuf millimètres dans
les ambulacres postérieurs, le pétale entier atteignant douze
millimètres.

Interambulacres aigus et légèrement renflés au sommet, s'élargissant très vite, à surface uniformément convexe et couverte de
très nombreux tubercules petits et serrés.

Péristome excentrique en avant, sous l'apex, transverse, pentagonal, large de onze millimètres et long de sept. Bourrelets
assez saillants, le postérieur plus large et plus plat que les
autres. Phyllodes déprimés, droits, ouverts, portant deux rangées
de pores de chaque côté, avec quelques paires au milieu, ces
dernières (il y en a huit) disparaissant bientôt et les latérales
cessant au même endroit de former deux rangées.

Périprocte inframarginal, transverse, à bord antérieur ellipti-
que, large de quatorze millimètres, long de sept. Il est placé sur
un aplatissement de la partie postérieure un peu moins pulvinée
en cet endroit que les autres interambulacres. Tubercules très

fins, très serrés et très uniformes sur la face supérieure ; un peu plus gros en-dessous et un peu moins denses près du péristome.

Rapports et différences. — L'exemplaire que nous venons de décrire est d'une conservation parfaite; il est un peu moins grand que celui de M. Pomel, mais il provient de la même localité. Il nous paraît présenter plusieurs divergences avec le type : le bord est épais, la hauteur est, relativement, beaucoup moindre, les pétales postérieurs sont plus étroits, la largeur étant de douze millimètres au lieu de quinze indiqués dans la description du type spécifique ; mais ce dernier caractère n'a pas de valeur différentielle, les ambulacres étant variables dans toutes les espèces du genre *Echinolampas*, quand on a un assez grand nombre d'individus. Nous avons sous les yeux un autre exemplaire, assez détérioré, les bords étant écrasés, qui nous paraît appartenir à la même espèce, mais qui ne provient probablement pas de la même localité. Cet exemplaire, par la largeur de ses pétales postérieurs, par ce que nous pouvons voir de son bord, se rapproche certainement plus du type ; il est de taille un peu moindre (94^{mm}).

Nous avons minutieusement comparé ces deux exemplaires, et surtout le mieux conservé, avec une série de huit *E. hemisphæricus* que nous avons dans notre collection et qui proviennent soit de la Drôme, soit des Bouches-du-Rhône.

L'*E. hemisphæricus* présente deux formes : tantôt il est presque complètement circulaire, comme les exemplaires algériens dont nous parlons, tantôt il est un peu plus allongé et, dès lors, un peu plus rétréci en avant et subpentagonal. Nous laissons de côté ces derniers spécimens, qui sont les moins nombreux, et nous ne comparons que ceux qui ont une forme semblable à celle de l'espèce algérienne. Le type européen n'est pas plus élevé, comme le dit M. Pomel, même en le comparant à notre exemplaire, plus bas que le sien. La forme et les détails des pétales sont les mêmes, avec les mêmes variations ; les bords que M. Pomel croit plus épais dans l'*E. hemisphæricus*, le seraient plutôt moins, et il en est de même des autres différences, qui trouvent leur analogue tantôt sur l'un, tantôt sur l'autre des exemplaires ; de sorte que les deux espèces nous paraissent bien semblables. Il n'y a qu'une différence qui reste constante et en faveur de laquelle nous avons maintenu la distinction des deux types, c'est que les tubercules sont plus petits et plus serrés dans les exemplaires algériens. Ce caractère n'a que la valeur qu'on voudra lui attribuer, car les tubercules de l'*E. hemisphœricus* sont eux-mêmes fins et serrés ; mais la différence est sensible, même à l'œil nu, et nous croyons devoir en tenir compte.

LOCALITÉ. — Nemours, près du Maroc. — Miocène (Helvétien). — Recueilli par M. Bleicher.

ECHINOLAMPAS THOMASI, Peron et Gauthier, 1891.

Pl. III, fig. 5-7.

Longueur, 30 mill. — Largeur, 23 mill. — Hauteur, 14 mill.

Espèce de petite taille, ovalaire, allongée, arrondie, mais non rétrécie en avant, légèrement atténuée en arrière où elle se termine en rostre peu prononcé. Face supérieure assez basse, presque uniformément convexe ; face inférieure pulvinée sur les bords, un peu sinueuse en arrière, au passage des ambulacres, concave autour du péristome. Apex presque central (14/30).

Appareil apical peu développé ; le madréporide fait saillie en petit bouton, entouré par quatre pores génitaux. Pétales ambulacraires légèrement renflés, lancéolés, malgré l'inegalité des branches, étroits, presque égaux dans le trivium, un peu plus longs à la partie postérieure ; leur largeur varie de trois à quatre millimètres, selon la taille de l'oursin, dont plus de la moitié pour les zones porifères. Zones déprimées en petit sillon à peine sensible, relativement assez larges, avec pores ronds à la partie interne, un peu plus allongés et acuminés à la partie externe, tous conjugués par un sillon bien marqué. Dans l'ambulacre impair, la zone de droite est plus longue que celle de gauche de quatre à cinq paires seulement; dans II et IV, les zones antérieures sont plus courtes de huit à dix paires ; les deux pétales du bivium, I et V, sont plus allongés que les autres, mais sont loin cependant d'atteindre le bord ; leurs zones sont aussi inégales que dans les antérieurs.

Péristome placé sous l'apex, de proportions moyennes, pentagonal, plus long que large, entouré de phyllodes bien marqués, légèrement déprimés, comptant une dizaine de paires de pores de chaque côté ; bourrelets renflés, mais peu saillants.

Périprocte inframarginal, transverse, tout près du bord.

Tubercules peu nombreux à la face supérieure, ne formant guère plus de quatre à cinq rangées horizontales sur les plus grandes plaques interambulacraires, plus serrés sur le bord, puis moins nombreux mais un peu plus développés près du péristome. Sur les bords de la partie inférieure, ils sont beaucoup plus serrés dans les interambulacres latéraux que dans les antérieurs.

Rapports et différences. — Cette petite espèce se rapproche, par sa taille et sa forme générale, des *E. claudus* et *flexuosus* Pomel ; elle se distingue du premier par sa partie antérieure, non rétrécie, par sa hauteur moindre, par ses zones porifères moins inégales, ses pétales plus lancéolés, par ses tubercules moins serrés à la partie supérieure ; du second, qui offre à peu près la même hauteur, par sa partie antérieure non rétrécie, par les saillies anguleuses des interambulacres latéraux, placées dans la deuxième zone et non au milieu des aires, par sa face inférieure beaucoup moins ondulée, surtout en avant, par son apex plus central, par ses zones porifères moins inégales. Elle nous paraît aussi assez voisine de l'*E. icosiensis* Pomel, bien que nous ne connaissions pas de figures de cette espèce pour établir notre comparaison ; elle nous semble avoir l'apex moins excentrique, les pétales ambulacraires plus larges, les zones porifères moins inégales, les tubercules moins serrés. C'est de l'*E. scutiformis* Des Moulins qu'elle nous paraît se rapprocher le plus, du moins des jeunes de cette espèce. Elle est moins élevée, ses pétales ambulacraires sont moins larges et plus lancéolés, sa forme. assez semblable sur les côtés, est beaucoup moins conique ; les tubercules, quoique très clairsemés, sont plus nombreux ; enfin sa petite taille n'est point comparable. Il pourrait se faire cependant qu'il existât des individus plus grands que ceux que nous avons entre les mains. Nous en connaissons trois, et celui dont nous avons donné les dimensions est le plus petit ; mais c'est le seul dont la forme soit bien nettement conservée ; le plus grand ne dépasse pas 40 millimètres en longueur.

LOCALITÉ. — Environs de Boghar, Camp Morand, versant sud du Djebel Ammoucha. Recueilli par M. Thomas dans des marnes brunes puissantes, entre des bancs de grès très durs mais peu épais, à 850 mètres d'altitude. Langhien.

EXPLICATION DES FIGURES. — Pl. III, fig. 5, *Echinolampas Thomasi*, vu de profil ; fig. 6, le même, face supérieure ; fig. 7, face inférieure.

ECHINOLAMPAS SOUMATENSIS, Pomel, 1887.

ECHINOLAMPAS SOUMATENSIS, Pomel, *loc. cit.*, p. 148 ; B, pl. IX *bis*, fig. 16-18 (inédite).

Longueur, 35 mill. — Largeur, 30 mill. — Hauteur, 19 mill.

Nous avons sous les yeux sept exemplaires que nous croyons pouvoir rapporter à cette espèce, dont il n'a encore été publié aucune figure. Ils sont tous plus petits que la taille indiquée par M. Pomel, et la hauteur que nous donnons est celle de l'individu le plus renflé ; les autres le sont moins, sans porter, pour la plupart, aucune trace de compression.

Espèce de petite taille, ovale, légèrement rostrée en arrière, à peine rétrécie en avant, où la courbe du pourtour s'aplatit un peu. Face supérieure assez régulièrement convexe, prolongée en pente un peu plus douce en arrière, ayant son point culminant au sommet apical ; bord arrondi, pulviné ; dessous onduleux, par suite du renflement variable des aires interambulacraires ; pourtour du péristome déprimé. Apex excentrique en avant (15/35).

Appareil apical peu développé, montrant quatre pores génitaux sur les bords du madréporide, les postérieurs un peu plus écartés que les autres.

Pétales ambulacraires à peu près égaux, ceux du bivium quelquefois un peu plus longs que les autres, tous superficiels, étroits, et s'arrêtant à mi-distance du bord. L'ambulacre impair est formé de zones très inégales ; la droite, plus longue que l'autre de moitié, compte vingt-six paires de pores, tandis que la zone gauche n'en a que douze ou treize. La différence est encore plus prononcée pour les pétales pairs antérieurs, où la zone antérieure ne compte que onze paires contre vingt-cinq; il en est de même dans les pétales postérieurs; la zone qui confine à l'interambulacre impair égale à peine la moitié de l'autre. Ces rapports ne sont pas absolus, et nous avons un exemplaire où l'inégalité entre les zones est moins prononcée dans tous les ambulacres, surtout dans l'impair, dont la zone courte dépasse un peu la moitié de la longue. Espace interzonaire à fleur de test, aussi large que les deux zones réunies, l'ensemble ne dépassant pas trois millimètres. A la face inférieure, les aires ambulacraires paraissent déprimées par suite du renflement des aires interambulacraires, et elles restent très apparentes jusqu'au péristome.

Péristome dans une dépression assez marquée, excentrique en avant (16/35), grand, transverse, pentagonal, avec phyllodes assez bien marqués et bourrelets peu saillants.

Périprocte ovale, transverse, subtriangulaire, assez grand, tout entier à la face inférieure, mais s'étendant jusqu'au bord.

Tubercules ordinaires au genre, peu serrés, petits, plus nombreux au pourtour.

Rapports et différences. — Nous ne croyons pas faire erreur en rapportant nos exemplaires à l'*E. soumatensis*, quoique leur taille soit uniformément plus petite. Les ondulations de la face inférieure ne sont pas également marquées sur tous les exemplaires. Bien en relief chez celui que nous décrivons, elles s'atténuent beaucoup chez d'autres; et cette particularité, jointe au moins grand développement de la taille, nous paraît rapprocher ces individus de l *E. icosiensis* Pomel, dont les figures ne sont également pas publiées. Toutefois l'inégalité des zones porifères reste toujours plus accentuée dans les sujets que nous décrivons que dans l'*E. icosiensis*; le périprocte et le péristome restent constamment assez grands, tandis que M. Pomel insiste sur l'exiguité de ces deux ouvertures dans la dernière espèce.

Localité. — Cascade de l'Oued Seffalou, près de Tiaret, dans les calcaires à Mélobésies. — Helvétien, d'après M. Welsch, qui a recueilli ces exemplaires. — Un autre individu recueilli à Aïn-Temendel, au même horizon, nous paraît appartenir à la même espèce; il est assez mal conservé; l'ambulacre impair présente la particularité d'avoir, contrairement aux autres, la zone gauche plus longue que la droite, celle-ci ayant d'ailleurs vingt-cinq paires de pores comme dans tous les sujets que nous avons entre les mains ; la zone gauche a encore six paires de plus. Ces variations ne sont pas rares parmi les *Echinolampas*, et celle-ci, quoique assez forte, ne nous paraît pas avoir de valeur spécifique, l'exemplaire qui la porte étant isolé.

ECHINOLAMPAS HAYESIANA, Desor, 1847.

ECHINOLAMPAS HAYESIANA, Desor, *Cat. raisonné*, p. 108, 1847.
—   HAYESIANUS, Desor, *Synopsis*, p. 308, 1856.
—   , —   Pomel, *loc. cit.*, p. 144 ; B. pl. IX, fig. 2.

Dim. de nos exempl. : Long. : 58 mill. — Larg., 52 mill. — Haut., 28 mill.
—   51 —   — 47 —   — 24 —

Espèce de taille moyenne, assez renflée, ovalaire au pourtour, large et arrondie en avant, plus rétrécie en arrière où elle se termine par un rostre peu accentué. Face supérieure convexe, avec le point culminant à l'apex ; le profil est plus allongé et un peu moins renflé en arrière qu'en avant. Face inférieure déprimée au milieu, pulvinée sur les bords. Apex excentrique en avant (25/58).

Appareil apical peu développé, le madréporide formant un petit bouton saillant et entouré par les quatre pores génitaux, dont les deux postérieurs sont un peu plus écartés que les autres.

Pétales ambulacraires étroits, n'ayant aucune tendance à se fermer à l'extrémité, assez longs, inégaux. Les pétales pairs n'excèdent guère quatre ou cinq millimètres en largeur, et l'espace interzonaire est plutôt plus grand qu'égal aux deux zones réunies. Zones porifères légèrement déprimées, presque à fleur de test, inégales dans tous les pétales. Dans l'impair, elles sont à peu près rectilignes ; celle de droite étant à peine infléchie et plus longue que l'autre de quelques paires. Dans les ambulacres pairs II et IV, la zone antérieure est tendue et beaucoup plus courte que l'autre qui est arquée et compte à peu près douze paires de plus. Dans les pétales I et V, la zone antérieure est infléchie également, mais en sens inverse, et plus longue que la postérieure de seize paires environ. Ces différences des zones nous paraissent varier sensiblement selon la taille du sujet.

Péristome à peu près central, situé dans une dépression peu profonde de la face inférieure, pentagonal, assez grand, transverse, avec bourrelets peu saillants et phyllodes en forme de feuille, assez bien marqués.

Périprocte ovale, transverse, grand, tout entier à la face inférieure, sous le rostre.

Tubercules petits, bien scrobiculés quand le test est frais, médiocrement serrés. Dans les pétales ambulacraires ils forment trois, quatre ou cinq rangées irrégulières, selon le développement de l'individu ; ils sont un peu plus serrés au pourtour, mais plus écartés aux approches du péristome.

Rapports et différences. — Tous nos exemplaires proviennent d'Oran, et l'espèce jusqu'à présent n'a guère été rencontrée dans d'autres localités. Les exemplaires qu'on a confondus avec elle sont toujours plus coniques plus ramassés ; le type cité en Corse par M. Cotteau est de ce nombre. M. Pomel l'assimile à son *E. Raymondi*, qui est un type algérien. Nous ne pouvons que répéter son assertion, cette dernière espèce ne nous étant connue que par la description qu'il en a donnée.

Localité. — Ravin d'Oran. Terrain pliocène.

Remarque. — Desor a d'abord appelé l'espèce qui nous occupe du nom spécifique de *Hayesiana* ; puis, dix ans plus tard, il a écrit *Hayesianus*, comme on peut le voir à la synonymie. Tous les auteurs ont reproduit la terminaison masculine. On nous excusera de reprendre l'autre qui, outre l'avantage de la priorité, a aussi celui d'être correcte. Nous ne savons pas pourquoi la plupart des Échinologistes s'obstinent à faire *lampas* du masculin, quand ce mot est féminin aussi bien en latin qu'en grec.

ECHINOLAMPAS COSTATUS, Pomel, 1887.

Echinolampas costatus, Pomel, *loc. cit*, p. 140 ; B. pl. VIII *bis*, fig 1-3 (inédite).

Dim. de notre exempl. : Long., 64 mill. — Larg., 59 mill. — Haut., 31 mill.

Espèce de taille assez développée, largement ovalaire, subpentagonale, à peine anguleuse au tiers postérieur, rétrécie en arrière, un peu plus large et arrondie en avant. Face supérieure convexe assez régulièrement, le point culminant se trouvant immédiatement en arrière de l'apex. Bord peu épais, mais arrondi ; face inférieure pulvinée et presque plane sur les côtés, déprimée au milieu autour du péristome. Apex excentrique en avant (31/64).

Appareil apical médiocrement développé, peu saillant, à madréporide entouré de quatre pores génitaux.

Pétales ambulacraires inégaux, l'impair étant plus court et plus étroit que les autres, et les postérieurs un peu plus longs et plus larges que les antérieurs pairs. Zones porifères déprimées dans un petit sillon, à pores bien développés, conjugués. Elles sont à peu près égales dans le pétale impair qui est court, et ont une tendance à se rapprocher à l'extrémité, tout en restant assez ouvertes. Les pétales pairs II et IV sont lancéolés et atteignent sept millimètres de largeur, dont cinq pour l'espace interzonaire ; leur zone postérieure est plus arquée que l'autre, et plus longue de douze à treize paires. Les pétales I et V sont moins sensiblement lancéolés, bien que la zone antérieure soit assez infléchie ; les zones sont presque égales. La largeur du pétale est de neuf millimètres, dont sept pour l'espace interzonaire, qui est renflé en côte dans tous les pétales pairs.

Le péristome et le périprocte ne sont pas assez bien dégagés de la gangue chez notre unique exemplaire pour que nous puissions en donner une description détaillée.

Tubercules fins, serrés à la partie supérieure, au nombre de huit sur chaque rangée horizontale à la partie la plus large des pétales postérieurs. Ils restent à peu près semblables sur le bord, mais ils deviennent un peu plus gros et s'espacent davantage en se rapprochant du péristome.

Rapports et différences -- Nous croyons être dans le vrai en rapportant l'exemplaire que nous avons entre les mains au type que M. Pomel a nommé *E. costatus.* L'absence de figures est compensé pour nous par ce que dit cet auteur que son type n'a quelque analogie qu'avec l'*E. oviformis* Lamarck. Nous l'avons comparé à l'espèce vivante, et la forme est bien près d'être la même. Les autres détails concordent bien avec la description de l'espèce fossile, et nous ne voyons pas en quoi notre exemplaire pourrait s'en éloigner sérieusement.

LOCALITÉ   Individu de taille moins grande que le type ; nous le possédons depuis longtemps sans autre désignation que le mot Algérie. M. Pomel indique : environs d'Orléansville. — Helvétien.

ECHINOLAMPAS ALGIRUS. Pomel, 1887.

ECHINOLAMPAS JUBR, Pomel, *loc. cit.*, p. 160 ; B. pl. IV, fig. 2.
—   ALGIRUS, Pomel, p. 158 ; B. pl. V, fig. 2.

Nous ne possédons de cette espèce qu'un exemplaire de taille médiocre, écrasé, bien reconnaissable cependant, dont nous donnons une courte description. Il mesure 45 millimètres en longueur.

Individu n'ayant probablement pas atteint tout son développeme t, un peu plus allongé que large. subcirculaire. Face supérieure convexe ; face inférieure pulvinée sur les bords, concave au milieu ; bord arrondi. Apex excentrique en avant, presque central (22/45).

Appareil apical ordinaire au genre : le madréporide fait saillie en petit bouton, autour duquel les quatre pores génitaux sont disposés en trapèze ; les cinq pores ocellaires bien distincts. Pétales ambulacraires longs et relativement assez larges, tous arqués, surtout ceux du trivium, III au même degré que II et IV : ils sont très ouverts à l'extrémité ; les postérieurs sont un peu plus longs que les autres. Zones porifères légèrement déprimées dans un sillon, un peu inégales, la zone antérieure dans les ambulacres pairs du trivium, la postérieure dans ceux du bivium étant un peu plus courte que l'autre. Espace interzonaire renflé, formant une faible côte convexe, portant six rangées de petits tubercules.

Péristome situé à peu près sous l'apex, pentagonal, transverse, assez grand, montrant cinq bourrelets arrondis, peu saillants, et un floscelle médiocrement développé, avec deux ou trois rangées internes dans les phyllodes

Périprocte transverse, assez large, placé près du bord. Les tubercules sont tous semblables à la partie supérieure, petits, serrés et finement scrobiculés ; ils sont plus gros et moins serrés à la partie inférieure, et comme usés par le frottement sur la partie pulvinée.

LOCALITÉ. — Environs d'Oran. — Pliocène. — Recueilli par M. Bleicher.

ECHINOLAMPAS POMELI, Peron et Gauthier, 1891.

ECHINOLAMPAS INSIGNIS, Pomel, *loc. cit.*, p. 153 ; B. pl. VII, fig. 1-3.
(non Duncan et Sladen).

Nous n'avons pas entre les mains d'exemplaire appartenant à cette espèce ; nous ne pouvons donc que résumer la description qu'en a donnée M. Pomel.

Espèce de très grande taille (140 millimètres), à pourtour presque ovale, subtronqué en avant et un peu rétréci en arrière. Face supérieure médiocrement élevée, déprimée en avant, presque gibbeuse en arrière ; face inférieure un peu concave. Apex excentrique en avant, aux 3/7es.

Pétales ambulacraires non costulés, lancéolés, larges, n'ayant qu'une très médiocre tendance à se fermer. Zones porifères à fleur de test, un peu inégales dans les ambulacres pairs antérieurs, égales, ou à peu près, dans les autres. L'ambulacre impair est le plus étroit ; les pétales pairs ont vingt millimètres de large, dont quatorze pour la partie interzonaire.

Péristome excentrique en avant, dans une médiocre dépression, très grand, plus large que long, avec bourrelets et phyllodes bien marqués. Périprocte inframarginal, placé tout près du bord qu'il échancre même, transverse, grand. Terrain helvétien de l'Oued Riou et sous Kallel chez les Beni-Chougran.

La synonymie de cette espèce nous a paru très délicate à établir. MM. Duncan et Sladen ayant publié en 1883 la description d'un *Echinolampas insignis* (1) bien différent de celui de M. Pomel, et ayant donné d'excellentes figures de leur espèce, à qui reve-

_____

(1) Palæontologia indica, series XIV, part. 4. — *The foss. Echinoidea of Kachh and Kattywar*, p. 29, pl. III, fig. 3-6.

nait légitimement la priorité ? M. Pomel a cité pour la première fois son *E. insignis* dans un ouvrage écrit avant 1883 (*Classe des Echinodermes*, généralités, p. XXV); le nom est simplement cité, sans description, sans renvoi à aucune planche; et cette étude sur les *Echinodermes* a été écrite à une date que M. Pomel lui-même ne précise pas, et qu'il désigne par le mot « olim. » Des planches ont été faites en même temps, et probablement celle qui donne les figures de l'*E. insignis*; mais ces planches n'ont été réellement livrées au public qu'avec la description, c'est-à-dire en 1887. Il était donc à peu près impossible à MM. Duncan et Sladen de savoir que M. Pomel avait désigné un *Echinolampas* sous le nom spécifique d'*insignis* et de s'en procurer les figures. Il nous a semblé dès lors que l'espèce des auteurs anglais, bien décrite et bien figurée en 1883, livrée aussitôt aux libraires et par conséquent au public, devait avoir la priorité efficace, et nous avons dû modifier le nom de l'espèce algérienne.

Outre les espèces que nous venons de décrire, M. Pomel en a fait connaître dix autres, qui ne sont point représentées parmi nos exemplaires.

Echinolampas cartenniensis, Pomel, Syn. *Echinolampas depressus*, Manzoni (non Gray), Vienne, 1880. — *E. Manzonii*, Pomel, *Genera*, p. 62, 1883. — *E. cartenniensis*, Pomel, *loc. cit.*, p. 136; B. pl. VIII, fig. 1, 1887.

Terrain (cartennien) langhien des environs de Tenès.

Echinolampas inæqualis, Pomel, *loc. cit.*, p. 137; B. pl. VIII.

Terrain (cartennien) langhien. — Ouillis, au Dahra.

Echinolampas abbreviatus, Pomel, *loc. cit.*, p. 138, 1887. — *Ech. curtus*, Pomel (non Agassiz), explic. de la pl. IX.

Terrain (cartennien) langhien. — Sidi-Saïd, chez les Beni-Zenthis (Dahra).

Echinolampas polygonus, Pomel, *loc. cit.*, p. 139; B. pl. VIII *bis*, fig. 4-6 (inédite), 1887.

Provenance incertaine, environs de Ténés.

Echinolampas claudus, Pomel, *loc. cit.*, p. 145 ; B. pl. VIII, fig. 3.

Langhien. — Aïn-Ouillis, au Dahra.

Echinolampas flexuosus, Pomel, *loc. cit.*, p. 146 ; B. pl. IX,
fig. 3, 1887. — Ficheur, *Terr. éoc. de la Kabylie*, p. 342. 1890.

(Cartennien) Langhien. — Djebel Djambeida, près Cherchell ;
Beni-Messous, près d'Alger.

Echinolampas icosiensis, Pomel, *loc. cit.* p. 149 ; B. pl. VI *bis*,
fig. 4-6 (inédite).

Terrain (cartennien) langhien. — Beni-Messous, près d'Alger.

Echinolampas pyguroides, Pomel, *loc. cit.*, p. 152 ; B. pl. VI,
fig. 1-3. — Ficheur, *Terr. éocènes de la Kabylie*, p. 342. 1890.

Terrain (cartennien) langhien. — Ouillis (Dahra) ; Camp du
Maréchal (Kabylie).

Echinolampas Raymondi, Pomel, *loc. cit.*, p. 142 ; B. pl. VII *bis*,
fig. 4-6 (inédite) ; — *E. Hayesianus*, Wright, *Échin. de Malte*, p. 122,
pl. IV, fig. 3. 1854. — Id. Cotteau, *Échin. de la Corse*, p. 283, pl. X,
fig. 2-4. 1877.

Terrain helvétien. — Beni-Bou-Mileuk.

Echinolampas chelone, Pomel, *loc. cit.*, p. 159 ; B. pl. VI *bis*,
fig. 1-3 (inédite).

Terrain helvétien. — Ain Oumata (Tessala).

A ces dix espèces, il faut encore ajouter quatre autres types
que M. Pomel a rapportés à son genre *Hypsoclypeus*. Comme
nous ne les connaissons pas en nature, nous leur laissons le
nom générique que l'auteur leur a donné.

Hypsoclypeus Ponsoti, Pomel, *loc. cit.*, p. 166 ; B. pl. III, fig. 1-3.

Terrain helvétien. — Mouzaïa-mines.

Hypsoclypeus latus, Pomel, *loc. cit.*, p. 167 ; B. pl. I,
fig. 1-3 ; pl. III, fig. 4.

Couches à Bryozoaires des environs d'Oran.

Hypsoclypeus oranensis, *loc. cit.*, p. 168 ; B. pl. IV, fig. 1.

Ravin d'Oran ; couches à diatomées et à spicules.

Hypsoclypeus Pouyannei, Delage (*mss.*) ; Pomel, *loc. cit.*,
p. 169 ; B. pl. III *bis*, fig. 1-3 (inédite)

Terrain pliocène. — Sidi-bou-Nega ; Mustapha supérieur ;
Chéraga.

CLYPEASTRIDÆ

Genre SCUTELLA, Lamarck, 1816.

Scutella obliqua, Pomel ?

Scutella obliqua, Pomel, *loc. cit.*, p. 279 ; B. pl. XIV,
fig. 1-2 (inédite). 1887.

Dimensions de notre exempl. : Longueur, 116 mill. — Largeur, 122 mill.

Espèce de grande taille, à pourtour fort irrégulier, difforme,
élargi outre mesure à la partie antérieure droite et à la partie
postérieure gauche. Il y a une sinuosité assez sensible à l'extrémité du pétale impair, mais le test est à peine ondulé à l'extrémité des pétales pairs. Bord mince, tranchant. Face supérieure
en large surface aplanie, légèrement convexe, également déclive
de tous côtés ; face inférieure plate. Apex excentrique en arrière
(60/116).

Appareil apical mal conservé. — Pétales très longs (40 mill.),
dépassant de beaucoup la moitié du rayon, et larges (15 mill.),
dont 3 pour l'espace interzonaire), fermés à leur extrémité. Zones
porifères très étendues, de longues stries conjuguant les pores.

Péristome invisible, la partie inférieure n'étant pas bien
dégagée dans notre exemplaire. Périprocte petit, rond, à peu de
distance du bord. Nous ne connaissons pas la disposition des
rameaux de la face inférieure.

Rapports et différences. — M. Pomel a décrit deux espèces asy-
métriques : *S. irregularis*, de Cherchell, et *S. obliqua*, d'El
Biar. La première a son expansion exagérée à gauche en avant,
et à droite en arrière ; la seconde, au contraire, s'étend davantage à droite en avant, et à gauche en arrière. Le *S. irregularis*

est plus onduleux à l'extrémité des ambulacres ; le pourtour du
S. obliqua ne montre qu'une légère sinuosité à l'extrémité des
ambulacres pairs. L'exemplaire que nous venons de décrire ne
correspond bien ni à l'une ni à l'autre des deux espèces, mais
tient de chacune quelques-uns de ses caractères. Son pourtour
est à peine sinueux à l'extrémité des ambulacres pairs ; mais il y a
une forte ondulation au bord antérieur que M. Pomel n'indique
pas pour le *S. obliqua*. Il a les pétales plus longs que ne l'indique
la description de cette dernière espèce, et sa hauteur est beaucoup moindre (10 mill.) ; sous ce rapport, il rappelle plutôt le
type de Cherchell. Les rapports concordants avec le *S. obliqua*
sont : l'obliquité portée à droite pour la partie antérieure, et à
gauche pour la partie postérieure ; l'apex un peu excentrique en
arrière, la largeur des pétales conforme ; et c'est ce qui nous a
engagé à réunir notre spécimen au type d'El Biar. Le plus grand
argument est que l'expansion asymétrique se trouve du même
côté ; mais ce caractère est-il constant ? Est-il bien sûr que l'asy-
métrie s'établisse toujours du même côté ? Nous avouons que les
caractères intermédiaires que présente notre sujet, comme le
peu de hauteur, le sinus antérieur, la longueur des pétales, nous
laissent dans l'hésitation.

Localité. — Grès d'El Biar, près d'Alger. — Miocène.

Genre AMPHIOPE, Agassiz, 1841.

Amphiope palpebrata, Pomel, 1887.

Amphiope palpebrata, Pomel, *loc. cit.*, p. 281 ; B. pl. XI, fig. 1-4.

Dimens. de notre exempl. : Long., 98 mill. — Larg., 100 mill. — Haut. ?

Espèce d'assez grande taille, subcirculaire, plus élargie en
arrière qu'en avant, très déprimée. Bord mince ; pourtour marqué d'un sinus à l'extrémité des trois ambulacres antérieurs ; la
partie postérieure ne nous est pas connue. Face supérieure peu
élevée, uniformément convexe, un peu renflée en avant. Face
inférieure inconnue, par suite de l'empâtement des exemplaires
que nous avons entre les mains. Apex un peu excentrique en
avant.

Appareil apical médiocrement conservé, d'apparence pentagonale, avec quatre pores génitaux entourant le madréporide. Pétales ambulacraires à fleur de test, légèrement renflés au milieu, presque fermés à l'extrémité, longs de 22 millimètres (l'impair 25), larges de 14, dont 5 pour l'espace interzonaire. Pores internes ronds, pores externes allongés, en fente suivie d'un long sillon qui relie chacun d'eux au pore interne. Lunules peu éloignées des pétales postérieurs, à 4 millimètres de leur extrémité et à 18 du bord, longues, transverses, un peu concaves avec inflexion vers le centre. Elles sont longues de 16 millimètres et larges de 6.

Tubercules très petits, serrés sur toute la face supérieure. La face inférieure nous manque. D'après M. Pomel, qui paraît avoir eu des exemplaires moins empâtés, le péristome est petit, un peu transverse, excentrique en avant; le périprocte est rond et situé environ à 9 millimètres du bord. Les rameaux ambulacraires se séparent en deux assez près de leur origine et gagnent le bord à peu près en ligne droite dans le trivium, tandis que les deux postérieurs se replient autour des lunules.

Rapports et différences. — Cette espèce se distingue facilement des types décrits récemment dans le Miocène africain, tels que *A. truncata*, *A. arcuata* Fuchs, *A. cherichrensis* Gauthier, dont la forme et la disposition des lunules sont très différentes. Les espèces françaises ont ordinairement les lunules rondes ou largement ovales; l'*A. Hollandei* Cotteau, de la Corse, a les lunules plus longues et moins larges, et infléchies en sens contraire.

Localité. — Ras-el-Abiod, à l'Est de Cherchell : nous en possédons deux exemplaires fortement empâtés, comme tous ceux qui proviennent de cette localité.

Terrain langhien.

M. Pomel cite trois autres espèces du genre *Amphiope*, que nous ne connaissons pas.

Amphiope Villei, Pomel, *loc. cit*, p. 282; B. pl. XI *bis* (inédite). Ficheur,
Terr. éocènes de la Kabylie, p. 342. 1890.

Terrain miocène. — Baie de Tazouan, chez les Traras; Tizi-Renif; Tiklat.

Amphiope depressa, Pomel, *loc. cit.*, p. 284; B. pl. XII, fig. 1 ; pl. XIV,
fig. 3-4 (cette dernière pl. inédite).

Terrain helvétien. — Aïn-el-Arba, Aïn-Sefra.

Amphiope personata (l'*Erratum* dit : *personnata*), Pomel, *loc. cit.*,
p. 285 ; B. pl. XI *bis*, fig. 1-3 (inédite). — Ficheur, *Terr. éoc. de la
Kabylie*, p. 342. 1890.

Langhien. — Tizi-Renif ; Mustapha supérieur (campagne
Laperlier).

GENRE ECHINOCYAMUS, VAN PHELSUM, 1774.

ECHINOCYAMUS PLIOCENICUS, Pomel, 1887.

ECHINOCYAMUS PLIOCENICUS, Pomel, *Descrip. des anim. foss. de l'Algérie*,
2ᵉ fascicule, Échinides, p. 292 ; B. pl. XIV, fig. 5 8 (inédite).

Dim. de nos exempl. : Long., 4 mill. — Larg., 3 mill. — Haut., 2 mill.

— 7 —	— 6,4	— 2,7
— 8 —	— 5,5	— 2,8

Espèce de petite taille, ovalaire, un peu rétrécie en avant, plus
large en arrière. Face supérieure convexe dans des proportions
qui varient avec l'âge. Face inférieure pulvinée sur les bords,
fortement déprimée au milieu. Apex central.

Appareil apical renflé, dont le madréporide en bouton occupe
toute l'étendue, ne portant qu'un nombre peu considérable de
perforations. Les pores génitaux et les pores ocellaires ne sont
pas distincts.

Pétales à fleur de test, parfois légèrement costulés, très larges,
relativement, s'élargissant encore à mesure qu'ils s'éloignent de
l'apex. Zones porifères à fleur de test, composées de huit paires
de pores ronds, non conjugués ; les pétales n'ont aucune tendance à se fermer, et, dans la dernière paire, les pores sont très
obliques. Zone interporifère mal définie, séparée en long par une
suture déprimée (par suite sans doute de la décortication du
test), plus large qu'une des zones. A partir de l'extrémité des
pétales, les aires ambulacraires continuent à s'élargir, de sorte
qu'au bord elles sont plus larges que les aires interambulacraires.

Péristome un peu excentrique en arrière, arrondi ou subpentagonal, selon l'état d'usure du test, assez déprimé. Périprocte rond, placé à la partie inférieure entre le péristome et le bord, plus près de ce dernier.

Tubercules scrobiculés, couvrant toute la surface du test, assez gros relativement et clairsemés, plus écartés en-dessous qu'à la face supérieure.

Rapports et différences. — Nous avons toute une petite boîte remplie d'exemplaires de différentes tailles. L'espèce est assez polymorphe ; les petits sont plus allongés, moins élargis à l'arrière, plus renflés que les grands ; le rétrécissement de la partie antérieure est variable ; la hauteur n'est point fixe. Malgré cela, il y a entre tous ces petits exemplaires un ensemble constant, qui permet de reconnaître assez facilement le type. Nous les avons mélangés, à dessein, avec un nombre à peu près égal d'individus appartenant à l'espèce qui vit communément dans la Méditerranée ; la couleur est à peu près la même, et nous avons cherché ensuite à les distinguer sans hésiter. Le caractère qui nous a rendu cette tâche plus facile est surtout la position du péristome et du périprocte. En effet, le péristome est central dans l'espèce vivante, et le périprocte occupe juste le milieu entre la bouche et le bord postérieur, tandis que, dans l'espèce fossile, comme nous l'avons dit plus haut, ces deux organes sont un peu plus en arrière. Toutefois, en ne regardant que la partie dorsale, nous confondions quelquefois les jeunes, qui sont plus renflés dans les deux espèces, et il nous est arrivé d'être obligé de les retourner pour les reconnaître.

LOCALITÉ. — Calcaires sableux du col de Sidi-Moussah ; sables de la campagne Laperlier (M. Welsch). M. Pomel indique, en plus, Beni-Messous, près d'Alger. — Pliocène

M. Pomel a décrit, en outre, et figuré trois espèces d'*Echinocyamus* appartenant à un niveau inférieur.

Echinocyamus declivis, *loc. cit.*, p. 289 ; B. pl. X, fig. 1-4.
Terrain miocène ; Sidi-Saïd, chez les Beni-Zenthès, au Dahra.

Echinocyamus umbonatus, Pomel, *loc. cit.*, p. 290 ; B. pl. X, fig. 5-8.
Couches à Bryozoaires de la Kasba d'Oran.

Echinocyamus strictus, Pomel, *loc. cit.* B. pl. X.

Terrain pliocène de Sidi-Amadi, dans les conglomérats de la base.

GENRE CLYPEASTER, LAMARCK, 1801.

CLYPEASTER FOLIUM, Agassiz, 1847.

CLYPEASTER FOLIUM, Agassiz, *Catal. raisonné*, p. 73, 1847.
—   —   Desor, *Synopsis*, p. 243, 1858.
Moule en plâtre, S. 61.

Longueur, 65 mill. — Largeur, 58 mill. — Hauteur, 13 mill.

Exemplaire de taille relativement assez grande, subpentagonal, à angles arrondis et presque oblitérés, un peu rétréci à la partie antérieure, à bords latéraux droits. Face supérieure médiocrement gonflée sous les ambulacres, à sommet subconique arrondi et épaté ; la déclivité se continue, sans varier sensiblement, de l'apex au bord ; marge grande et étalée ; bord tranchant.

Appareil apical peu développé, avec les cinq pores génitaux contigus aux angles du madréporide. Pétales ambulacraires ovales, lancéolés, médiocrement saillants, peu ouverts à l'extrémité, inégaux, les deux antérieurs pairs étant un peu plus courts que les autres. L'impair est égal aux postérieurs, mais il est moins fermé ; il est aussi le plus large, atteignant 11 millimètres, les postérieurs 10, les antérieurs 9 ; ils sont tous plus courts que la moitié du rayon, la longueur des postérieurs étant de 15/35. Zones porifères très étroites près du sommet, s'élargissant assez vite, jusqu'à atteindre une largeur de 3 millimètres, déprimées entre les zones interporifères et les interambulacres, un peu déclives sur les bords du pétale ; elles se recourbent à leur extrémité, rétrécissant sensiblement la partie finale. Les petites cloisons qui séparent les paires de pores portent de très petits tubercules, au nombre de cinq à six dans la partie la plus large. Zones interporifères lancéolées médiocrement renflées, relevées sur le bord des zones porifères, seulement convexes au milieu. Elles restent un peu gonflées à l'extrémité, et sont un peu plus élevées que la marge quand elles la rejoignent. Les tubercules qu'elles portent ne sont pas sensiblement plus développés que ceux des cloisons, et forment sur chaque plaque deux rangées assez irrégulières. Interambulacres extrêmement étroits près du sommet, s'élargissant assez vite, et atteignant, en face de la partie la plus développée des pétales, presque 5 millimètres. Ils sont largement gonflés et s'élèvent au-dessus de la zone porifère en côte convexe, un peu moins saillante que les ambulacres.

La face inférieure n'est pas visible sur notre unique exemplaire qui est très fortement empâté par un grès résistant, qu'on ne pourrait enlever sans briser l'oursin. Tubercules de la marge semblables aux autres, mais moins rapprochés.

Rapports et différences. — Cet individu nous paraît bien conforme au moule en plâtre de Neuchâtel : ses bords latéraux droits, ainsi que la partie postérieure sans sinus ; ses angles fortement arrondis, surtout les antérieurs pairs presque entièrement effacés, tandis que l'impair s'allonge un peu en avant sans cesser d'être arrondi, n'offrent aucune différence appréciable avec le type ; il en est de même du bord partout tranchant et de la déclivité de la partie supérieure. Notre exemplaire algérien est seulement un peu plus grand, 65 millimètres au lieu de 56. La face inférieure, que nous ne pouvons pas connaître, ne doit guère s'opposer à la conformité complète des deux sujets, et nous n'hésitons pas à admettre l'exemplaire que nous venons de décrire comme représentant exactement le type d'Agassiz.

Localité. — Oued Sebt, à l'ouest de Tizi-Ouzou, dans la Kabylie. — Miocène (Langhien). — Recueilli par M. Peron.

CLYPEASTER SUBFOLIUM, Pomel, 1887.

CLYPEASTER SUBFOLIUM, Pomel, *Paléont. algér.*, p. 184, pl. LI,
    fig. 4-6; pl. LII, fig. 4-6 (inédites), 1887.
—   —   Ficheur, *Terr. éoc. de la Kabylie*, 1890.

Espèce de petite taille, mince, peu élevée, à angles antérieurs à peine sensibles, à angles postérieurs arrondis ; bord sinueux sur les côtés, ainsi qu'à l'extrémité des ambulacres postérieurs, droit à l'arrière dans l'interambulacre. Face supérieure renflée sous les pétales ambulacraires, bien que la hauteur totale ne dépasse guère une douzaine de millimètres ; la pente est uniforme du sommet jusqu'au bord, qui est tranchant ; la marge s'étale largement, les pétales s'arrêtant loin du bord.

Appareil apical très peu développé, avec les cinq pores génitaux contigus au madréporide. Pétales ambulacraires allongés, ovales, assez nettement convexes quand le test est frais, paraissant plus aplatis quand la surface a été rasée par le sable des grès qui enveloppent ces oursins, ce qui est le cas le plus fréquent. Ils sont à peu près égaux entre eux, atteignant la moitié de la longueur du rayon ; leur plus grande largeur est de 10 millimètres. Zones porifères très étroites près du sommet, s'élargissant peu à peu sans excéder 2 millimètres, médiocrement recourbées à l'extrémité et laissant le pétale assez ouvert. Les tubercules que portent les cloisons qui séparent les paires de pores ne sont pas toujours faciles à compter au milieu des verrues et des granules qui les entourent ; nous en distinguons trois ou quatre sur chaque cloison. Zones interporifères convexes, mais peu élevées, oblongues, ovales, peu gonflées à l'extrémité, se rejoignant naturellement avec la marge. Les plaques portent deux rangées de tubercules peu serrés, à peine plus développés que ceux des zones porifères.

Interambulacres un peu renflés, moins que les pétales, très étroits et déprimés près du sommet, s'élargissant assez vite, et atteignant 5 millimètres à l'endroit où les pétales sont le plus développés. Ils sont couverts de tubercules semblables aux autres, mais un peu plus distants. Il en est de même pour ceux qui couvrent toute la marge supérieure.

Rapports et différences. — Nous ne possédons que deux exemplaires incomplets de cette espèce, montrant tous deux la partie pétalifère, mais ayant perdu, l'un la partie antérieure et les côtés de la marge, l'autre la partie postérieure et montrant seulement les côtés et l'avant ; de sorte qu'ils se complètent à peu près. La partie inférieure est empâtée.

C'est avec raison que M. Pomel a séparé ce type du *C. folium*, dont il a la taille et reproduit plus d'un caractère, comme la nature des tubercules, le bord tranchant, la partie supérieure

peu élevée et régulièrement déclive, la marge largement étalée.
Il s'en distingue par son pourtour onduleux au lieu d'être droit,
plus arrondi à la partie postérieure qui n'est droite que sur la
largeur de l'interambulacre, tandis qu'elle l'est tout entière sur
l'autre espèce ; les pétales sont aussi un peu plus longs, puisqu'ils atteignent la moitié du rayon ; ils sont plus ouverts à leur
extrémité. M. Pomel ajoute encore une différence que nous ne
pouvons pas constater sur nos exemplaires, c'est que l'infundibulum du péristome est beaucoup plus étalé et moins profond.

LOCALITÉ. — Oued Sebt, près de Tizi-Ouzou, où l'on trouve
aussi, comme nous venons de le montrer, le véritable *C. folium*.
M. Pomel indique Camp du Maréchal et Bou-Chenacha, qui sont
des localités de la même région. Nos exemplaires ont été recueillis par M. Peron. — Miocène (Langhien).

CLYPEASTER SUBDECAGONUS, Peron et Gauthier, 1891.
Pl. V, fig. 5-7.

Longueur, 112 mill. — Largeur, 110 mill. — Hauteur, 28 mill.

Espèce de taille médiocre, aussi large que longue, à forme
décagonale arrondie, à angles très émoussés, un peu rétrécie en
arrière. Côtés à peine flexueux et seulement dans les interambulacres latéraux ; à la partie postérieure, le sinus est un peu plus
prononcé, en ligne droite entre les deux lobes ambulacraires
postérieurs. Face supérieure médiocrement élevée en bosse avec
point culminant un peu en arrière, tronquée et arrondie au sommet, avec une marge étalée, partout un peu convexe et déclive.
Bord mince, un peu plus épais en avant. Face inférieure plate
ou très légèrement renflée entre le bord et le péristome.

Apex petit, médiocrement conservé, un peu porté en arrière,
avec les cinq pores génitaux à peu près contigus au madréporide. Pétales ambulacraires ovales, convexes mais peu saillants,
non gibbeux et plutôt déprimés à la partie supérieure, peu étendus, presque égaux, II et IV étant un peu plus courts que les
autres. Les postérieurs dépassent les 3/5es du rayon (38/60) ; l'antérieur ne laisse entre son extrémité et le bord qu'une marge de
20 millimètres. La plus grande largeur des pétales est de 25 mil-

limètres. Zones porifères en arc régulier à rayon assez long, laissant l'extrémité du pétale assez ouverte, à peine déprimées, déclives sur le côté. Les cloisons portent de très petits tubercules, au nombre de huit dans la partie la plus large, qui n'excède guère 5 millimètres. Zones interporifères convexes, peu renflées, un peu déprimées près du sommet, rétrécies à leur extrémité ; elles portent des tubercules un peu plus développés que ceux des zones porifères, et paraissant former deux rangées irrégulières sur chaque plaque. Interambulacres très étroits près du sommet, formant entre les pétales une côte basse, légèrement convexe, plus renflée à l'extrémité et élevée un peu au-dessus de la zone porifère ; le postérieur gonflé sur la marge. Ils mesurent 10 millimètres à l'endroit le plus large des pétales, et 27 entre leur extrémité.

Péristome arrondi, peu développé, dans un infundibulum médiocrement creusé, très évasé, ayant plus du quart du diamètre total (30/110), bien échancré par les sillons ambulacraires, qui se prolongent jusqu'au bord. Périprocte arrondi, médiocre, très près du bord postérieur. Les tubercules de la marge supérieure sont semblables à ceux des zones interporifères ; ceux de la face inférieure sont deux fois plus gros et plus fortement scrobiculés.

Rapports et différences. — Notre exemplaire, dont la provenance exacte nous est inconnue, a été fossilisé dans un grès très dur, micacé, semblable à celui d'El Biar ; il nous a été impossible de l'assimiler spécifiquement à aucun des types décrits par M. Pomel. Sa face inférieure plate ne nous permet pas de le rapporter au *C. peltarius* dont il a assez la physionomie à la partie supérieure, sauf qu'il est moins allongé ; le *C. Ficheuri* est aussi plus long et beaucoup moins gibbeux à la partie supérieure ; le *C. disculus* a un pourtour partout arrondi, et ses pétales postérieurs sont à peine plus longs que l'intervalle qui les sépare du bord, tandis que la proportion, dans notre sujet, est de 38/60 ; il est, d'ailleurs, moins large relativement et moins élevé. Les autres espèces des localités langhiennes, *C. Delagei, C. intermedius?* diffèrent encore beaucoup plus. L'aspect général se rapproche aussi du *C. expansus* ; mais, outre que la taille est beaucoup moindre, les ambulacres sont relativement plus longs, et, dès lors, la marge moins large. Ne pouvant le rapporter à aucun type connu, nous en avons fait une espèce nouvelle, espérant que, plus tard, d'autres matériaux nous feront mieux connaître son origine.

EXPLICATION DES FIGURES. — Pl. V, fig. 7. *C. subdecagonus*, vu de profil ; fig. 8, face supérieure, de grandeur naturelle.

CLYPEASTER PELTARIUS, Pomel. 1887.

CLYPEASTER PELTARIUS, Pomel, *loc. cit.*, p. 185; B. pl XX, fig. 1 7, 1887.

Longueur, 140 mill — Largeur, 131 mill. — Hauteur, 26 mill.

Espèce d'assez grande taille, basse, subpentagonale, à angles arrondis, la partie antérieure avancée, la postérieure à peine rétrécie. Face supérieure largement convexe, avec pente à peu près égale partout, un peu plus prononcée cependant vers le milieu. Marge étalée, un peu convexe et déclive, bord mince, légèrement sinueux sur les côtés et en arrière. Face inférieure concave. Notre unique exemplaire a été comprimé de haut en bas, ce qui l'a déformé et a rompu en grande partie les bords ; et, quoique ceux-ci soient restés adhérents, la concavité inférieure en paraît moins profonde. Apex légèrement excentrique en arrière.

Appareil apical peu développé ; madréporide en bouton dans une dépression ; la position des pores génitaux ne peut se reconnaître sur notre test rodé par le sable. Pétales allongés, ovales, peu saillants mais convexes, l'antérieur impair un peu plus long que les autres, tous s'arrêtant loin du bord, les postérieurs ayant assez exactement les 3/5es du rayon (42/72) ; leur plus grande largeur est de 25 millimètres. Zones porifères peu déprimées, légèrement déclives sur les côtés du pétale, étroites à leur naissance, s'élargissant progressivement sans être fortement arquées, se courbant à l'extrémité, mais laissant le pétale ouvert. Les cloisons qui séparent les paires de pores portent des tubercules exigus, au nombre de sept Zones interporifères ovales, allongées, convexes, médiocrement saillantes, se repliant légèrement vers le sommet, contractées assez vite et un peu renflées à leur extrémité. Elles portent des tubercules semblables à ceux des zones porifères et formant deux rangées irrégulières sur chaque plaque. Interambulacres étroits et déprimés près de l'apex, plus renflés à leur partie médiane, à fleur de la marge à leur extrémité. Ils mesurent 15 millimètres à l'endroit le plus large des pétales ; les tubercules qu'ils portent ne diffèrent pas de ceux des zones interporifères ; ils sont seulement moins serrés.

Péristome invisible sur notre exemplaire, placé au fond d'un infundibulum pentagonal, évasé, très large, mal limité. Périprocte médiocre, arrondi, situé assez près du bord. Les tubercules de la marge supérieure sont semblables aux autres, un peu plus distants ; ceux du dessous sont plus gros et plus fortement scrobiculés.

Rapports et différences. — La forme très déprimée de cette espèce, sa partie inférieure concave la séparent assez facilement de ses congénères ; elle a le bord plus onduleux et plus mince, et la dépression inférieure plus prononcée que le *C. placenta* Michelotti, comme le fait remarquer M. Pomel; on pourrait aussi la comparer au *C. scutellatus* M. de Serres; celui-ci a le bord aussi mince, les ambulacres courts ; mais la forme probable de l'ensemble, telle que la conjecture le dessin donné par Michelin (pl. XXIII, fig. 2), et qui est très élargie en arrière ; sa partie inférieure médiocrement déprimée, la séparent facilement du type algérien.

Localité. — El Biar, près d'Alger. (M. le Mesle).

Clypeaster Ficheuri, Pomel, 1887.

Clypeaster Ficheuri, Pomel, *loc. cit.*, p 186, pl LIII, fig 1-4 (inédite).
—   —   Ficheur, *Terr. éoc. de Kabylie*, p. 342, 1890.

Dim. de notre exempl. : Longueur, 162 mill. — Largeur, 150 mill.
Hauteur, 21 mill.

Espèce d'assez grande taille, un peu allongée, très basse, subpentagonale, à angles très arrondis, presque oblitérés, à bord mince mais obtus, légèrement onduleux à l'extrémité des interambulacres antérieurs. Partie supérieure s'élevant un peu en convexité vers le sommet, sans être ni pyramidale, ni conique, ne formant jusqu'au bord qu'une déclivité médiocre. Marge étalée et large ; partie inférieure à peu près plate.

Apex central, détruit sur notre unique exemplaire. Pétales presque à fleur de test, n'ayant guère d'autre relief que celui que leur donne, à la partie médiane, la dépression des zones porifères, ovales, assez larges, présentant leur plus grande largeur (27 millimètres) à peu près au milieu de leur longueur; ils sont inégaux, ceux du trivium à peu près de même dimension, les postérieurs plus longs et égalant les 3/5es du rayon (52/85). (C'est sans doute par suite d'une erreur d'impression que M. Pomel dit que les pétales pairs antérieurs sont plus longs que les autres; ce n'est guère la disposition ordinaire chez les Clypéastres, et c'est tout le contraire qui a lieu sur notre exemplaire). Zones porifères un peu déprimées, légèrement déclives sur le bord des pétales, régulièrement infléchies dans toute leur longueur sans se courber plus rapidement à l'extrémité, laissant assez ouverte la partie finale; elles sont étroites près du sommet, et s'élargissent progressivement sans excéder 5 millimètres. Les cloisons qui séparent les paires de pores présentent de très petits tubercules serrés, au nombre de huit à neuf dans la partie la plus large. Zones interporifères ovales, lancéolées, aplaties à la partie supérieure, à peine plus renflées dans la moitié inférieure, formant un rebord distinct au dessus des zones porifères. Elles portent des tubercules moins exigus que ceux des cloisons, formant deux rangées horizontales sur chaque plaque. Interambulacres très étroits à la partie supérieure, s'élargissent progressivement, très étalés à l'extrémité des pétales où leur largeur atteint 40 millimètres (entre les latéraux et les postérieurs), tandis qu'elle n'était que de 16 au milieu. A la partie inférieure, ils sont convexes, de niveau avec les zones interporifères, et bordant comme elles la dépression des zones porifères.

Le péristome et le périprocte nous manquent. Tubercules de la marge supérieure semblables à ceux des pétales, un peu moins serrés; ceux de la partie inférieure sont plus développés, mieux scrobiculés, serrés les uns contre les autres.

Rapports et différences. — Nous ne possédons de cette espèce que la moitié d'un exemplaire, fendu par le milieu sur la ligne antéro-postérieure. Cette pauvreté de matériaux fait que nous adoptons la distinction spécifique et le nom établis par M. Pomel,

un peu plus riche que nous, quoiqu'il paraisse l'être médiocrement. Autrement nous aurions presque volontiers réuni notre
spécimen algérien au *C. laganoides* Agassiz. Nous avons sous les
yeux les figures données par Michelin et un bon exemplaire provenant de Corse. La taille du *C. laganoides* est moins grande,
mais la forme, les lignes du pourtour sont bien peu divergentes ;
la hauteur du test, les détails des ambulacres, le renflement des
interambulacres, la forme des pétales concordent parfaitement.
Les seules différences que nous puissions noter sont l'absence de
la légère sinuosité du bord, que montre notre exemplaire algérien, dans les interambulacres pairs antérieurs, le pourtour un
peu plus régulièrement ovale dans le *C. laganoides*, et la taille
beaucoup plus développée de notre *C. Ficheuri*. Toutefois, les dimensions données par M. Pomel sont déjà moins considérables,
puisqu'il n'indique pas au-delà de 135 millimètres de longueur.
Michelin donne au *C. laganoides* une longueur de 115 millimètres
et une hauteur de 22. Les figures qu'il a publiées ne concordent
guère avec ces chiffres : son plus grand exemplaire dessiné a
110 millimètres, et la hauteur n'est que de 17. Notre exemplaire
de Corse, plus petit, mesure 95 de longueur, 16 de hauteur. Il
faut bien convenir que ces différences dans la taille n'ont pas une
grande valeur ; la légère sinuosité dont nous avons parlé n'en a
guère plus, car elle peut n'être qu'un résultat de l'âge ; et il en
est de même de l'ensemble moins régulièrement ovale du pourtour. Néanmoins nous n'osons pas réunir notre exemplaire algérien au *C. laganoides* ; il est trop imparfait pour que l'analogie
soit indiscutable, et de plus, nous n'en connaissons pas la face
inférieure. Dans le doute, nous avons mieux aimé prendre le nom
spécifique nouveau de M. Pomel, dont les exemplaires proviennent de la même région que le nôtre. C'est la principale considération qui nous guide. Les figures annoncées par M. Pomel ne
sont pas encore publiées ; sa description présente même quelques
légères divergences avec la nôtre : il dit, par exemple, que son
type est pentagonal ; nous avons mis subpentagonal, et c'est même
un peu par convention que nous qualifions ainsi notre fragment,
car les angles sont bien peu sensibles. M. Pomel dit encore que
les côtés sont flexueux : nous avons signalé la légère sinuosité des

interambulacres antérieurs, mais le reste n'est guère flexueux entre les angles presque oblitérés, tout en étant moins ovale que le pourtour du *C. laganoïdes*. Comme on le voit, la question n'est pas absolument résolue, et elle ne pourra l'être qu'avec des matériaux plus complets.

LOCALITÉ. — Gorges de l'Oued Sebt, Bou-Hinoun. — Miocène inférieur. Recueilli par M. Peron.

CLYPEASTER SIMUS, Pomel, 1887,

CLYPEASTER SIMUS, Pomel, *loc. cit.*, p. 176, B. pl. XVI, fig. 1-7.

Longueur, 128 mill. — Largeur, 124 mill. — Hauteur, 25 mill.
  — 69 —   — 64 —   — 14 —

Espèce de moyenne taille, présentant, dans l'âge adulte, un pourtour élargi formé par cinq lobes arrondis au lieu d'angles, larges, presque égaux, sauf l'antérieur qui est un peu plus étroit, mais à peine plus allongé que les autres ; ces lobes sont séparés par des sinus bien marqués, qui rendent les bords très flexueux. La partie postérieure est un peu moins large que l'antérieure, mais la différence est peu considérable, du moins dans les exemplaires typiques. Dans les individus jeunes, les lobes et les sinus, tout en restant parfaitement dessinés, sont beaucoup moins accusés, de sorte que le pourtour est subcirculaire mais ondulé. Face supérieure relevée en bosse sous les pétales, médiocrement haute, arrondie au sommet. Cette partie gibbeuse repose sur une marge bien étalée, un peu déclive, mince, avec bord presque tranchant. Face inférieure plane.

Appareil apical peu développé, montrant le madréporide relevé en bouton, avec cinq pores génitaux à peu près contigus aux angles, dans le seul exemplaire où nous pouvons les voir. Pétales en ovale allongé, assez étroits, saillants, atteignant la moitié de la distance du sommet au bord ; leur plus grande largeur est de 16 millimètres. Zones porifères presque droites, à peine infléchies aux deux extrémités, s'arquant faiblement près de la marge pour resserrer le pétale qu'elles laissent ouvert ; très étroites au sommet, elles s'élargissent jusqu'en bas sans prendre un grand développement. Elles sont assez déprimées, déclives sur les bords des pétales ; les cloisons qui séparent les paires de pores portent cinq petits tubercules, quelquefois six dans notre plus grand exemplaire, pour une largeur de 4 millimètres. Sur les sujets bien conservés, ces tubercules, qui sont très réduits, sont entourés de verrues ou de granules irréguliers, presque aussi gros qu'eux, et dont ils ne se distinguent pas toujours aisément. Zones interporifères saillantes, en ovale allongé, rétrécies assez subitement aux deux extrémités, relevées au-dessus des zones porifères, médiocrement convexes sur le dos. Les plaques sont couvertes de deux rangées horizontales, souvent incomplètes chez les jeunes, de tubercules à peine plus gros que ceux de la zone porifère, et entourés également d'une granulation abondante. Interambulacres renflés entre l'extrémité des pétales, encore plus au milieu, où ils sont parfois gibbeux et aussi élevés que les ambulacres, puis ils se rétrécissent rapidement en se déprimant un peu jusqu'au sommet ; leur largeur, à l'endroit le plus développé des pétales est de 11 millimètres. Ils sont couverts de tubercules à peine plus gros que les autres, mais plus distants.

Peristome s'ouvrant au fond d'un infundibulum très évasé, très fortement échancré par les sillons ambulacraires, qui s'atténuent vite et n'arrivent pas jusqu'au bord. Le périprocte n'est visible sur aucun des trois exemplaires que nous avons entre les mains. Tubercules de la marge supérieure toujours petits, espacés et entourés d'une granulation caractéristique ; ils sont plus gros en dessous, sans se rapprocher davantage, contrairement à ce qui a lieu dans beaucoup d'espèces.

Rapports et différences. — Michelin a figuré (pl. XXXV, fig. 2) un exemplaire fossile du *C. placunarius* Ag., dont les lobes reproduisent assez bien, mais moins tourmenté, le pourtour du *C. simus* ; le profil n'est pas non plus très différent ; les deux espèces, néanmoins, se distinguent facilement, le *C. placunarius*, vivant ou fossile, étant plus allongé, moins large et moins carré, et ayant les pétales ambulacraires toujours plus longs que la moitié du rayon. Le *C. marginatus* Lamarck, tel qu'il est figuré dans la *Monographie des Clypéastres* (pl. XIX), montre un pourtour beaucoup moins sinueux, et la gibbosité supérieure est plus large au sommet, plus déprimée, plus tronquée en quelque sorte, au lieu d'être arrondie. Nous possédons un grand exemplaire du *C. marginatus*, plus grand que celui de Michelin, plus ovale, qui ne présente pas une surface supérieure élargie et déprimée, mais au contraire presque arrondie ; la gibbosité se soulève progressivement à la base et n'est pas si rapidement contractée : ces deux caractères le rapprochent davantage de l'espèce algérienne qui nous occupe; mais celle-ci reste toujours bien distincte par son pourtour bien plus sinueux, par ses pétales moins larges et par ses interambulacres plus renflés dans leur moitié inférieure.

LOCALITÉ. — Ravin d'Oran. Terrain pliocène.

Collection de l'École des mines de Paris, notre collection.

CLYPEASTER CONFUSUS, Pomel ? 1887.

CLYPEASTER CONFUSUS, Pomel, *loc. cit.*, p. 190; B pl XXII, fig. 1-5.

Longueur, 180 mill.   Largeur, 168 mill. — Hauteur, 50 mill.

Exemplaire subpentagonal, allongé, à angles très arrondis, à partie postérieure à peine rétrécie, à bords peu flexueux. Face supérieure renflée sous les ambulacres sans être bien élevée, en dôme très bas, avec marge déclive, large, étalée, et bord arrondi, non tranchant mais peu épais. Face inférieure plane sur les bords; la partie centrale est masquée chez notre exemplaire par une gangue très dure, qui nous empêche de voir les environs du péristome.

Apex un peu en arrière, peu développé, pentagonal, avec cinq pores génitaux contigus aux angles du madréporide. Pétales peu élevés, ovales, lancéolés, arrondis à l'extrémité, les pairs antérieurs un peu plus courts que les autres, les postérieurs égalant à peu près les deux tiers du rayon, tandis que l'impair n'en atteint que les trois cinquièmes (60/100), par suite de l'allongement de l'angle antérieur ; leur plus grande largeur est de 36 à 37 millimètres. Zones porifères déprimées, à peine déclives sur les côtés de l'ambulacre, très étroites près du sommet, s'élargissant graduellement jusqu'à la partie recourbée qui ferme assez étroitement le pétale. Les cloisons portent des tubercules très petits et très serrés, au nombre de douze à treize dans la partie la plus

large (8 mill.). Zones interporifères lancéolées, peu saillantes,
convexes surtout à l'extrémité où elles sont très sensiblement rétrécies, plus aplaties et non gibbeuses à la partie supérieure ; elles
forment un rebord médiocre au-dessus des zones porifères ; les
tubercules qu'elles portent sont plus gros que ceux des cloisons
et forment deux rangées sur chaque plaque. Interambulacres
étroits et aplatis au sommet, puis s'élevant progressivement en
côte renflée, saillante au-dessus des zones porifères, aussi haute
que les interporifères, atteignant une largeur de 18 millimètres
à l'endroit le plus développé des pétales. Ils s'abaissent un peu
pour se réunir à la marge, qui est à peine moins déclive. Les
tubercules qu'ils portent sont semblables à ceux des ambulacres,
assez serrés.

Péristome et périprocte inconnus. Tubercules de la marge supérieure semblables à ceux des interambulacres, toujours petits,
assez serrés ; ceux de la face inférieure plus gros, bien scrobiculés et très rapprochés.

Rapports et différences. — Nous avons accompagné d'un point
de doute l'assimilation de cet exemplaire au type que M. Pomel a
nommé *confusus* après l'avoir d'abord réuni au *C. Partschi* Des
Moulins. Notre incertitude provient d'abord de la conservation insuffisante de notre sujet : la partie postérieure est fortement
ébréchée, et les côtés ont été également cassés en plusieurs endroits, de sorte que le pourtour, conservé seulement par intervalles, peut n'être pas très exactement ce que nous supposons,
surtout aux angles latéraux ; de plus, comme nous l'avons dit
plus haut, l'emplacement du péristome est empâté d'une gangue
très dure, remplie de débris de toutes sortes, d'huîtres surtout,
qu'on ne pourrait enlever sans briser le test. La physionomie,
dans son ensemble, est bien celle du *C. confusus* ; le dôme
abaissé de la partie supérieure, la conformation des pétales, le
renflement du milieu des interambulacres, sont tout à fait conformes ; le bord, ni tranchant ni épais, simplement obtus, concorde encore avec le type. Il y a cependant quelques points qui
nous ont laissé dans l'embarras : ainsi, par exemple, le nombre
des petits tubercules sur les cloisons des zones porifères. M. Pomel,
dans sa description, dit qu'il y en a de huit à neuf, et nous en

comptons treize sur notre exemplaire. Le cas est d'autant plus singulier que dans la fig. 4 de la planche XXII, qui montre le grossissement de quelques plaques ambulacraires, le dessinateur en a indiqué treize, ce qui concorde bien avec notre oursin ; mais l'auteur nous prévient, dans le texte, que cette figure est inexacte. Ce caractère est pourtant bien constant, et de telles divergences sont rares. Le type dessiné ne paraît pas être le même que celui qui a été décrit ; les dimensions sont données comme de grandeur naturelle dans l'explication de la planche ; le texte dit, au contraire, que c'est une réduction à 9/10es ; et même ainsi l'exactitude n'est pas complète ; car la figure réduite devrait avoir 157,5 de longueur, 144 de largeur et 45 de hauteur, et elle a précisément 150, 139, 43. Dans tous les cas, notre exemplaire paraît être un peu plus étroit, mais peut-être nous sommes-nous trompé dans les conjectures que nous avons faites sur les dimensions, par suite des brèches du bord de notre spécimen. Ainsi nous avons bien des raisons d'hésiter ; nous sommes, néanmoins, porté à croire que c'est bien au *C. confusus* que notre exemplaire doit être réuni ; il y a une telle ressemblance dans la physionomie générale qu'il nous paraît difficile de voir ici un type nouveau. Du reste, nous ne voudrions pas établir une espèce nouvelle sur des matériaux aussi insuffisants, et nous préférons rapporter le sujet que nous venons de décrire, à un type qui nous en semble très voisin.

LOCALITÉ. — Ben Chicao, près de Médéah. — Sables et grès miocènes. — Langhien (M. Thomas.)

CLYPEASTER JOURDYI, Peron et Gauthier, 1891.
Pl. VII, fig. 14.

Longueur, 146 mill. — Largeur, 132 mill. — Hauteur, 48 mill.

Espèce de taille moyenne, subpentagonale, à angles arrondis mais saillants en larges lobes, à pourtour très sinueux. Face supérieure élevée subitement en pyramide arrondie et assez étroite au sommet, un peu plus abrupte en arrière, flanquée par cinq côtes médiocrement élargies, convexes et saillantes ; marge grande et étalée, bord mince, surtout à la partie postérieure, non

12

tranchant, à peine plus épais en avant. Face inférieure plate, pulvinée et ondulée autour de l'infundibulum buccal.

Appareil détruit en partie sur notre unique exemplaire, arrondi, d'après l'empreinte, avec pores génitaux presque contigus au madréporide, à en juger par deux qui sont conservés. Pétales peu élargis, ovales, renflés surtout à la partie inférieure, fortement convexes au milieu et un peu déprimés aux approches du sommet. Les antérieurs pairs sont un peu plus courts que les autres, les postérieurs atteignent les 3/5es du rayon (55/90). Zones porifères étroites à leur naissance, s'élargissant progressivement sans atteindre tout à fait 7 millimètres dans la partie la plus large ; elles s'infléchissent lentement pour converger à leur extrémité et laissent le pétale bien ouvert. Les petits tubercules des cloisons peu serrés, sont au nombre de six ordinairement, quelquefois sept et huit. Zones interporifères oblongues, saillantes et formant rebord au-dessus des zones porifères, non comprimées sur les côtés, fortement convexes, arrondies sur le dos, se recourbant vers le sommet sans devenir gibbeuses, plus renflées à l'extrémité où elles forment un angle très obtus en se réunissant à la marge. Elles portent un assez grand nombre de tubercules bien scrobiculés, un peu plus gros que ceux des zones porifères, et formant deux rangées plus ou moins régulières sur chaque plaque. Interambulacres très étroits près du sommet, longtemps resserrés entre les zones porifères, s'élargissant rapidement à partir du milieu, où ils mesurent 8 millimètres, pour en atteindre 27 à l'extrémité des pétales ; un peu renflés à la base, ils restent bien au-dessous du niveau des pétales, formant une petite côte à peine sensible qui monte jusqu'en haut. Face inférieure plate sur les bords, puis pulvinée vers le centre. Péristome dans un infundibulum très large ; évasé sur les bords, mesurant en largeur le quart du diamètre transversal (33/133). Il est fortement échancré par les sillons ambulacraires évasés et assez profonds d'abord, et ne s'effaçant que tout près du bord. Tubercules de la marge supérieure peu serrés, petits, semblables à ceux des zones interporifères, entourés par une granulation très dense. Ceux de la face inférieure sont beaucoup plus gros et plus serrés, plus fortement scrobiculés; ils diminuent un peu en nombre et en volume en se rapprochant du péristome. Périprocte inconnu, par suite d'une fracture du bord.

Rapports et différences. — Le *Clypeaster Jourdyi* provient de la Kasba d'Oran, mais il forme un type bien différent des deux espèces de cette localité décrites par M. Pomel. Son pourtour le rapproche du *C. sinuatus*; les sinus latéraux sont plus creux et les lobes postérieurs beaucoup plus prononcés; sa hauteur est bien plus considérable, ses pétales ambulacraires très renflés l'en éloignent beaucoup. Il montre, au milieu de ses tubercules, la granulation accentuée du *C. simus*: il est très différent de forme par suite de sa partie antérieure plus avancée et subrostrée, de ses sinus antérieurs moins profonds, de ses lobes postérieurs beaucoup plus saillants et moins larges. La partie supérieure haute, subconique, bien plus rétrécie au sommet et la saillie des pétales suffisent d'ailleurs pour établir une distinction spécifique indiscutable. Le *C. megastoma* Pomel, qu'on trouve aussi dans la même région ne saurait lui être comparé; ils ont de commun la largeur de l'infundibulum buccal; mais tous les autres caractères, la forme, l'épaisseur des bords, la tuberculation, la marge sont complètement différents. On ne saurait non plus rapprocher notre espèce du *C. planicostatus* dont les côtés sont peu flexueux, la marge épaisse et étroite, les pétales aplanis sur le dos; le *C. Letourneuxi* est plus élevé, arrondi en avant et un peu flexueux sur les côtés, avec les angles postérieurs très effacés, caractères qui ne conviennent nullement au *C. Jourdyi*. L'espèce la plus voisine est peut-être le *C. ogleianus*; mais la distinction est bien facile encore : la marge de notre exemplaire est plus étalée, ses côtés sont plus sinueux, surtout les postérieurs; ses pétales sont bien plus saillants et plus longs, son sommet est plus étroit. Nous ne trouvons dans l'ouvrage de M. Pomel aucun type dont notre exemplaire ne se distingue nettement, ce qui est d'autant plus extraordinaire que le gisement dont il provient a été exploré pendant de longues années par le savant professeur d'Alger.

Localité. — Ravin d'Oran, couches à *Echinolampas*; recueilli par M. le chef d'escadron Jourdy, qui considère cet horizon comme pliocène. — Étage sahélien de M. Pomel.

Explication des figures. — Pl. VII, fig. 1, *C. Jourdyi*, vu de profil, de la collection de l'École des mines de Paris ; fig. 2, face supérieure ; fig. 3, plaques porifères et interporifères grossies ; fig. 4, ouverture de l'infundibulum péristomique, grandeur naturelle.

CLYPEASTER INTERMEDIUS, Des Moulins, 1837.

CLYPEASTER INTERMEDIUS, Des Moulins, *Études sur les Échin.*, p. 218, 1837.
—   GRANDIFLORUS, Desor, *Synopsis*, pl. XXXIX, 1858.
—   INTERMEDIUS, Michelin, *Monog. des Clypéastres*, p. 124, pl. XXXI, 1861.
—   —   Pomel? *loc. cit.*, p. 202, 1887.

L'un de nous a recueilli sur les bords de l'Oued Soubella un fragment de Clypéastre fort incomplet, mais dont l'attribution au type spécifique qui nous occupe ne nous paraît pas douteuse. Cet exemplaire a les bords partout ébréchés, sauf à la partie antérieure, où il nous a été possible de constater le peu d'épaisseur de l'ambitus ; la partie centrale est bien conservée, le trivium tout entier, et une partie des ambulacres postérieurs.

Partie centrale renflée sous les ambulacres, déprimée au sommet. Appareil apical peu développé, le madréporide en bouton, avec les cinq pores génitaux contigus. Pétales assez saillants, oblongs, l'antérieur sensiblement plus long que les autres, les antérieurs pairs égalant à peu près les deux tiers du rayon. Zones porifères obliques sur les côtés du pétale, légèrement déprimées, atteignant leur plus grande largeur aux deux tiers environ de leur longueur, de là se recourbant pour rétrécir l'entrée du pétale qui reste médiocrement ouvert ; elles portent sept à huit tubercules très petits, sur les cloisons, dans la partie la plus développée. Zones interporifères lancéolées, bien renflées et convexes, se déprimant autour de l'apex, assez gonflées à l'extrémité du pétale, d'où elles se continuent en formant un léger renflement sur la marge ; les plaques portent deux rangées de tubercules sensiblement plus gros que ceux des cloisons. Aires interambulacraires très étroites et déprimées près du sommet ; un peu relevées à la partie inférieure, s'élargissant assez vite et mesurant de huit à neuf millimètres à l'endroit le plus large des pétales. Elles portent, sur l'étroite bande qui les termine à la partie supérieure, des tubercules assez développés relativement, ceux de la marge étant moins serrés.

Péristome petit, subpentagonal, médiocrement enfoncé dans un infundibulum assez évasé; les sillons ambulacraires, larges et médiocrement profonds s'étendent jusqu'au bord là où il est conservé. Le périprocte nous est inconnu.

Cet exemplaire était de taille moyenne; il concorde parfaitement avec un individu bien conservé, de proportions à peu près semblables, que renferme notre collection; malgré la défectuosité du sujet algérien, nous ne voyons pas que l'attribution que nous faisons puisse être contestée.

M. Pomel a décrit des exemplaires recueillis au Camp du Maréchal et à El Biar, en constatant qu'ils diffèrent sensiblement des types européens qu'il avait entre les mains. Nous possédons un exemplaire d'El Biar, qui nous paraît pouvoir s'ajouter à ceux qu'a signalés M. Pomel. La partie supérieure est admirablement conservée; mais le dessous, empâté par un grès très dur, n'a pu être dégagé qu'en petite partie, à l'endroit du périprocte. La taille est moyenne (98 mill. de longueur); les pétales et les zones porifères rappellent bien l'aspect des types du Dauphiné et de la Provence; seulement l'ambulacre impair n'est pas plus long que les autres, et cette discordance nous paraît assez grave; l'individu atteint aussi une largeur assez considérable relativement (91 mill.), de sorte que l'ensemble paraît moins long et plus carré. Des autres détails, le sommet, l'appareil apical, la tuberculation, la marge, l'épaisseur du bord, la position du périprocte sont conformes au type ordinaire. Nous ne pouvons malheureusement pas voir le péristome, qui eût été d'un grand poids dans la détermination. Cet exemplaire est-il bien le *C. intermedius?* Nous n'oserions pas l'affirmer, malgré les nombreuses analogies que nous avons signalées; l'identité n'est certainement pas aussi frappante que pour l'exemplaire du Foum-Soubella. Il faudrait une plus riche série de sujets pour se prononcer sûrement. Nous ne voyons pas, d'ailleurs, d'autre espèce dans la localité dont notre exemplaire se rapproche plus, ni même autant; et, si ce n'est pas le *C. intermedius*, il faudrait établir pour lui un nom spécifique nouveau ; ce que nous ne voudrions pas faire avec un seul spécimen dont nous ne connaissons que la face supérieure.

Recueilli dans les grès langhiens d'El Biar par M. Welsch.

CLYPEASTER ACCLIVIS, Pomel, 1887.

CLYPEASTER ACCLIVIS, Pomel, *loc. cit.*, p 210; B. XXI, fig. 1-9;
     pl. LXII, fig. 1-3 (la dernière pl. inédite).
—   — Ficheur, *Terr. éoc. de la Kabylie*, p. 342.

Dim. de notre exemp. : Long., 85 mill.—Larg., 76 mill.—Haut., 27 mill.

Espèce pentagonale, à angles arrondis, presque effacés sur les côtés, rétrécie à la partie antérieure, médiocrement sinueuse sur les flancs, ainsi qu'à la partie postérieure. Face supérieure ren-flée, saillante dans la partie pétalée, avec marge médiocre, assez étalée et bords minces. La partie inférieure n'est pas visible chez le seul exemplaire que nous ayons entre les mains ; elle est appli-quée sur un grès très dur, dont il n'est pas possible de la déta-cher.

Apex mal conservé, légèrement déprimé ; nous pouvons consta-ter cependant que les pores génitaux sont contigus aux angles du madréporide. Pétales ambulacraires étroits, renflés en côtes sail-lantes et comprimées sur les côtés, se réunissant au sommet en une pyramide étroitement tronquée et régulière. Les antérieurs pairs sont un peu plus courts que les autres, et les postérieurs n'attei-gnent pas tout à fait les deux tiers du rayon. Zones porifères peu développées, placées entièrement sur le côté de la partie pétalée et formant un angle très net avec les interambulacres. Les paires de pores sont peu serrées, et les petites côtes qui les séparent ne portent que trois tubercules, réduits et espacés. Zones interpori-fères très saillantes, arrondies, s'abaissant près du sommet sans présenter de gibbosité, un peu contractées à l'extrémité mais non gonflées, et se réunissant à la marge sans ressaut. Elles portent des tubercules médiocrement serrés, semblables à ceux des zones porifères, et formant deux rangées par plaque. Interambulacres très déprimés à la base des pétales, se relevant un peu à la partie supérieure de la pyramide, tout en restant bien au-dessous des ambulacres, serrés entre les zones porifères et très rétrécis aux approches du sommet. Les tubercules qu'ils portent sont semblables aux autres.

Ne possédant qu'un exemplaire, et celui-ci incomplet, il ne nous est pas possible d'étudier les variations de l'espèce. Elles sont assez considérables, selon M. Pomel; les pétales sont plus ou moins saillants, le sommet plus ou moins gibbeux, la marge plus inclinée ou plus horizontale : la taille atteint un développement bien supérieur à celui de notre exemplaire.

Rapports et différences. — Le *C. acclivis* est voisin du *C. crassicostatus;* la forme pentagonale est à peu près la même et les pétales sont également digitiformes, subcylindriques et comprimés sur les côtés. Mais dans l'espèce qui nous occupe la forme générale est plus élargie, les pétales sont encore plus comprimés sur les flancs, et ils forment à leur jonction avec l'interambulacre un angle plus vif. Toutefois ces détails sont eux-mêmes variables et ne suffiraient pas à différencier les deux types, si le *C. acclivis* n'était en outre plus nettement et plus fortement pyramidal, et n'avait le bord toujours plus mince, surtout à la partie antérieure ; la marge est aussi plus large et plus étalée, et les tubercules plus fins. Les deux espèces nous paraissent ainsi bien distinctes, du moins dans la comparaison de notre exemplaire avec le type du *C. crassicostatus.* M. Pomel parle d'autres exemplaires à pétales plus larges, à marge moins étalée, à bords plus épais, et ces caractères rapprochent davantage les deux espèces ; seulement les exemplaires du *C. acclivis* restent toujours plus gibbeux.

LOCALITÉ. — El Biar. — Terrain langhien.

CLYPEASTER PENTADACTYLUS, Peron et Gauthier, 1891.

Pl. VI, fig. 4-5.

Longueur, 122 mill.? — Largeur, 103 mill. — Hauteur, 41 mill.

Espèce de taille moyenne, subpentagonale, à angles très arrondis, un peu plus étroite en arrière, à pourtour légèrement flexueux sur les côtés et dans la région postérieure. Face supérieure élevée en gibbosité médiocre sous la partie ambulacraire, au-dessus d'une marge presque plate, avec sommet étroitement tronqué. De là, la pente se présente sous deux aspects : celle qui

suit les pétales est peu rapide et presque uniforme jusqu'au bord,
dominant l'ensemble par ses crêtes arrondies ; l'autre, celle des
interambulacres, placée sur un plan inférieur, est d'abord très
accentuée et se réunit presque à angle droit, surtout à la partie
postérieure, avec la marge qui est presque horizontale, assez
étalée dans les interambulacres, mais existe à peine à l'extrémité
des pétales où elle est fortement renflée. Bord épais en avant,
autant que nous pouvons le conjecturer, plus mince en arrière,
partout obtus et arrondi. Face inférieure pulvinée sur les bords,
convexe jusqu'au péristome, où se trouve une ample dépression
formant l'évasement de l'infundibulum.

Appareil apical petit, subpentagonal, un peu déprimé, avec
les cinq pores génitaux médiocrement écartés du madréporide.
Pétales oblongs, très saillants, subcylindriques, étroits, longs,
s'étendant, surtout les antérieurs, jusqu'à peu de distance du
bord. Leur plus grande largeur n'excède pas 22 millimètres. Ils
sont inégaux entre eux, les antérieurs pairs, qui sont les plus
courts, mesurent 44 millimètres, les postérieurs 48, l'impair, de
beaucoup le plus long, au moins 54. La proportion des postérieurs avec la distance du sommet au bord est de 48/66, c'est-à-
dire plus de 7/10. Zones porifères à peine déprimées, presque
droites, sauf à l'extrémité, où elles se recourbent un peu, laissant
le pétale largement ouvert. Elles sont appliquées presque tout
entières sur ses flancs, leur rangée extérieure de pores mar-
quant la limite de la dépression interambulacraire. Les cloisons
qui séparent les paires de pores portent des tubercules relativement assez gros, distants, irrégulièrement placés, au nombre de
cinq dans la partie la plus large (6 millimètres). Les scrobicules
qui les entourent forment, en se rencontrant, un petit renflement, qui se confond facilement, quand le test n'est pas bien
net, avec les tubercules eux-mêmes, et pourrait tromper sur leur
nombre.

Zones interporifères très renflées, semicylindriques, fortement
comprimées sur les côtés, un peu aplaties pour former la courte
troncature du sommet, très gonflées à l'extrémité, où elles se
continuent sur la marge par un fort renflement ; leur dos fait
une saillie de 10 millimètres au-dessus des interambulacres.

Elles portent des tubercules bien plus gros que ceux des zones
porifères, assez mal alignés, formant deux rangées incomplètes
sur chaque plaque. Interambulacres étroits près du sommet et
médiocrement déprimés entre les pétales moins renflés en cet
endroit, puis s'enfonçant tout à coup et presque verticalement.
Ils s'élargissent rapidement et atteignent 37 millimètres à l'extrémité des zones porifères. Ils portent des tubercules espacés, bien
scrobiculés, un peu moins gros que ceux des zones interporifères.

Péristome inconnu, dans un infundibulum subpentagonal, à
parois obliques, s'évasant fortement, jusqu'à atteindre 30 millimètres sur la convexité de la face inférieure, le diamètre étant
100 millimètres en cet endroit. Les sillons ambulacraires l'entament médiocrement, puis deviennent presque superficiels et
s'effacent vite. Périprocte placé près du bord. Tubercules de la
marge supérieure gros comme ceux des zones interporifères,
plus distants, bien scrobiculés ; tubercules de la face inférieure
encore plus développés, très serrés partout, un peu moins gros
sur les bords de l'infundibulum.

Rapports et différences. — C'est, tout d'abord, au *C. crassicostatus* Agassiz qu'il faut comparer notre nouvelle espèce. Nous
avons entre les mains le moule en plâtre Q. 12 de Neuchâtel, qui
représente le type spécifique ; et, si la forme des pétales ambulacraires établit quelque analogie entre l'oursin représenté par ce
moule et notre exemplaire algérien, les différences frappent
encore plus les yeux. Les pétales dactyliformes de notre sujet
sont bien plus saillants, plus détachés en quelque sorte du reste
du test, par suite de l'extrême dépression des aires interambulacraires, bien plus profondes que dans le *C. crassicostatus ;* ils
sont plus longs, surtout l'antérieur qui, dans le moule en plâtre,
n'a guère que 2 millimètres de plus que les postérieurs, tandis
qu'il en a 6 dans l'autre ; les pairs antérieurs, par suite du renflement de la marge à leur extrémité, semblent aller jusqu'au
bord ; ils sont aussi tous plus comprimés sur les côtés ; les tubercules des zones porifères sont plus gros et moins nombreux ; le
bord antérieur semble avoir été plus épais ; la partie inférieure
est fortement pulvinée et convexe, tandis qu'elle est à peu près

plate et plutôt déclive vers le péristome (en arrière) dans le moule d'Agassiz. Un grand nombre des caractères de notre espèce, comme la forte dépression des interambulacres, la grosseur et le petit nombre des tubercules ambulacraires, l'évasement de l'infundibulum et sa grande largeur, la disposition convexe de la face inférieure rapprochent notre type du *C. rhabdopetalus* Pomel ; mais les pétales ambulacraires nous paraissent différer sensiblement : dans cette dernière espèce, ils sont, d'après l'auteur, un peu ventrus, moins comprimés sur les côtés que dans le *C. crassicostatus*, quand c'est le contraire dans notre sujet ; ils sont aussi plus courts, les plus longs n'atteignant que les deux tiers du rayon, et, de plus, l'impair étant égal aux postérieurs, tandis qu'ils sont, chez le *C. pentadactylus* dans les proportions de 54-48. Il n'est donc pas possible d'assimiler ces deux espèces. Michelin, dans les figures qu'il a données du *C. crassicostatus* (pl. XVII), nous montre un type dont la partie antérieure est très épaisse, tandis qu'il n'en est pas ainsi sur le moule en plâtre, et que Desor, dans le *Synopsis* (p. 241), remarque particulièrement que le bord est moins épais que dans le *C. Scillæ* Des Moulins, qu'il assimile au *C. intermedius* du même auteur, bien à tort, selon nous. M. Pomel a cru voir, par suite, dans la figure donnée par Michelin, le même type que son *C. rhabdopetalus* (p. 208). Nous ne le pensons pas : Michelin dit que la face inférieure est plane et s'enfonce assez rapidement vers le péristome, tandis qu'elle est convexe dans le *C. rhabdopetalus ;* ce dernier a les pétales ambulacraires inégaux, les pairs antérieurs sensiblement plus courts, saillants en grosses côtes ventrues ; Michelin dit, au contraire : « ambulacres très allongés, presque égaux, semicylindriques ; zones porifères presque parallèles. » Il faudrait, pour résoudre solidement cette question, pouvoir comparer avec soin les deux exemplaires.

Pour le moment, l'individu figuré dans la *Monographie des Clypéastres* sous le nom de *C. crassicostatus*, nous paraît différer à la fois du vrai *C. crassicostatus* et du *C. rhabdopetalus ;* mais il ne se rapproche pas davantage de notre espèce, ayant les pétales différents et la partie inférieure non convexe.

Localité. — El Hammam, vallée de l'Oued Abdi, dans l'Aurès. — Langhien. — Recueilli par M. Thomas.

EXPLICATION DES FIGURES. — Pl. VI, fig. 4, *Clypeaster penta-dactylus*, vu de profil ; fig. 5, le même, face supérieure, de grandeur naturelle.

CLYPEASTER PIERREDONI, Pomel, 1887.

CLYPEASTER PIERREDONI, Pomel, *loc. cit.*, p. 246 ; B. pl. LXV, fig. 1-3 (inédite).

Longueur, 138 mill. — Largeur, 104 mill. — Hauteur, 48 mill.

Exemplaire de taille moyenne, subpentagonal, à angles arrondis, surtout les latéraux presque obsolètes, beaucoup plus long que large, légèrement flexueux sur les côtés, non rétréci en arrière. Face supérieure renflée sous les pétales ambulacraires, élevée en pyramide basse, dont les angles sont formés par cinq fortes côtes cylindriques, tronquée brièvement au sommet. La marge est étroite, mais assez étalée ; le bord arrondi et épais, un peu plus aminci en arrière. Face inférieure légèrement pulvinée, presque plane.

Apex peu développé, dans une dépression à peine sensible du sommet ; madréporide subpentagonal, petit ; les cinq pores génitaux en sont détachés et rejetés à 2 millimètres environ sur les zones interambulacraires. Pétales très saillants, allongés, oblongs, comprimés sur les côtés, inégaux entre eux, les pairs antérieurs un peu plus courts que les autres, l'impair un peu plus long que les postérieurs qui dépassent les 5/7es de la distance du sommet au bord (53/71) ; leur plus grande largeur est de 27 millimètres.

Zones porifères étroites à leur naissance, s'élargissant assez vite et jusqu'à l'extrémité qui se recourbe médiocrement pour fermer le pétale et le laisse assez grand ouvert. Elles sont déclives, presque entièrement appliquées contre les flancs du pétale ; les cloisons qui séparent les paires de pores sont ornées de petits tubercules médiocrement serrés, au nombre de huit dans la partie la plus large (8 millim.).

Zones interporifères un peu gibbeuses au moment où elles se recourbent pour former la dépression supérieure, puis fortement renflées, subcylindriques à la surface, droites, se contractant à

peine à leur extrémité et occasionnant sur la marge un renflement qui se continue jusqu'au bord. Les tubercules qu'elles
portent sont un peu plus gros que ceux des zones porifères, formant deux rangées et assez souvent trois sur chaque plaque.
Interambulacres très étroits et déprimés près du sommet, puis
tombant presque verticalement en une profonde dépression qui,
à l'extrémité des pétales, se réunit naturellement à la marge. Le
dos des pétales domine cette dépression de 10 millimètres environ. Les tubercules sont semblables à ceux des zones interporifères, mais moins serrés.

Péristome placé dans un infundibulum à parois obliques,
allongé, pentagonal, médiocrement évasé, ayant en largeur
27 millimètres, sur un diamètre qui atteint plus de 100. Périprocte arrondi, assez près du bord. Tubercules de la marge supérieure semblables à ceux des interambulacres, écartés comme
eux ; ceux de la face inférieure plus développés, très serrés.

Rapports et différences. — L'exemplaire que nous venons de
décrire, bien que présentant un aspect allongé avec un diamètre
transversal plus court de 34 millimètres que l'axe antéro-postérieur, n'est pas des plus étroits dans l'espèce, puisque M. Pomel
en cite dont la différence entre les deux dimensions va jusqu'à
40 millimètres. Il présente quelques divergences avec le type
décrit, qui est d'ailleurs assez variable, comme il arrive toujours quand les individus recueillis sont nombreux. M. Pomel
insiste sur ce point que, dans tous ses exemplaires, les pétales
sont assez larges et non comprimés sur les côtés ; or, ils le sont
très nettement sur le nôtre, et ce caractère, joint à la très forte
dépression des interambulacres, le rapproche assez du *C. crassicostatus* Agassiz. Il s'en éloigne par ses pétales ambulacraires
plus développés, par ses interambulacres plus déprimés, par sa
forme plus allongée, par ses bords plus épais, ce qui n'est peut-
être dû qu'à la différence de taille, par son péristome moins
largement évasé. Quelques-uns de ces caractères, comme la
grande dépression des interambulacres, la forme comprimée des
pétales, peuvent aussi faire comparer l'exemplaire que nous
étudions à notre *C. pentadactylus ;* mais les deux types sont bien
différents à première vue; dans le dernier, les pétales sont plus

grêles, les interambulacres encore plus profonds, les tubercules moins nombreux sur les zones porifères, la face inférieure plus renflée ; la divergence est plus grande qu'avec le *C. crassicostatus*. Nous ne croyons pas que la forme des pétales, comprimées sur les flancs, puisse être une raison pour séparer notre sujet de ceux qu'a décrits M. Pomel sous le nom de *C. Pierredoni ;* car les variations sont nombreuses, et il provient de la même localité ; puis il présente tous les autres caractères du type ; il n'y a ici qu'une question de degré dans une variation individuelle.

LOCALITÉ. — Oued Moula, près de Bou-Medfa, département d'Oran. — Terrain helvétien. — Recueilli par M. le Mesle.

CLYPEASTER SIMONI, Pomel, 1887.

CLYPEASTER SIMONI, Pomel. *loc. cit.*, p. 217 ; B. pl. LXVI,
fig. 1-3 (inédite).

Dim. de notre exempl. Long., 134 mill.— Larg., 120 mill.— Haut., 46 mill.

Exemplaire de taille moyenne, subpentagonal, assez large relativement à sa longueur, à angles arrondis et à côtés flexueux sur les flancs et en arrière. Face supérieure élevée en pyramide de médiocre hauteur, tronquée au sommet ; marge épaisse, surtout en avant, assez étalée ; bord arrondi. Face inférieure à peu près plane.

Appareil apical situé au milieu de la troncature supérieure, déprimé, pentagonal, en bouton, avec les cinq pores génitaux contigus aux angles du madréporide. Pétales saillants, en côtes bien convexes, ovales, lancéolés, inégaux entre eux, les deux pairs antérieurs très sensiblement plus courts, les trois autres égaux, les postérieurs égalant les deux tiers de la distance de l'apex au bord (54/80). Leur plus grande largeur, qui se trouve à peu près au milieu de la longueur, est de 32 millimètres. Zones porifères à peine déprimées, flexueuses et un peu étalées sur les côtés du pétale, s'infléchissant à l'extrémité pour le resserrer, mais le laissant assez ouvert. Les paires de pores sont médiocrement rapprochées, et les cloisons qui les séparent portent six petits tubercules et presque aussi souvent sept dans l'endroit le plus large. Zones interporifères renflées, bien convexes, non

comprimées sur les côtés, un peu gibbeuses à la partie supérieure quand elles se courbent pour former la troncature du
sommet, continuées à leur extrémité inférieure par un léger
renflement de la marge, qu'elles rejoignent sans ressaut. Les
plaques du dos portent deux rangées horizontales de tubercules
bien plus gros que ceux des zones porifères et assez serrés.
Interambulacres très étroits près du sommet et même jusqu'au
milieu de la longueur des pétales, déprimés à la partie supérieure, ne s'élevant nulle part au-dessus des zones porifères,
larges seulement de 10 millimètres à l'endroit où les pétales sont
le plus développés, et de 40 à l'extrémité de ceux-ci. Ils portent
des tubercules moins gros que ceux du dos des ambulacres, peu
serrés.

Péristome dans un infundibulum très large, fortement évasé à
sa jonction avec la face inférieure, atteignant 40 millimètres sur
un diamètre de 120. Les sillons ambulacraires en entament
assez fortement les angles, puis ils s'effacent vite et ne vont pas
jusqu'au bord. Périprocte petit, ovale transversalement, placé
très près du bord. Tubercules de la marge supérieure semblables
à ceux des ambulacres, plus gros en se rapprochant du bord ;
ceux de la face inférieure plus développés, plus saillants, serrés
au pourtour, un peu plus distants vers le centre et sur les parois
de l'infundibulum.

Rapports et différences. — Notre exemplaire nous paraît assez
conforme au type qu'a décrit M. Pomel ; et, tel qu'il est, il se
distingue facilement de celui du *C. Pierredoni*, que nous avons
étudié précédemment ; il est beaucoup plus élargi ; ses pétales
sont plus dilatés et plus courts, les cinq pores génitaux sont
contigus au madréporide, l'infundibulum péristomique est plus
large et plus évasé. Mais ces deux individus nous paraissent être
des extrêmes dans leur série : c'est ainsi que notre *C. Pierredoni*
a les pétales plus cylindriques, plus comprimés que le type ordinaire ; notre *C. Simoni*, par contre, est plus petit de taille, plus
bas que ceux dont M. Pomel donne les dimensions. Entre ces
deux exemplaires, nous en avons un troisième qui semble intermédiaire et qui emprunte à l'un et à l'autre quelques-uns de ses
caractères ; il n'est pas plus long que celui que nous décrivons

ici, mais il est un peu moins large (134/112, au lieu de 134/120);
il est, néanmoins, plus large relativement que le *C. Pierredoni*,
la différence entre la longueur et la largeur de ce dernier étant
toujours, pour les exemplaires mesurés par M. Pomel, comme
pour le nôtre, d'au moins 32 millimètres. Ses pétales postérieurs
ont bien la même dimension que ceux du *C. Simoni*, par rapport
au rayon, 54/80; les antérieurs pairs sont un peu plus allongés,
mais tous sont plus courts que dans l'espèce précédente, non
comprimées sur les flancs, quoique bien convexes. Les pétales
étant moins saillants que dans notre *C. Pierredoni*, les interambulacres paraissent moins déprimés, et ils sont analogues à
ceux de notre spécimen du *C. Simoni*; les cinq pores génitaux
ne sont pas contigus aux angles du madréporide, caractère de
peu de valeur, mais qui existe aussi sur la première espèce,
tandis que l'infundibulum est beaucoup plus large et se rapproche beaucoup plus de celui de la seconde, sans l'égaler complètement. Voici la proportion de cette ouverture, par rapport au
diamètre transversal, dans les trois exemplaires qui nous
occupent :

C. Pierredoni...... diam 104 mill. — Largeur de l'infund. 27 mill.
Type intermédiaire.   112 —   —   — 36
C. Simoni........   — 120 —   —   40

Le cas nous paraît fort embarrassant, et nous ne savons pas
auquel des deux types il convient de rattacher cet individu, qui
tient de l'un et de l'autre. Tous trois ont été recueillis ensemble;
et peut-être que les deux espèces, bien distinctes quand on prend
les variations extrêmes, ont une tendance à se confondre quand
on prend les types moyens.

LOCALITÉ. — Oued Moula, près de Bou-Medfa. — Terrain helvétien. — M. le Mesle.

CLYPEASTER SOUMATENSIS, Pomel, 1887.

CLYPEASTER SOUMATENSIS, Pomel, *loc. cit.*, p. 249, pl. LXXXIV, fig. 1-3
(inédite).

Dim. de notre exempl.: Long., 165 mill.—Larg., 139 mill.   Haut., 60 mill.

Exemplaire d'assez grande taille, subpentagonal, allongé, à
angles arrondis, surtout les latéraux, qui sont presque effacés;

l'antérieur est un peu plus allongé que les autres. Pourtour à peine flexueux sur les côtés. Partie supérieure élevée en pyramide peu élancée, arrondie au sommet qui est peu étendu ; de là le test descend en pente rapide et presque uniforme jusqu'au bord. Marge peu développée, assez épaisse ; bord obtus, arrondi, un peu plus épais en avant qu'en arrière. Face inférieure à peu près plane.

Appareil apical à peine déprimé, assez grand ; le madréporide n'existe plus sur notre exemplaire, mais les pores génitaux sont bien visibles, placés sur les aires interambulacraires, en dehors de l'empreinte du corps criblé. Pétales médiocrement saillants, allongés, de largeur à peu près égale dans toute leur longueur, sauf près du sommet où ils sont naturellement moins développés, et à leur extrémité où ils s'arrondissent. L'antérieur et les postérieurs sont sensiblement égaux ; ces derniers atteignent plus des deux tiers du rayon (70/100) ; les deux pairs antérieurs sont plus courts ; la plus grande largeur est de 33 millimètres. Zones porifères presque droites, à peine déprimées, prenant assez vite leur largeur moyenne qui varie peu, s'infléchissant médiocrement à leur extrémité, et laissant le pétale largement ouvert. Les cloisons qui séparent les paires de pores sont étroites et ornées de petits tubercules assez serrés, au nombre de neuf dans la partie la plus large. Zones interporifères peu saillantes, oblongues, assez déprimées au sommet, convexes dans toute leur longueur, presque aussi larges à leur extrémité qu'à leur partie médiane ; elles se réunissent à la marge sans ressaut. Elles portent des tubercules bien scrobiculés, un peu plus gros que ceux des zones porifères, mal alignés horizontalement, formant en général trois rangées sur chaque plaque. Interambulacres déprimés à la partie supérieure, où ils forment entre les pétales une bande étroite qui s'élargit assez vite, sans jamais s'élever beaucoup au-dessus du niveau des zones porifères, à fleur de test entre l'extrémité des pétales ; leur largeur est de 16 millimètres au milieu. Ils sont couverts de tubercules semblables à ceux des zones interporifères, moins serrés.

Péristome petit dans un infundibulum à parois obliques, assez évasé en se réunissant à la face inférieure du test, dont il atteint en largeur les deux septièmes; il est fortement entaillé par les sillons ambulacraires, qui s'effacent vite et n'atteignent pas le bord. Tubercules de la marge supérieure petits, moins développés que ceux de la zone interporifère, assez rapprochés; tubercules de la face inférieure aussi serrés, mais bien plus gros et entourés de scrobicules accentués.

Rapports et différences.— Notre exemplaire présente quelques discordances avec la description donnée par M. Pomel. Il est sensiblement moins élevé que les deux individus dont il indique les dimensions; et le nombre des tubercules sur les cloisons des zones porifères est un peu plus fort, notre chiffre étant 9, tandis que M. Pomel dit de 7 à 8. Pour tout le reste, le sujet que nous venons d'étudier est si bien conforme à la description du type, que nous n'hésitons pas à l'y réunir, et que les différences que nous avons signalées ne nous paraissent pas avoir une grande importance spécifique. Ce type est, d'ailleurs, bien distinct de tous ceux qu'on rencontre dans la même localité qui est très riche; les ambulacres sont beaucoup moins saillants que dans le *C. Pierredoni*, qui est allongé comme lui, les interambulacres sont moins déprimés, la hauteur est bien plus considérable; et nous ne voyons pas d'autre espèce avec laquelle il y ait lieu de le comparer.

Localité. — Oued Moula, près de Bou-Medfa. — Terrain helvétien. — M. le Mesle.

Clypeaster Welschi, Pomel, 1887.

Clypeaster Welschi, Pomel, *loc. cit.*, p. 239 ; B. pl. LXXVII, fig. 1-3 · (inédite).

Dim. de notre exempl.: Long., 206 mill.— Larg., 203 mill.— Haut., 89 mill.

Espèce de grande taille, à peu près aussi large que longue, subpentagonale, à angles très arrondis, à peine flexueux sur les côtés. Face supérieure très haute, renflée en cône tronqué sous les pétales, arrondie en calotte déprimée au sommet; de là, descendant en pente uniforme jusqu'au bord. La marge, assez grande, un peu épaisse, n'est guère étalée, et forme un angle très obtus avec la partie pétalifère. Bord arrondi; face inférieure plate.

13

Apex peu développé, pentagonal, déprimé, avec les cinq pores génitaux presque contigus aux angles du madréporide. Pétales peu saillants, larges et longs, lancéolés, presque égaux : les deux antérieurs pairs dépassent les deux tiers du rayon (89/126) ; les trois autres sont à peine plus longs ; ils atteignent 47 millimètres dans leur plus grande largeur. Zones porifères larges dès leur origine, presque droites, augmentant successivement jusqu'à la partie recourbée qui termine le pétale en le laissant largement ouvert ; elles sont plus déprimées à la partie inférieure que près du sommet, n'étant d'ailleurs nulle part bien profondes. Les cloisons portent des tubercules très serrés, petits, au nombre de douze à treize dans la partie la plus large, qui atteint 9 millimètres. Zones interporifères formant des côtes aplaties au milieu, un peu renflées sur les bords, à peine saillantes. Elles portent des tubercules très serrés, plus développés que ceux des zones porifères, tout en restant petits, et formant trois rangées horizontales sur chaque plaque. Aires interambulacraires convexes, assez renflées vers l'extrémité des pétales, aussi saillantes que les aires ambulacraires ; elles se dépriment un peu aux trois quarts de leur hauteur, en s'infléchissant, ainsi que les pétales, sans gibbosité, pour former la calotte supérieure.

Péristome petit, placé dans un infundibulum pentagonal, étroit, à parois verticales, à peine évasé à la surface du test. Les sillons ambulacraires entament fortement les cinq angles, puis se réduisent peu à peu avant d'atteindre le bord. Le périprocte n'est pas visible sur notre exemplaire par suite d'une cassure ; d'après M. Pomel, il est arrondi et voisin du bord. Les tubercules de la marge supérieure sont semblables à ceux des zones interporifères, mais moins serrés ; ils sont plus développés et plus fortement scrobiculés à la partie inférieure.

Rapports et différences. — Nous ne possédons qu'un exemplaire de cette belle espèce ; il nous est par conséquent difficile de parler de ses variations. Elles paraissent, d'après la description et les dimensions données par M. Pomel, porter surtout sur la hauteur et le plus ou moins de largeur du sommet. Notre exemplaire étant terminé en calotte sphérique, ou du moins arrondie, est relativement moins haut, quoique plus grand que le

type de l'espèce qui paraît avoir un sommet un peu plus rétréci.
Le *C. Welschi* se rapproche du *C. subhemisphœricus* par sa partie
supérieure terminée en dôme, par ses pétales peu renflés, par sa
marge peu étalée; toutefois cette dernière est plus oblique dans
notre exemplaire, les bords sont plus épais, la forme est plus
pentagonale, et le sommet peut se rétrécir et devenir plus élancé.
On peut aussi le comparer au *C. myriophyma*, qui reproduit à
peu près la même forme et atteint aussi une taille considérable ;
mais ce dernier est moins élevé, son bord est plus mince, sa
marge plus étalée, sa partie supérieure plus déprimée, ses interambulacres sont moins renflés. Le *C. Atlas* a le sommet plus déprimé, l'appareil apical bien plus développé, et la grosseur de ses
tubercules présente une différence tranchée; les deux espèces ne
se ressemblent que de loin.

LOCALITÉ. — Oued Moula, près de Bou-Medfa. — Terrain helvétien. — Recueilli par M. Welsch.

CLYPEASTER EGREGIUS, Peron et Gauthier, 1891.

CLYPEASTER INSIGNIS, Pomel, *loc. cit.*, p, 238; pl. LXXV, fig. 1, et
    pl. LXXVI, fig. 1-2 (inédites), 1887. (Non *C. insi-
    gnis* Seguenza, 1880).

Dim. de notre exempl. : Long., 235 mill.— Larg., 194 mill.— Haut., 75 mill.

Nous ne possédons de cette grande et belle espèce qu'un seul
exemplaire qui présente un cas pathologique que nous devons
signaler tout d'abord, car il a pu causer quelques troubles dans
la conformation générale de l'individu. La partie supérieure, au
lieu de se développer en un sommet plus ou moins conique, s'est
repliée sur elle-même et s'est enfoncée à l'intérieur, formant ainsi
un ample entonnoir légèrement ovale, profond de 35 millimètres,
long de 50 à l'orifice, et large de 45. L'animal a certainement vécu
avec cette difformité, car le test ne porte point de cassure qui
puisse la faire attribuer à un accident de fossilisation; la partie
supérieure ainsi renfoncée a conservé toute sa régularité. L'appareil apical manque ; mais il est probable qu'il s'est détaché au
nettoyage, cette cavité supérieure étant remplie, quand le sujet a
été recueilli, d'une argile durcie qu'il a fallu enlever au burin.

Ce bizarre cas pathologique n'est pas isolé, d'ailleurs ; nous possédons dans notre collection un exemplaire du *C. gibbosus* M. de Serres, provenant de la Corse, qui présente exactement le même phénomène. Là, non plus, le test ne laisse voir aucune cassure ; et ce renfoncement de la partie supérieure est si régulier qu'on ne peut douter que l'animal n'ait vécu ainsi, sans que son développement général en ait aucunement souffert.

Exemplaire de très grande taille, allongé, à angles arrondis et presque effacés, sauf l'antérieur qui, bien que semicirculaire, s'avance sensiblement ; partie postérieure rétrécie, curviligne, ce qui donne à l'ensemble un aspect plutôt ovale que pentagonal. Bord mince et très peu flexueux sur les côtés et en arrière ; mais, en avant, deux sinus correspondant aux interambulacres antérieurs donnent à la partie marginale de l'ambulacre impair la forme d'un lobe arrondi. Face supérieure redressée en pyramide jusqu'à la hauteur de 75 millimètres, puis renversée à l'intérieur, comme nous l'avons dit. En ajoutant les 35 millimètres de profondeur de cet entonnoir aux 75 représentant la hauteur tronquée du test, on aurait une élévation approximative de 110 millimètres. Marge déclive, mais assez étalée, surtout en avant et en arrière ; bord mince, particulièrement en avant ; face inférieure plane.

Pétales à peu près égaux, très développés, ovales, avec la partie supérieure allongée, très large et atteignant dans ce sens jusqu'à 50 millimètres ; la partie extérieure a 50 millimètres de longueur, et celle qui plonge à l'intérieur 32 : le pétale entier atteint ainsi 82 millimètres, ce qui fait à peu près les deux tiers du rayon (119 mill.). Zones porifères assez déprimées à la partie inférieure des pétales, gardant partout la même largeur (8 mill.), sauf à la partie supérieure où elles se rétrécissent très sensiblement. Elles sont médiocrement recourbées à l'extrémité, où elles laissent le pétale largement ouvert. Les cloisons qui séparent les paires portent de très petits tubercules serrés, au nombre de onze à douze au maximum. Zones interporifères renflées et saillantes sur les bords, dominant les zones porifères, aplaties au milieu, très larges, longuement rétrécies à la partie supérieure, se réunissant presque sur un même plan à la marge par un angle très obtus. Elles portent sur chaque plaque quatre rangées de tubercules, à peine plus gros que ceux des zones porifères.

Interambulacres larges à la base, se rétrécissant assez vite et s'atténuant presque complètement à la partie supérieure, renflés entre les pétales, un peu moins saillants que ceux-ci et s'abaissant sur le bord des zones porifères ; ils sont ornés de tubercules semblables à ceux des zones interporifères.

Péristome subpentagonal, s'ouvrant au fond d'un infundibulum étroit, à parois verticales, à peine évasé sur les bords, fortement entaillé par les sillons ambulacraires ; ceux-ci bien marqués et profonds presque jusqu'au bord. Périprocte invisible. Tubercules de la marge supérieure très petits, rapprochés, semblables à ceux des interambulacres ; ils restent petits en dessous, un peu plus saillants cependant et plus sensiblement scrobiculés.

Rapports et différences. — Nous croyons que notre exemplaire appartient au même type spécifique que le *C. insignis* Pomel. Sans doute il présente quelques divergences : le pourtour est presque ovale, en ne tenant pas compte des sinus antérieurs, et rétréci en arrière, tandis que le type auquel nous le comparons est subpentagonal, à angles fortement arrondis, à peine rétréci en arrière, d'après la description de M. Pomel ; la différence n'est peut-être pas considérable. Mais il se peut que la déformation si remarquable de la partie supérieure ait été la cause de l'irrégularité qu'offre le pourtour de notre oursin ; les autres caractères nous paraissent bien conformes à la description : bords peu épais, marge assez grande, pétales très larges, tubercules très petits, partout semblables et formant quatre rangées sur les plaques des zones interporifères. Les aires interambulacraires, tout en présentant le même degré de renflement, nous paraissent un peu plus larges, car M. Pomel dit qu'elles égalent environ, en largeur, la moitié des zones interporifères, ce qui ne peut s'appliquer à notre exemplaire que pour la partie supérieure ; au milieu de leur étendue, elles dépassent en largeur la moitié de la zone interporifère, sans atteindre complètement la moitié du pétale complet.

Ce curieux Échinide a été recueilli par M. Welsch dans les mêmes couches que le type de M. Pomel ; il se distingue facilement de toutes les autres grandes espèces de l'Oued Moula, *C. Welschi, latior, soumatensis, acuminatus* (type algérien), tandis qu'il est conforme au type *insignis* par tous les détails de sa constitution, sauf les divergences que nous avons indiquées. Nous n'osons pas cependant affirmer complètement l'identité, d'abord parce que les planches qui doivent représenter le *Clypeaster* de M. Pomel ne sont pas encore publiées, ensuite parce que la déformation dont est affecté notre sujet peut nous induire en erreur. Si plus tard il était reconnu, contre notre attente, que les deux types sont différents, le nôtre garderait le nom spécifique d'*egregius*, et il y aurait lieu alors de pourvoir celui de M. Pomel d'un nom nouveau. Car la désignation d'*insignis* a été employée par Seguenza pour une espèce toute différente, plusieurs années avant la publication du texte du savant professeur d'Alger.

Localité. — Bords de l'Oued Moula, près de Bou-Medfa. — Terrain helvétien.

Clypeaster subhemisphæricus, Pomel, 1887.

Clypeaster subhemisphæricus, Pomel, *loc. cit.*, p. 221 ; B. pl. LXIX, fig. 1-3 (inédite).

Longueur, 172 mill. — Largeur, 155 mill. — Hauteur, 83 mill.

Espèce de grande taille, à base légèrement ovale, sans angles, ni sinuosité. Face supérieure très élevée en dôme hémisphérique, arrondie au sommet, très épaisse, reposant sur une marge à peine étalée, déclive et continuant, sauf un angle peu prononcé, la pente supérieure. Bord très mince, presque tranchant. Face inférieure plane.

Appareil apical peu développé, pentagonal, déprimé, avec les pores génitaux contigus aux angles du madréporide. Pétales peu saillants, longs, ovales, à peu près égaux, s'arrêtant assez loin du bord, égalant ou dépassant un peu les deux tiers du rayon (76/100); leur plus grande largeur se trouve vers le milieu et atteint 40 centimètres. Zones porifères peu déprimées, étroites à la partie supérieure, puis s'étalant presque sans déclivité sur les bords du pétale, jusqu'à la partie inférieure, où elles se recourbent pour rétrécir l'entrée. Les cloisons qui séparent les paires de pores montrent une douzaine de petits tubercules très serrés, la zone étant relativement peu élargie et ne dépassant guère 6 millimètres. Zones interporifères presque plates, relevées un peu sur les côtés et dominant les zones porifères, médiocrement convexes dans la partie médiane, assez rétrécies près du sommet, se contractant aussi à l'extrémité inférieure qui est peu gonflée et se relie naturellement à la marge. Elles sont couvertes de petits tubercules, semblables à ceux des zones porifères, serrés, et formant sur chaque plaque quatre rangées horizontales. Aires interambulacraires déprimées et rétrécies à la partie supérieure, plus renflées au milieu de leur longueur où elles sont presque aussi élevées que les ambulacres, se déprimant de nouveau à l'extrémité où elles se confondent avec la marge ; elles sont assez larges à la base et mesurent, au milieu de la longueur des pétales 20 millimètres, ou la moitié de ces derniers. Les tubercules qu'elles portent ne sont pas plus développés que ceux des ambulacres, ils sont seulement un peu moins serrés.

Péristome médiocrement développé, dans un infundibulum pentagonal, étroit, à parois verticales, peu évasé, et ne mesurant guère plus de 20 millimètres en largeur, à la surface ; il est fortement échancré par les sillons ambulacraires, qui forment une rainure étroite s'atténuant peu à peu, mais visible jusqu'au bord. Le périprocte n'est pas visible sur notre exemplaire par suite d'une cassure. Tubercules de la marge supérieure petits comme tous ceux dont nous avons parlé ; ceux du dessous un peu plus développés et toujours serrés.

Rapports et différences. — Notre exemplaire est un peu plus développé à la base et sensiblement plus élevé que celui qui a servi de type à M. Pomel, ce qui lui donne un aspect un peu plus turrite ; mais les autres détails, le pourtour ovale non anguleux, la partie supérieure en calotte presque hémisphérique, arrondie et non tronquée, avec la petite dépression pentagonale de l'appareil apical au milieu, les aires ambulacraires peu renflées et longuement ovales, l'exiguité des tubercules et leur disposition, le bord mince et presque tranchant, le peu d'ampleur de l'infundibulum péristomal, sont tellement conformes à la description que nous n'hésitons pas à réunir cet individu au type de l'espèce. Le *C. insignis* Seguenza est bien plus svelte, bien moins massif et a un aspect plus élancé, en forme de cloche ; sa base est moins régulièrement ovale ; le *C. gibbosus* M. de Serres, avec ses ambulacres renflés et sa forme moins élevée, sa partie supérieure moins arrondie en dôme, sa base pentagonale, diffère beaucoup. Le *C. Heinzi*, dont nous parlerons plus bas, a les ambulacres bien plus saillants et plus gibbeux, et les interambulacres plus déprimés à la partie supérieure ; son ensemble moins élevé, plus écrasé en quelque sorte, lui donne une physionomie toute différente.

Localité. — Notre exemplaire appartient à l'École des mines de Paris, et a été recueilli par M. Jourdy au Djebel Tafaroui, au-dessus de Valmy, au sud d'Oran. M. Pomel indique comme lieu d'origine Tirezert, au sud de St-Cyprien des Attafs. — Terrain helvétien.

Clypeaster Heinzi, Peron et Gauthier, 1891.

Pl. VIII, fig. 1-3.

Longueur, 165 mill. ? — Largeur, 165 mill. — Hauteur, 67 mill.

Espèce d'assez grande taille, ovale, sans angles ni sinuosités à la base, peut-être à peine arrondie au bord postérieur qui nous manque en partie. Face supérieure élevée en dôme large et peu élancé, arrondie et convexe au sommet où les cinq ambulacres forment des côtes saillantes. Marge assez grande, déclive, mais moins que la partie pétalifère, avec bord assez mince, obtus et non tranchant. Face inférieure plate.

Apex fortement déprimé entre les saillies gibbeuses des pétales, médiocrement conservé dans notre exemplaire. Pétales saillants, lancéolés, ovales, fusiformes, presque égaux, les deux antérieurs pairs un peu plus courts que les autres, qui atteignent ou même excèdent un peu les deux tiers du rayon (70/103). Zones porifères fortement déprimées dans toute leur étendue, déclives sur les bords de l'ambulacre, s'élargissant progressivement jusqu'aux trois quarts de leur longueur, où elles commencent à se courber rapidement pour rétrécir l'extrémité du pétale, qui reste néanmoins assez ouvert. Elles ne dépassent guère 6 millimètres en largeur ; les cloisons portent de petits tubercules très exigus et très serrés, au nombre de douze environ dans la partie la plus large.

Zones interporifères fusiformes, formant un rebord prononcé au-dessus des zones porifères, assez étroites, très saillantes, gibbeuses et comme encroûtées à la partie supérieure où elles se recourbent pour dominer l'appareil apical, puis vite élargies, moins renflées au milieu où elles sont simplement convexes, resserrées à la base entre l'extrémité des zones porifères, puis se réunissant à la marge sans gonflement et presque sans ressaut. Les tubercules qui les couvrent sont très petits, à peine différents de ceux des cloisons porifères, formant quatre rangées horizontales sur chaque plaque. Interambulacres lancéolés, se rétrécissant progressivement, et finissant au sommet en petites bandes très étroites; à fleur de test avec la marge, ils se renflent vite en côtes saillantes, presque aussi élevées que les pétales, gibbeuses au tiers inférieur, puis, de là, s'abaissant, tout en restant convexes, et s'enfonçant profondément entre les saillies des pétales aux approches du sommet. Toutes les plaques qui les composent sont noduleuses, même dans la partie supérieure où ils se dépriment entre les ambulacres. Ils portent des tubercules semblables à ceux des pétales, à peine moins serrés. A l'endroit où les pétales atteignent leur plus grande largeur, 40 millimètres, ils n'en mesurent que 14.

Péristome petit, assez profondément situé dans un infundibulum pentagonal, très étroit, à lèvres interambulacraires assez aiguës, à parois perpendiculaires, à peine évasé à la surface. Il est fortement entamé aux cinq angles par les sillons ambulacraires resserrés et profonds, qui se prolongent jusqu'au bord en s'atténuant peu à peu. Le périprocte n'est pas visible dans notre exemplaire. Tubercules de la marge supérieure semblables aux autres; plus développés, plus scrobiculés à la face inférieure, mais toujours très serrés.

Rapports et différences. — Notre exemplaire, quoique d'une belle conservation en général, a été ébréché en avant et en arrière, de sorte que la mesure que nous avons donnée de la longueur n'est qu'approximative; il se peut aussi que le bord postérieur forme une courbe moins prononcée et s'éloigne peu de la ligne droite; mais nous sommes réduit à des conjectures à ce sujet. Toutefois ce Clypéastre n'en conserve pas moins une forme ovale ou subarrondie, et doit être comparé d'abord à ceux dont la base a cet aspect. Le *C. subhemisphæricus* Pomel est plus élevé, comme nous l'avons dit ; ses ambulacres sont beaucoup moins saillants à la partie supérieure, ses interambulacres moins déprimés, près du sommet, ses zones porifères moins creusées ; ces deux espèces n'ont en aucune façon la même physionomie, et il est inutile de pousser plus loin la comparaison. Le *C. parvituberculatus* Pomel diffère encore plus si l'on prend la forme surbaissée que montre la planche XLVI de l'auteur ; les exemplaires à interambulacres gibbeux se rapprochent un peu plus ; mais la forme du sommet, si tourmenté dans le *C. Heinzi*, la dépression des zones porifères distinguent facilement les deux espèces. Le *C. subellipticus* Pomel est plus étroit, plus allongé ; ses bords sont plus épais et ses tubercules beaucoup plus gros. Le *C. collinatus* Pomel a aussi le bord plus épais, les tubercules plus gros, les zones porifères moins déprimées. Le *C. turgidus* Pomel est peut-être celui qui se rapproche le plus de notre espèce ; il est plus pentagonal ; son dôme est moins renflé, moins vertical ; le sommet est loin de former des sillons aussi profonds par suite de la saillie des zones interporifères et de la dépression des interambulacres, et les plaques ne sont pas aussi noduleuses depuis l'extrémité des pétales jusqu'aux approches du sommet ; les tubercules sont plus gros, et forment trois rangées sur les plaques des zones interporifères au lieu de quatre. Le *C. petasus* Pomel est plus arrondi à sa base ; il a les pétales moins larges, les interambulacres plus lisses partout et moins déprimés à la partie supérieure ; son bord est plus étalé et ses tubercules sont moins serrés. Le renflement des interambulacres dans leur partie moyenne et leur dépression très accentuée au sommet rappellent un des caractères importants du *C. acuminatus* Desor. Ce dernier a le sommet aigu, comme l'indique son nom, tandis que celui du *C. Heinzi* est très arrondi en calotte presque hémisphérique, avec l'apex fortement déprimé ; la base est pentagonale, les tubercules sont moins serrés, quoique aussi petits, et d'ailleurs, les interambulacres, malgré les rapports que nous indiquons, vont jusqu'à l'apex, étroits et resserrés, sur notre espèce, tandis qu'ils sont oblitérés avant de l'atteindre dans le *C. acuminatus*.

LOCALITÉ.— Cette belle espèce a été donnée à M. Heinz, comme recueillie à Beni-Fouda, à 20 kilomètres au N.-O. de St-Arnaud, département de Constantine. La carte géologique de l'ingénieur Tissot n'indique en ces régions que le Crétacé supérieur ou le Suessonien : or, il est tout à fait improbable que ce Clypéastre soit éocène; il doit donc y avoir quelque erreur, soit dans la carte, soit plutôt dans l'indication de la provenance.

Notre collection.

EXPLICATION DES FIGURES. — Pl. VIII, fig. 1, *C. Heinzi*, vu de profil, de grandeur naturelle; fig. 2, le même, face supérieure; fig. 3, ouverture de l'infundibulum buccal, de grandeur naturelle.

CLYPEASTER DOMA, Pomel, 1887.

CLYPEASTER DOMA, Pomel, *loc. cit.*, p. 223; B. pl. XXXII, fig. 1-6.

Longueur, 155 mill. — Largeur, 142 mill. — Hauteur, 61 mill.

Espèce subpentagonale, à angles arrondis, à bords latéraux et postérieurs légèrement flexueux. Face supérieure élevée, renflée en dôme sous les pétales, avec sommet aplani. De là, le test descend en pente rapide, mais régulière jusqu'à la marge, qui est un peu moins déclive, avec bord assez mince en arrière, un peu plus épais en avant. Face inférieure plane.

Apex peu développé, avec les cinq pores génitaux sur les aires interambulacraires, mais peu éloignés des angles du madréporide. Pétales allongés, lancéolés, assez étroits et aplanis près du sommet, médiocrement renflés plus bas, atteignant leur plus grande largeur (35 mill.) aux deux tiers de leur longueur; ils sont à peu près égaux, et les postérieurs occupent environ les deux tiers du rayon (65/99). Zones porifères déprimées, un peu déclives sur le bord de la zone interporifère, très étroites et presque effacées près du sommet, assez fortement arquées à leur extrémité, où le pétale se rétrécit sensiblement. Les cloisons qui séparent les paires de pores sont ornées de tubercules petits et serrés, au nombre de onze à douze dans la partie la plus large. Zones interporifères assez renflées sur les bords, convexes mais peu saillantes à la partie médiane, recourbées et en même temps aplanies près du sommet, un peu gonflées à l'extrémité inférieure, à l'endroit où elles sont resserrées par les zones pori-

fères; elles portent des tubercules à peine plus développés que
ceux des cloisons, formant tantôt quatre, tantôt trois rangées sur
chaque plaque. Interambulacres déprimés à la partie supérieure
entre les pétales, qui ne sont guère plus renflés, se gonflant peu
à peu en s'éloignant du sommet, presque aussi saillants que les
ambulacres au milieu de leur longueur, puis s'abaissant insensiblement à l'extrémité, et ne se distinguant plus de la marge;
ils mesurent 18 millimètres vis-à-vis l'endroit le plus large des
pétales; ils sont couverts de tubercules semblables à ceux des
zones interporifères, un peu moins serrés.

Péristome petit, assez profondément situé dans un infundibulum étroit, à parois presque verticales, très médiocrement évasé,
n'atteignant en largeur que 20 millimètres à sa jonction avec la
face inférieure. Les angles du pentagone sont fortement entamés
par les sillons ambulacraires, qui se prolongent à peu près jusqu'au bord. Périprocte arrondi, un peu transverse, placé près du
bord. Les tubercules de la marge supérieure sont semblables à
ceux de la partie ambulacraire, mais moins serrés; ils sont un
peu plus développés en dessous.

Rapports et différences. — Notre exemplaire nous paraît bien
conforme au type de M. Pomel, bien qu'il ait la marge un peu
plus grande que l'exemplaire figuré qui, d'ailleurs, ne correspond à aucune des dimensions indiquées dans le texte. En effet,
l'exemplaire dessiné, avec une hauteur égale à celle du nôtre,
64 mill., n'a que 143 millimètres de longueur, c'est-à dire 12
en moins. Les trois individus, dont le texte donne les dimensions sont plus grands et plus hauts, à l'exception du dernier qui atteint 175 de longueur et n'a que 50 de hauteur, si
toutefois ce n'est pas une faute d'impression. C'est, du reste, une
remarque assez curieuse que la hauteur de ces trois exemplaires
diminue à mesure que la longueur augmente; et le nôtre se
trouve aussi dans les mêmes conditions, puisqu'il n'excède pas la
figure en hauteur, tandis qu'il a 12 millimètres de plus en longueur et en largeur. Les tubercules des zones interporifères nous
paraissent aussi disposés d'une manière conforme : il y a quatre
rangées horizontales sur une plaque, et trois sur la voisine, du
moins dans les endroits assez rares où nous avons pu les voir

nettement, la surface de notre sujet n'étant pas toujours bien conservée ; il serait peut-être plus exact de dire qu'il y a sept rangées pour deux plaques, celles du milieu se trouvant sur la suture. Le texte et les figures de M. Pomel n'indiquent que trois rangées ; mais trois pages plus loin, en comparant le *C. turgidus* au *C. doma*, il dit que le premier diffère du second parce qu'il n'a que trois rangées, tandis que l'autre (*C. doma*) en a quatre. Nous en concluons que le nombre de ces rangées est aussi hésitant dans ses exemplaires que dans le nôtre. Nous ne possédons pas le *C. turgidus*; mais cette espèce nous paraît bien voisine de celle qui nous occupe. M. Pomel semble dire qu'il n'en possède qu'un exemplaire en assez médiocre état ; cependant, ici encore, les dimensions des figures ne sont pas les mêmes que celles qu'indique le texte, ce qui suppose au moins deux individus. Les différences indiquées sont bien peu importantes. Nous ne prétendons pas, toutefois, les réunir sans les connaître tous deux ; et, puisque M. Pomel les sépare, nous ne serons pas assez présomptueux pour soutenir une autre opinion, sans avoir entre les mains toutes les pièces du procès.

Le *C. doma* se distingue facilement du *C. parvituberculatus* par sa forme plus vite relevée à la partie supérieure, plus largement tronquée au sommet, par son pourtour nettement pentagonal ; c'est aussi par cette forme polygonale du pourtour qu'il se distingue du *C. myriophyma*. M. Pomel ne signale d'autre différence que son sommet aplani au lieu d'être convexe, ce qui nous paraîtrait bien insuffisant, vu la grande variabilité de la forme dans les Clypéastres.

Localité.— Beni-Saf, près de Rachgoun, département d'Oran. — Terrain helvétien. — Recueilli par M. le Mesle. M. Pomel indique comme localité : chez les Cheurfa, à l'E. de Zemora, S.-O. d'Orléansville.

CLYPEASTER MYRIOPHYMA, Pomel, 1887.

CLYPEASTER MYRIOPHYMA, Pomel, *loc. cit.*, p. 228, pl. XLIV, fig. 1.-6.

Longueur, 210 mill.— Largeur, 190 mill.— Hauteur, 84 mill.

Exemplaire de grande taille, subpentagonal, à angles presque effacés, à côtés latéraux droits, à partie postérieure brièvement

arrondie, moins allongée que l'antérieure, qui est en même
temps rétrécie. Face supérieure élevée en dôme, épaisse, convexe
à la partie supérieure, mais un peu aplanie au sommet ; de là,
le test descend rapidement vers la marge oblique et continuant
presque la déclivité de la partie ambulacraire. Bord mince partout, mais non tranchant ; partie inférieure plane.

Apex subpentagonal, peu développé, mal conservé dans notre
exemplaire. Pétales allongés, ovales, assez resserrés près du
sommet, arrondis à l'extrémité, atteignant leur plus grande largeur (46 mill.) aux deux tiers environ de leur longueur, presque
égaux entre eux, les postérieurs étant cependant un peu plus
longs que les autres et atteignant à peu près les deux tiers du
rayon (87/131). Zones porifères médiocrement déprimées, presque droites, étroites à leur naissance, s'élargissant progressivement jusqu'à l'endroit où elles commencent à s'arquer, au-dessous des trois quarts de leur longueur ; elles sont peu recourbées
et laissent le pétale largement ouvert. Les cloisons qui séparent
les paires de pores sont ornées de très petits tubercules, au
nombre de onze à la partie la plus large. Zones interporifères
lancéolées, rétrécies près du sommet, presque droites dans toute
leur partie médiane, un peu renflées mais non gibbeuses à la
courbe supérieure, presque plates sur les flancs de l'Oursin,
mais assez saillantes au bord des zones porifères, se joignant à
la marge presque insensiblement. Elles portent des tubercules
nombreux, serrés, à peine plus développés que ceux des cloisons, formant quatre rangées plus ou moins régulières sur
chaque plaque. Interambulacres étroits près de l'apex et un peu
déprimés entre les pétales, se renflant ensuite dans leur partie
médiane, se confondant en bas avec la marge : leur largeur
atteint la moitié de celle des pétales à l'endroit où ceux-ci sont
le plus développés ; ils sont couverts de tubercules semblables
aux autres.

Péristome pentagonal, situé au fond d'un infundibulum étroit,
à parois renflées, mais presque verticales, médiocrement évasé
et n'atteignant, à sa jonction avec la face inférieure, qu'une largeur de 29 millimètres, le diamètre en mesurant 190. Les angles
sont fortement entamés par les sillons ambulacraires, qui se pro-

longent, très visibles, jusque près du bord. Périprocte invisible sur notre exemplaire, dont la partie postérieure est un peu ébréchée. Tubercules de la marge supérieure semblables à ceux des pétales, petits, serrés, nombreux ; ceux de la face inférieure un peu plus développés, mais toujours exigus.

Rapports et différences. — Notre exemplaire est en tout conforme à la figure du type décrit par M. Pomel, sauf que l'angle antérieur est un peu plus allongé, sans être beaucoup moins arrondi. Cette espèce, comme nous l'avons dit précédemment, a beaucoup de ressemblance avec le *C. doma ;* elle s'en distingue par sa base presque ovale, à angles moins marqués, par ses pétales plus ouverts à leur extrémité et par sa taille plus développée. M. Pomel dit que les pétales descendent plus bas que dans le *C. turgidus ;* mais dans l'une comme dans l'autre espèce, il indique lui-même qu'ils atteignent les deux tiers du rayon ; il n'y a guère d'autres différences entre elles, autant que nous pouvons en juger d'après les figures du *C. turgidus*, que nous ne possédons pas en nature, comme nous l'avons dit, que celle des tubercules, un peu plus nombreux et plus petits sur les pétales du type qui nous occupe, et la forme plus convexe du sommet, ce qui, il faut bien le reconnaître, est peu considérable.

LOCALITÉ. — Notre unique exemplaire appartient à l'École des mines de Paris ; il y est étiqueté comme provenant d'Algérie, mais sans indication de localité précise. M. Pomel indique, pour ses exemplaires, Beni-Chougran et Sidi-Daho, dans les environs de Mascara. — Terrain helvétien.

CLYPEASTER PARVITUBERCULATUS, Pomel, 1887.

CLYPEASTER PARVITUBERCULATUS, Pomel, *loc. cit.*, p. 229 ; B. pl. XLVI, fig. 1-6.

Longueur, 132 mill. —	Largeur, 124 mill.	Hauteur, 56 mill.
— 137 —	— 126 —	— 48 —
— 140 —	— 130 —	— 59 —
— 143 —	— 136 —	— 55 —

Espèce tantôt subpentagonale à angles très arrondis, avec face postérieure tronquée en ligne droite ; tantôt presque entièrement ovale, presque aussi large que longue ; face supérieure subco-

nique, surbaissée ou médiocrement élevée, descendant d'une
pente à peu près uniforme du sommet jusqu'au bord, qui est
mince partout sauf en avant où il est un peu plus épais. Face
inférieure plate ; marge oblique, peu étalée, assez haute. Sommet
étroit, arrondi, quelquefois légèrement tronqué ou bien presque
aigu.

Appareil apical petit, pentagonal, avec cinq pores génitaux de
position variable, pouvant s'éloigner jusqu'à 5 ou 6 millimètres
des angles du madréporide, et parfois plus rapprochés. Pétales
en côtes peu saillantes, ayant leur plus grande largeur un peu
au-delà du milieu, presque égaux entre eux, variant un peu
dans leur longueur, les postérieurs égalant à peu près les deux
tiers du rayon, quelquefois un peu plus, quelquefois un peu
moins, variant sur le même individu.

Zones porifères légèrement déprimées, étalées autour du
pétale, très rétrécies et presque nulles en arrivant au sommet ;
elles se recourbent à l'extrémité, resserrant sensiblement le
pétale, qui reste encore assez ouvert. Les petites cloisons qui
séparent les paires de pores, portent des tubercules très serrés et
très réduits, au nombre de douze dans la partie la plus large,
qui a 6 millimètres environ. Zones interporifères subclaviformes,
peu renflées sur les bords, arrondies sur le dos, médiocrement
saillantes, courbées mais non gibbeuses à la partie supérieure,
rétrécies et légèrement gonflées à l'extrémité, où elles se rejoignent naturellement avec la marge. Leur surface est couverte
d'un grand nombre de tubercules peu différents de ceux des
zones porifères et formant quatre rangées horizontales sur
chaque plaque. Aires interambulacraires un peu convexes à
l'extrémité des pétales, plus saillantes et quelquefois subgib-
beuses au milieu de leur hauteur, puis s'abaissant un peu et se
rétrécissant pour venir se perdre entre les parties convergentes
des pétales.

Péristome petit, subpentagonal, dans un infundibulum étroit,
vertical, à peine évasé sur les bords, sensiblement entaillé aux
cinq angles par les sillons ambulacraires, qui s'effacent peu à
peu en se rapprochant du bord. Périprocte petit, presque rond,
placé près du bord postérieur. Les tubercules qui couvrent la

marge supérieure ne sont pas plus développés que ceux des pétales ; ceux du dessous sont à peine plus gros.

Rapports et différences. — Cette espèce présente quelques variations, qu'il est utile de signaler. Nous avons dit plus haut que le pourtour était tantôt subpentagonal, à angles très arrondis, quelquefois presque ovale, les angles s'effaçant davantage et la partie postérieure étant moins rectiligne. La hauteur offre aussi des différences appréciables, comme on peut le voir par les dimensions que nous avons indiquées, de sorte que le profil est souvent plus relevé que ne l'indique la figure 3 de la planche XLVI de M. Pomel. Cette figure, d'ailleurs, est, sous ce rapport, un peu en contradiction avec le texte, qui indique 58 millimètres de hauteur, tandis qu'elle n'en a que 50, la longueur étant bien conforme à la dimension indiquée, 145 millimètres.

Un de nos exemplaires a les pétales plus saillants et, en même temps, les interambulacres plus gibbeux à moitié de leur hauteur ; le sommet est en outre un peu plus aigu, ce qui donne à cet individu une certaine ressemblance avec le *C. acuminatus* Desor; mais il s'en distingue facilement par ses interambulacres beaucoup moins déprimés, près du sommet, entre les pétales, et présentant à leur milieu une gibbosité bien moins accentuée ; et par la disposition de ses tubercules plus serrés que dans l'espèce à laquelle nous le comparons. Bien que la gibbosité interambulacraire ne soit pas aussi fortement marquée sur tous les individus, tous cependant montrent un renflement sensible à la partie indiquée. Le *C. parvituberculatus* a les plus grands rapports avec le *C. decemcostatus* Pomel ; les deux espèces nous paraissent bien voisines spécifiquement ; nous ne possédons malheureusement pas la dernière, et M. Pomel ne les compare pas l'une avec l'autre, se contentant de dire que la saillie des interambulacres et le peu de largeur des pétales distinguent le *C. decemcostatus* de toutes les espèces affines. Pourtant, cette saillie existe aussi dans les interambulacres du *C. parvituberculatus*, puisqu'il l'a comparé, pour cette raison, et avant nous, au *C. acuminatus;* les pétales ambulacraires ne nous semblent pas sensiblement plus étroits dans les figures données ; les autres caractères nous

14

paraissent aussi identiques : les tubercules forment quatre rangées sur les plaques des zones interporifères, les pétales ont la même longueur proportionnelle, les deux tiers du rayon ; le bord est également mince, le péristome petit dans un infundibulum étroit et abrupt. La seule différence que nous paraissent présenter les deux espèces, c'est que, dans le *C. parvituberculatus*, les pores génitaux sont détachés du madréporide, tandis qu'ils lui sont contigus dans le *C. decemcostatus* ; mais ce caractère n'a pas grande valeur, étant variable dans la même espèce et quelquefois chez le même individu. Les deux espèces proviennent, en outre, de la même localité.

LOCALITÉ. — Nos exemplaires ont été recueillis à Beni-Saf par M. le Mesle, à Beni-Chougran, près de Mascara ; deux appartiennent à la collection de la Sorbonne, et nous n'en connaissons pas la provenance précise. La localité indiquée par M. Pomel est l'Oued-Riou et la plaine de Gri, au N. de Mazouna. — Terrain helvétien.

CLYPEASTER ALTICOSTATUS, Michelin, 1861 ?

CLYPEASTER ALTICOSTATUS, Pomel, *loc. cit*, p. 243, pl. LXXIX, fig. 1-3 (inédite).

Dimensions approximatives de notre exemplaire :
Longueur, 170 mill. — Largeur, 145 mill. — Hauteur, 59 mill.

Exemplaire subpentagonal, à partie antérieure un peu allongée, à angles arrondis, à côtés non flexueux. Face supérieure élevée en pyramide tronquée et arrondie au sommet ; de là le test descend en pente rapide, uniforme jusqu'à l'extrémité des pétales ; la marge est moins déclive, formant avec la gibbosité supérieure un angle très obtus en avant et sur les côtés. Bord arrondi, assez épais antérieurement et sur les flancs ; face inférieure pulvinée.

Appareil apical pentagonal, un peu déprimé ; le madréporide est entouré des cinq pores génitaux qui lui sont contigus. Pétales ambulacraires relevés en côtes saillantes, comprimés sur les côtés, allongés, oblongs, ayant presque partout la même largeur sauf aux deux extrémités, où le rétrécissement est, d'ailleurs, très court. L'ambulacre impair est le plus long ; les pétales pairs presque égaux ; les postérieurs atteignant à peine plus des deux tiers de la distance du sommet au bord (66/95) ; leur plus grande largeur est de 33 millimètres. Zones porifères légèrement déprimées, presque droites, peu infléchies à leur extrémité et laissant le pétale grand ouvert. Elles sont déclives sur le bord comprimé des zones interporifères et portent sur les cloisons qui séparent les paires de pores une rangée de petits tubercules, au nombre de dix dans la partie la plus large. Zones interporifères renflées, bien convexes, à bords relevés et à peine infléchis, plus élevées que la marge au moment où elles s'y réunissent. Elles portent des tubercules plus développés que ceux des zones porifères et formant trois rangées sur chaque plaque. Interambulacres étroits à leur naissance et déprimés, à peine plus hauts que le bord externe des zones porifères dans toute leur longueur, se réunissant naturellement à la marge ; leurs tubercules sont semblables à ceux des zones interporifères, mais plus écartés ; leur largeur, à l'endroit le plus développé des pétales, est de 15 millimètres.

Le péristome n'est pas visible sur notre exemplaire, et nous pouvons seulement constater que l'infundibulum était évasé et à parois obliques, si toutefois il n'est pas déformé ; les sillons ambulacraires l'entament fortement et se prolongent presque jusqu'au bord en s'effaçant graduellement. Le périprocte nous est inconnu. Tubercules de la marge supérieure semblables à ceux des interambulacres ; ceux de la face inférieure plus gros, serrés et fortement scrobiculés

Rapports et différences. — Nous ne possédons de cette espèce que la moitié d'un exemplaire montrant le sommet de la pyramide bien entier, l'ambulacre impair, l'antérieur et le postérieur pairs du côté droit ; la partie postérieure nous manque, ainsi que la marge du côté gauche ; la face inférieure est un peu enfoncée. Dans ces conditions désavantageuses, il nous est difficile d'avoir une opinion bien arrêtée sur les rapports de notre spécimen avec le type spécifique, et, dans notre hésitation et notre incertitude, il nous a paru que le plus simple était de suivre M. Pomel qui, d'ailleurs, ne semble guère être

plus riche que nous en matériaux. Ce n'est qu'avec réserves que
cet auteur réunit son exemplaire au type de Michelin ; nous
sommes également assez loin d'être convaincu de leur parfaite
homologie. L'aspect de la pyramide, la forme des pétales ambulacraires, le bord arrondi et épais en avant se rapportent assez
bien ; nous ne pouvons pas constater s'il en était de même pour
la marge postérieure, si caractéristique dans la figure donnée
par Michelin, et qui manque chez notre exemplaire. M. Pomel,
mieux renseigné que nous, dit qu'elle est amincie, ce qui semble
concorder avec le type spécifique. Le bord des sujets algériens
est moins flexueux, quoique celui de l'exemplaire publié par
Michelin ne le soit pas beaucoup, et les pétales ambulacraires
descendent moins bas. Malheureusement, les descriptions de
l'auteur de la *Monographie des Clypéastres* laissent beaucoup à
désirer. Sous leur apparence de concision et de netteté, elles ne
donnent point certains détails qui nous sont indispensables pour
juger sûrement des rapports des individus provenant de localités
différentes. Ainsi, la longueur des pétales n'est jamais mesurée : ils
sont longs ou courts, et c'est bien vague ; il en est de même pour le
nombre des tubercules des zones porifères et interporifères, pour
le rapport de la largeur des ambulacres et des interambulacres,
pour les dimensions de l'infundibulum à son point de jonction
avec la face inférieure. Les figures ne correspondent pas toujours
exactement à la description, soit que l'auteur ait mal mesuré ou
que le dessinateur ne se soit pas montré très rigoureux sur les
dimensions. Ainsi, dans le cas présent, Michelin indique pour la
longueur *maximum* 135 millimètres, et la figure en a 140 ;
110 pour la plus grande largeur, et le dessin en donne 118, ce
qui change un peu les proportions exactes entre les deux axes ;
la hauteur, qui est de 60 millimètres dans le texte, est de 63 dans
la planche XXIX. Ces incertitudes, jointes à l'absence des détails
précis que nous avons indiquée, peuvent jeter quelquefois dans
un grand embarras, quand l'exemplaire comparé au type présente à la fois d'assez nombreuses analogies et quelques divergences. Il faudra attendre des matériaux plus complets pour
décider si, réellement, l'exemplaire imparfait que nous venons
de décrire doit être définitivement rapporté au type vrai du
C. alticostatus.

LOCALITÉ. — Notre exemplaire provient des bords de l'Oued Moula, près de Bou-Medfa. — Terrain helvétien. — Recueilli par M. Welsch.

CLYPEASTER OBELISCUS, Pomel, 1887.

CLYPEASTER ALTUS, Nicaise (*pars*), *Cat. des anim. foss. de la prov. d'Alger*, p. 93, 1870.
CLYPEASTER OBELISCUS, Pomel, *loc. cit.*, p. 244 ; B. pl. LXXX, fig. 1-3 (inédite).

Longueur, 162 mill.— Largeur, 144 mill.— Hauteur, 80 mill.
—   187 —   —   165 —   — 100 —

Espèce de grande taille, haute, large à la base, légèrement rétrécie en arrière, subpentagonale, à angles très arrondis, à côtés plus ou moins flexueux. Face supérieure élevée, pyramidale, terminée par une surface tronquée arrondie, un peu moins gibbeuse en arrière qu'en avant. De ce point culminant, le test descend en pente uniforme jusqu'à la base, la marge continuant la déclivité de la partie pétalifère. Bord peu épais, arrondi, à peine un peu plus aminci en arrière qu'en avant. Face inférieure plane, très légèrement renflée autour du péristome.

Appareil apical subpentagonal, non déprimé, peu développé, le madréporide au centre, avec pores génitaux à peu près contigus aux angles sur un de nos exemplaires, assez écartés sur l'autre. Pétales allongés, oblongs, saillants en côtes convexes mais peu renflées sur le dos, légèrement gibbeux à la partie supérieure, en se recourbant vers le sommet, surtout les antérieurs, arrondis à leur extrémité. Ils sont un peu inégaux ; les trois antérieurs ont à peu près la même longueur, les postérieurs sont plus longs et dépassent les deux tiers du rayon (76/110 sur notre plus petit exemplaire, 95/138 sur l'autre) ; leur plus grande largeur excède 10 millimètres. Zones porifères déprimées, déclives sur les côtés du pétale, presque droites, sauf à l'extrémité, où elles se recourbent et rétrécissent la partie finale. Pores assez rapprochés, peu visibles près du sommet ; les cloisons qui séparent les paires portent de neuf à dix petits tubercules. Zones interporifères ovales, allongées, relevées au bord au-dessus des zones porifères, peu saillantes sur le dos, médiocrement contractées à l'extrémité et se réunissant naturellement à la marge. Elles portent des tubercules à peine plus gros que ceux des cloisons, formant trois rangées sur chaque plaque, rarement quatre. Interambulacres formant à la partie supérieure une bande longtemps étroite et n'atteignant que 15 millimètres en face de la partie la plus large des pétales ; ils sont légèrement convexes, s'élevant au-dessus des zones porifères, mais beaucoup moins saillants que les pétales ; les tubercules qu'ils portent sont semblables aux autres, mais moins serrés.

Péristome situé dans un infundibulum peu élargi, à parois presque verticales, peu évasé, n'atteignant pas, à sa jonction avec la face inférieure, le quart du diamètre total. Il est fortement échancré par les sillons ambulacraires, qui sont évasés et s'arrêtent avant d'atteindre le bord.

Périprocte arrondi, médiocre, peu éloigné du bord postérieur. Tubercules de la marge supérieure semblables aux autres, un peu plus serrés sur le bord qu'au milieu de l'interambulacre ; ceux du dessous sont plus développés, serrés et bien scrobiculés.

Rapports et différences. — Nos deux exemplaires offrent entre eux quelques différences légères ; le plus grand, qui atteint 100 millimètres de hauteur, a les pores génitaux plus écartés du madréporide que l'autre, où ils sont presque contigus, et la marge a une tendance à s'étaler un peu, continuant moins régulièrement la déclivité des pétales. Mais ces différences ne sont que des variations individuelles, surtout la dernière, qui est un effet probable de la très grande taille de l'Oursin. Ils nous paraissent bien conformes à la description de M. Pomel, qui est notre seul guide pour les déterminer, puisque les figures ne sont pas encore publiées, et nous ne croyons pas faire erreur en les réunissant à son type spécifique. Il y a cependant deux points légèrement discordants : les pétales postérieurs dépassent les deux tiers du rayon de deux ou trois millimètres, tandis que le texte dit qu'ils n'égalent pas les deux tiers ; en second lieu, les tubercules ne forment sur les plaques interporifères que trois rangées, du moins sur la plupart. M. Pomel en indique quatre, et cette différence est assez importante ; mais elle ne nous a point paru concluante, parce que plus loin, à la page 265, le même auteur, comparant le *C. subacutus* au *Cl. obeliscus*, dit que ce dernier s'en distingue par ses tubercules en rangées transverses *triples* sur chaque assule ambulacraire.

Nicaise cite le *C. altus* dans la localité d'où proviennent nos exemplaires, et aussi ceux de M. Pomel ; il est probable que c'est du *C. obeliscus* qu'il s'agit ; leur forme élevée aura induit ce géologue en erreur, à une époque où, sans tenir un compte suffisant des détails du test, on déterminait les espèces du genre *Clypeaster* d'après une méthode un peu trop large. Nos exemplaires se distinguent facilement du *C. altus*, même des individus les plus élevés, par leurs tubercules plus petits, leurs pétales s'arrêtant plus loin du bord, leur marge moins oblique et moins épaisse et par leur infundibulum moins évasé. Le *C. pyramidalis* qui, dans la figure donnée par Michelin, offre à peu près la même forme que notre plus petit exemplaire, a les pétales plus longs et moins élargis, semicylindriques et les interambulacres plus renflés, et aussi l'infundibulum plus large (1) ; c'est, néanmoins, un type qui se rapproche beaucoup de celui qui nous occupe.

Localité. — Environs d'Orléansville, rive droite de l'Oued Isly, selon l'ingénieur Ville, qui a donné ces deux exemplaires à la collection de l'École des mines de Paris, en 1868.— Terrain helvétien.

Clypeaster Douville, Peron et Gauthier, 1891.

Pl. VIII, fig. 4-5.

Longueur, 139 mill. — Largeur, 129 mill. — Hauteur, 80 mill.

Espèce subpentagonale, un peu plus longue que large, à angles très arrondis, presque oblitérés, surtout les trois antérieurs, à partie postérieure à peine rétrécie, avec bords non sinueux. Face supérieure fortement élevée en cone élancé mais

---

(1) Dans cette espèce, comme nous l'avons déjà remarqué ailleurs, le dessin n'est pas d'accord avec la description de Michelin ; l'auteur dit que les cloisons des zones porifères portent de 4 à 6 tubercules, et le dessinateur en a reproduit 9.

tronqué et convexe à la partie supérieure ; de là, le test descend
en forme de cloche assez régulière avec une marge assez évasée,
déclive, haute, présentant partout un bord très mince. Partie
inférieure plate.

Appareil apical médiocrement développé, pentagonal, déprimé, avec pores génitaux sur l'interambulacre à 4 ou 5 millimètres des angles du madréporide. Pétales en côtes peu saillantes, assez étroits, oblongs ; ils prennent leur largeur moyenne
à très peu de distance du sommet et descendent ensuite en ligne
droite jusqu'à la marge. Les antérieurs pairs sont plus courts
que les autres, qui sont égaux, et les postérieurs mesurent un
peu moins des deux tiers du rayon (72/114).

Zones porifères étroites à la partie supérieure, un peu plus
élargies aux trois quarts de leur longueur, sans l'être beaucoup,
sensiblement déprimées, presque droites, se courbant médiocrement à l'extrémité et resserrant assez fortement le pétale. Les
petites cloisons qui séparent les paires de pores sont ornées de
tubercules exigus et serrés, au nombre de huit à neuf à l'endroit
le plus large, qui mesure 5 millimètres. Zones interporifères
oblongues, presque tout de suite larges à la partie supérieure,
fortement et rapidement rétrécies et un peu gonflées à l'extrémité, où elles se réunissent à la marge par un faible ressaut.
Elles ont la forme de côtes convexes, mais peu saillantes, subitement élevées au-dessus des zones porifères ; elles se recourbent
pour former le dôme supérieur sans se déprimer ni se gonfler.
Les tubercules qu'elles portent sont très serrés et très petits, un
peu plus développés, néanmoins, que ceux des zones porifères ;
ils forment quatre rangées horizontales sur chaque plaque.
Interambulacres assez larges, un peu convexes à l'extrémité des
pétales, montant ensuite en côtes uniformément convexes, un
peu moins saillants que les pétales. Vis-à-vis la partie la plus
large de ces derniers (39 mill.), qui est à peu près au milieu de
leur longueur, ils mesurent 13 millimètres, puis ils continuent à
s'atténuer régulièrement jusqu'à l'apex, près duquel ils sont très
réduits et légèrement déprimés entre les zones porifères. Ils sont
couverts de tubercules semblables à ceux des zones interporifères, un peu moins serrés, toujours nombreux jusqu'au sommet.

Péristome petit, au fond d'un infundibulum pentagonal très étroit, à côtés verticaux, ne mesurant que 15 millimètres de largeur à sa jonction avec la surface inférieure. Il est fortement entaillé aux angles par les sillons ambulacraires, qui se prolongent assez creusés et assez larges jusqu'au bord. Le périprocte n'est pas visible sur notre exemplaire. Tubercules de la marge supérieure partout très petits comme ceux des zones interporifères, assez serrés, mais plus sur le prolongement des ambulacres ; à la face inférieure, ils sont plus développés, plus fortement scrobiculés et toujours serrés.

Rapports et différences. — L'exemplaire que nous avons entre les mains a d'étroits rapports avec le *C. insignis* Seguenza ; la forme est à peu près la même, représentant assez bien une cloche élancée dont la marge représente l'évasement inférieur. La hauteur est égale ; le bord mince, le péristome dans un infundibulum extrêmement réduit, les pétales convexes et formant à la partie supérieure, en alternant avec la dépression des ambulacres, comme les cannelures d'une colonne, sont autant de caractères communs. Les différences sont peu nombreuses : la base, dans notre type, est un peu moins arrondie ; le haut de la pyramide est un peu plus épais et les pétales ambulacraires s'arrêtent plus loin du bord. Ce dernier caractère a plus de valeur que les deux autres ; cependant, Seguenza a représenté un second exemplaire (fig. 2) qui, lui aussi, a les pétales ambulacraires plus courts que le premier et presque semblables à ceux de notre espèce. Ces variations ne sont pas rares dans les Clypéastres, et nous aurons l'occasion d'en constater d'autres. Nous croyons, néanmoins, devoir maintenir une différence spécifique, parce qu'aux discordances signalées s'ajoute une différence de niveau géologique. Nous ne connaissons, d'ailleurs, les types de Seguenza que par les figures réduites qu'il en a données ; peut-être une comparaison directe accentuerait-elle les caractères distinctifs. Sa description est très insuffisante et n'indique que les traits les plus généraux.

Le *C. turritus*, de Dax, auquel Philippi réunissait le type dont Seguenza a fait le *C. insignis*, et qui est représenté par le moule Q. 17, de Neuchâtel, a une forme conique et acuminée au sommet; il ne rappelle nullement la forme arrondie de notre espèce; sa base est plus pentagonale, son infundibulum plus grand, et il serait inutile de pousser plus loin la comparaison.

LOCALITÉ. — Notre exemplaire appartient à l'École des mines de Paris; il a été recueilli par M. Jourdy dans les strates pliocènes du Sig, dans les couches à *Ostrea,* que notre savant confrère regarde comme synchroniques des couches à *C. Jourdyi* de la Kasba d'Oran, tandis que le *C. insignis* de Seguenza appartient au Miocène moyen, c'est-à-dire à la 4° zone de cet auteur, qui est l'Helvétien.

EXPLICATION DES FIGURES. — Pl. VIII, fig. 4, *C. Douvillei,* vu de profil; fig. 5, ouverture de l'infundibulum buccal, grandeur naturelle.

CLYPEASTER PRODUCTUS, Pomel. 1887.

CLYPEASTER PRODUCTUS, Pomel, *loc. cit.*, p. 253; B. pl. XXIX, fig. 1-6.

Longueur, 190 mill. — Largeur, 158 mill. — Hauteur, 81 mill.

Espèce de grande taille, subpentagonale, sensiblement plus longue que large, à angles arrondis, l'antérieur formant un lobe assez avancé; à bords partout sinueux, assez épais en avant et sur les côtés, plus mince et obtus en arrière. Face supérieure gibbeuse, fortement élevée en pyramide sous les pétales, largement tronquée au sommet, à marge assez large et étalée, en avant surtout. Face inférieure plane.

Appareil apical peu étendu, légèrement déprimé, pentagonal, avec pores génitaux éloignés de deux ou trois millimètres des angles du madréporide. Pétales lancéolés, larges à l'extrémité, médiocrement saillants, presque égaux, les pairs antérieurs un peu plus courts, les postérieurs égalant les deux tiers du rayon (78/115). Zones porifères médiocrement déprimées, étroites à leur naissance, s'élargissant progressivement jusqu'à leur extrémité, où elles se recourbent en laissant le pétale largement ouvert. Les cloisons qui séparent les paires de pores sont assez larges et comptent de sept à huit petits tubercules et même jusqu'à dix, car le nombre n'est pas égal sur toutes les aires; celles-ci fort larges, jusqu'à 10 millimètres dans la partie la plus développée.

Zones interporifères convexes, mais aplanies au milieu, un peu gibbeuses à la partie supérieure, renflées sur les bords où elles dominent les zones porifères, resserrées et renflées à l'extrémité, où elles se réunissent à la marge par un angle peu prononcé en avant, presque nul en arrière. Les plaques portent trois rangées horizontales de tubercules plus gros que ceux des zones porifères, serrés et bien scrobiculés. Interambulacres un peu déprimés à l'extrémité des pétales, se rétrécissant vite, un peu plus convexes dans la moitié supérieure, couverts jusqu'en haut de tubercules semblables à ceux des zones interporifères ; ils ne mesurent que 15 millimètres en face du tiers inférieur des pétales, où ceux-ci atteignent leur plus grande largeur (45 mill.).

Péristome pentagonal, assez grand, profond, dans un infundibulum à parois presques verticales, assez évasé cependant, mesurant 39 millimètres en largeur, c'est-à-dire le quart du diamètre transversal. Il est fortement entamé par les sillons ambulacraires, qui s'effacent vite avant d'avoir atteint le bord. Périprocte peu développé, arrondi, situé près du bord. Tubercules de la marge supérieure semblables à ceux des zones interporifères, moins serrés ; ceux de la face inférieure inégaux, plus grands, plus saillants et fortement scrobiculés.

Rapports et différences. — Notre exemplaire semble présenter quelques différences avec ceux qu'a décrits M. Pomel ; il est plus élevé, mais il n'en reste pas moins largement tronqué ; les zones porifères sont aussi plus larges, et ce caractère le rapproche davantage du *C. Atlas*, car les deux espèces ont de nombreux points de ressemblance. La forme du pourtour est à peu près la même, les tubercules sont semblables, les pétales peu différents, la physionomie générale assez voisine. Il reste, toutefois, des divergences suffisantes pour distinguer les deux espèces : le *C. productus* a une marge plus étalée, moins épaisse en arrière, la pente du sommet au bord est moins droite, plus onduleuse, surtout en arrière, la hauteur est moins considérable, l'appareil moins développé, et les pores génitaux sont moins éloignés des angles du madréporide. Il n'est pas non plus sans analogie avec les grands exemplaires du *C. pachypleurus* Pomel ; mais ce der-

nier s'en sépare facilement par sa partie antérieure arrondie, non
lobée, par son pourtour moins sinueux, par ses tubercules plus
gros et ne formant que deux rangées sur les plaques interporifères, par sa marge partout plus renflée.

Localité. — Environs d'Orléansville ; recueilli par le regretté
Nicaise, à qui nous devons le bel exemplaire que nous venons de
décrire. — Terrain helvétien.

Clypeaster tumidus, Pomel, 1887.

Clypeaster tumidus, Pomel, loc. cit., p. 274 ; B. pl. XCI, fig. 1-3 (inédite).

Longueur, 125 mill. — Largeur, 112 mill. — Hauteur, 58 mill.

Exemplaire de taille moyenne, subpentagonal, à angles très
arrondis, à côtés latéraux et postérieur flexueux. Face supérieure
élevée en pyramide assez régulière, épaisse, tronquée assez
largement au sommet, plate ou à peine infléchie sur les faces
latérales. La pente se continue uniforme de la troncature à la
base, la marge étant très courte, non étalée, le bord épais, arrondi en avant et sur les côtés, un peu plus mince en arrière. Face
inférieure plane.

Appareil apical situé dans une légère dépression, le madréporide en bouton subpentagonal, avec les cinq pores génitaux un
peu détachés des angles. Pétales médiocrement saillants, allongés, ovales, bien ouverts à l'extrémité, descendant très bas, les
pairs antérieurs ne s'arrêtant qu'à 13 millimètres du bord ; ceux-
ci sont plus courts que les autres, qui sont égaux entre eux. Les
postérieurs mesurent les trois quarts, et plus, de la distance du
sommet au bord (63/82) ; leur plus grande largeur est un peu
au-dessous du milieu de la longueur et atteint 35 millimètres.
Zones porifères assez déprimées, un peu déclives sur les côtés du
pétale, élargies à la partie inférieure, à peine flexueuses, sauf au
dernier quart, où elles s'infléchissent assez vite pour restreindre
la partie finale, qui reste largement ouverte. Paires de pores
médiocrement rapprochées, séparées par des cloisons qui portent
six ou sept petits tubercules assez écartés, sur une largeur de
8 millimètres. Zones interporifères peu saillantes, ovales, allongées, un peu convexes mais aplaties sur le dos, s'infléchissant

vers la troncature supérieure sans beaucoup de relief, un peu plus renflées dans la moitié inférieure et se rejoignant naturellement à la marge, qui est un peu gonflée à leur extrémité. Elles portent des tubercules peu développés, un peu plus gros cependant que ceux des zones porifères, peu serrés et formant deux rangées sur chaque plaque. Interambulacres assez longtemps étroits en partant du sommet, s'élargissant vers la moitié de leur longueur, mais modérément, à peine élevés au-dessus des zones porifères dans toute leur étendue, non déprimés, se reliant naturellement à la marge. Leur largeur à l'endroit le plus développé du pétale ambulacraire est de 14 millimètres. Ils sont couverts de tubercules semblables à ceux du dos des ambulacres, peu serrés, formant toutefois au moins trois rangées verticales dans la partie la plus rétrécie et jusqu'au sommet.

Péristome subpentagonal, dans un infundibulum assez profond, étroit, à parois légèrement convexes, médiocrement évasé, large seulement de 28 millimètres pour un diamètre de 112. Il est fortement échancré par les sillons ambulacraires, qui se prolongent, assez larges, jusqu'au bord.

Périprocte arrondi, situé à une distance du bord égale à son diamètre. Tubercules de la marge supérieure peu développés et espacés, plus serrés près du bord, un peu plus gros en-dessous, mais toujours peu développés.

Rapports et différences. — Notre exemplaire, quoique un peu moins haut que celui dont M. Pomel donne les dimensions, est tellement conforme à sa description, que nous ne croyons pas nous tromper en le rapportant au type qu'il a appelé *C. tumidus ;* l'absence des figures annoncées nous laisse seule un peu d'incertitude. Il se rapproche du *C. altus* Lamarck, qu'on trouve dans les mêmes localités ; mais il s'en distingue facilement par sa troncature postérieure moins gibbeuse sur les bords, par ses pétales ambulacraires plus longs et moins renflés, par les faces de sa pyramide plus planes, par son infundibulum moins évasé et par ses tubercules plus petits et formant trois rangées jusqu'au sommet.

Localité. — Rachgoun, à l'O. d'Oran. — Terrain helvétien.— Recueilli par M. le Mesle. — Les exemplaires de M. Pomel proviennent de Nemours et de Teni-Krempt.

CLYPEASTER PACHYPLEURUS, Pomel, 1887.

CLYPEASTER PACHYPLEURUS, Pomel, *loc. cit.*, p. 270; B. pl. XL, fl. 1 6.

Longueur, 134 mill. — Largeur, 116 mill. — Hauteur, 53 mill.
    —   175 —   —   148 —   —   70 —

Espèce de grande taille, subpentagonale, à peine rétrécie en arrière, à angles arrondis et peu saillants, à côtés presque droits, un peu flexueux chez certains individus. Face supérieure de hauteur moyenne, massive, présentant au sommet une dépression assez étendue, d'où les côtés descendent en pente peu rapide et presque uniforme jusqu'au bord. Celui-ci est très épais en avant et sur les côtés, un peu moins à la partie postérieure ; marge non étalée ; face inférieure à peu près plane.

Apex petit, subpentagonal, placé dans une légère dépression, les cinq pores génitaux détachés du madréporide, et situés au plus à 3 millimètres sur les aires interambulacraires. Pétales peu saillants, larges, très ouverts à l'extrémité. Leur plus grande largeur, qui se développe aux deux tiers de leur longueur, atteint 46 millimètres sur notre plus grand exemplaire. Les deux antérieurs pairs sont un peu plus courts : l'impair et les deux postérieurs sont à peu près égaux, et ces derniers atteignent les deux tiers du rayon (70/105) sur notre plus grand spécimen ; mais ils sont plus longs sur deux autres, dont la proportion est 56/78. Zones porifères déprimées, larges surtout dans la partie inférieure recourbée, étalées sur les flancs des pétales et restreignant ainsi l'aire interambulacraire, elles portent sur les cloisons, de six à sept petits tubercules, rarement huit. Zones interporifères médiocrement renflées quoique bien saillantes au-dessus des porifères, recourbées à leur partie supérieure pour former la dépression du sommet, aplanies ou peu saillantes au milieu, formant à l'extrémité un petit renflement qui se continue sur la marge ; les plaques portent deux rangées horizontales irrégulières de tubercules bien plus développés que ceux des zones porifères, serrés et scrobiculés. Interambulacres peu renflés, à fleur de la marge entre l'extrémité des pétales, ne mesurant que 14 millimètres en face de la plus grande largeur de ceux-ci ; se rétrécissant vite, et montant vers le sommet en formant une bande toujours basse et de plus en plus étroite. Ils sont couverts de tubercules semblables à ceux des zones interporifères, formant dans la partie supérieure plusieurs rangées verticales, qui ne se réduisent à deux qu'assez près du sommet.

Péristome subpentagonal, de moyenne grandeur, au fond d'un infundibulum assez creusé, à parois presque verticales, évasé sans exagération sur ses bords ; il est plus ou moins entaillé par les sillons ambulacraires qui s'effacent vite. Périprocte arrondi, médiocre, assez rapproché du bord postérieur. Tubercules de la marge supérieure à peu près semblables à ceux des ambulacres, saillants et bien scrobiculés ; ceux de la face inférieure sont très serrés, ordinairement un peu plus gros, parfois peu différents de ceux de la marge.

Les exemplaires que nous avons entre les mains présentent quelques variations qu'il est bon de constater. Le plus grand, qui se rapproche le plus, par ses proportions, du type décrit par M. Pomel, a les tubercules un peu plus serrés qu'ils ne sont ordinairement, sur toute sa surface ; ils ne sont pas plus petits ; ils paraissent seulement plus nombreux, ce qui est peut-être dû au bel état de conservation de cet individu. Bien qu'ils ne forment que deux rangées au milieu des plaques interporifères, ils sont plus serrés, plus irrégulièrement placés sur les bords, et on en compte souvent trois ainsi superposés. Deux autres exemplaires appartenant à la collection de la Sorbonne, tout en reproduisant bien la physionomie de l'espèce, avec leur forme massive, leur bord épais, leurs pétales largement ouverts, sont un peu moins élevés, leurs pétales descendent plus près du bord, et les sillons ambulacraires sont plus marqués aux angles du péristome, mais ils ne se prolongent pas plus loin pour cela. Nous ignorons la provenance précise de ces exemplaires ; ils ne portent que la désignation : Algérie.

Rapports et différences. — La forme massive de cette espèce, ses bords épais, même en arrière, ses pétales ambulacraires à peine rétrécis à l'extrémité, la grosseur de ses tubercules lui donnent une physionomie particulière qui la fait facilement reconnaître ; c'est un type bien caractérisé, malgré les quelques variations que nous avons signalées plus haut. Les exemplaires du *C. ægyptiacus* qui se rapprochent le plus de cette forme s'en distinguent tout de suite par leur bord plus mince, leurs pétales moins ouverts, leurs tubercules plus menus; les autres espèces diffèrent encore davantage, et nous avons indiqué, en parlant du *C. productus*, les divergences qui séparent les grands exemplaires des deux types.

LOCALITÉ. — Environs de Mascara. — M. Pomel cite en outre le Tessala et Bab-el-Djemel, près de Marceau. — Terrain helvé-tien.

CLYPEASTER ALTUS (Walch), Lamarck.

CLYPEASTER ALTUS, Nicaise (*pars*) *Catal. des anim. foss. de la prov. d'Alger*, p 93, 1870.

—   —   Pomel, *loc. cit*, p. 261, pl. XLI, fig. 1-7, 1887.

Longueur, 124 mill. — Largeur, 112 mill. — Hauteur, 54 mill.
—   137 —   —   117 —   —   56
—   140 —   123 —   —   62 —
—   155 —   —   142 —   —   85 —

Espèce de taille moyenne, subpentagonale, à angles saillants mais arrondis, à côtés sinueux. Face supérieure gibbeuse, tantôt épaisse et largement tronquée au sommet, tantôt plus élancée, pyramidale, et, par suite, à troncature moins large. Dans les in-dividus élevés, les flancs sont légèrement infléchis; ils sont droits et parfois même un peu convexes, par suite du renflement des ambulacres, dans les exemplaires trapus. Marge déclive, peu éta-lée; bords arrondis, plus ou moins épais, plus minces en arrière.

Appareil apical dans une légère dépression de la troncature su-périeure, peu développé, le madréporide en bouton, plus ou moins nettement pentagonal, avec les pores génitaux assez éloi-gnés des angles. Pétales formant des côtes plus ou moins sail-lantes, rétrécis à leur naissance, arrondis à leur extrémité, pres-que égaux entre eux. Leur longueur atteint, dans notre exem-plaire le plus trapu, un peu plus des deux tiers de la distance du sommet au bord (60/85); dans les plus élancés, les trois quarts de cette distance (85/117) et même les quatre cinquièmes (73/91). Leur plus grande largeur est de 35 millimètres dans tous nos exemplaires, à l'exception du plus grand, qui est anormal dans l'espèce, et chez lequel elle atteint 41. Zones porifères déprimées, médiocrement déclives, étalées sur les bords de l'ambulacre, s'élargissant progressivement depuis leur naissance jusqu'à l'endroit où elles se recourbent pour rétrécir l'entrée du pétale. Les paires de pores sont médiocrement serrées, et les cloisons qui les séparent portent de sept à huit tubercules dans la partie la plus large, qui est, selon les individus, de 7 à 8 millimètres (1). Zones interporifères convexes, renflées sur les bords et formant un rebord au-dessus de la région porifère, plus ou moins aplaties sur le dos, un peu gibbeuses à l'endroit où elles se recourbent pour entourer le sommet qu'elles dominent; renflées à l'extrémité où elles sont resserrées. Elles portent des tubercules beaucoup plus gros que ceux des cloisons, formant deux rangées sur chaque plaque. Interambulacres longtemps étroits près du sommet, s'élargissant peu, médiocrement convexes, ne mesurant, à l'endroit le plus large des pétales que 15 millimètres environ ; ils sont couverts de tubercules peu nombreux, aussi gros que ceux du dos des pétales, et ne formant que deux rangées verticales sur une longue bande à la partie supérieure.

Péristome subarrondi, assez profondément situé dans un infundibulum évasé, à parois un peu convexes, n'atteignant pas, à sa jonction avec la face inférieure le tiers du diamètre de l'Oursin ; il est bien échancré par les sillons ambulacraires qui se prolongent jusqu'au bord en large gouttière. Périprocte arrondi, médiocre, assez rapproché du bord inférieur. Tubercules de la marge supérieure semblables à ceux des pétales; ceux du dessous beaucoup plus développés, fortement scrobiculés et très serrés.

Le plus grand de nos exemplaires fait un peu exception dans l'espèce par sa hauteur relativement exagérée, car, malgré son nom spécifique, le *Clypeaster altus* n'est pas des plus élevés; par

---

(1) Michelin dit : de dix à douze tubercules ; et, dans la figure grossie qu'il en donne pl. XXV, son dessinateur n'en indique que cinq ou six alternativement. L'exemplaire figuré n'a pas du tout les dimensions indiquées dans le texte ; et c'est un tort grave, selon nous, de décrire un individu et d'en figurer un autre.

contre sa base est moins .étalée, et la partie postérieure du bord
plus sinueuse que dans les autres individus; les pétales s'arrêtent un peu plus loin du bord. Malgré ces différences, il ne nous
a point paru possible de le séparer spécifiquement de ceux plus
typiques qu'on rencontre avec lui dans la même localité; il a un
air de famille si frappant, et tant d'autres caractères communs,
que nous le considérons comme le grand âge du type ordinaire.

Rapports et différences. — Quoique nous ayons l'habitude,
dans cet ouvrage, de ne citer pour la synonymie que les auteurs
qui ont écrit sur l'Algérie, il nous a paru qu'il ne serait pas sans
intérêt de résumer ici brièvement les recherches que nous avons
faites pour jeter un peu de lumière sur ce type si souvent cité, et
presque toujours confondu. Leske a figuré un *Echinanthus altus*
(*Additamenta*, p. 189, pl. LIII, fig. 4) qu'il est tout à fait impossible de reconnaître nettement d'après son dessin imparfait. Il
en donne néanmoins les dimensions : la longueur atteint 6
pouces (162 mill.), la hauteur 2 pouces (54 mill.). Mais ce n'est
pas lui qui, le premier, a décrit l'espèce; il renvoie à Walch qui
l'a nommé *Scutum angulare altum*, et dont l'exemplaire prove-
nait de Baden dans la Basse-Autriche. Leske nous prévient que la
figure qu'il donne est la reproduction de celle de Walch, et que
la longue description de cet auteur indique les différences suivantes avec l'*Echinanthus* (*Clypeaster*) *humilis* : hauteur plus
grande, sommet élevé, arrondi (*orbiculari*) : ambulacres plus
larges, convergeant à l'apex, couverts de granules. — C'est bien
vague. Leske cite encore d'autres auteurs qui ont parlé de cet
oursin : Scilla, qui a figuré un exemplaire de Malte ; Mercati qui
l'a trouvé en Toscane (*in Hetruria*) et en a laissé une figure très
élégante. Ce dernier auteur nomme cet oursin *Cucurbites*, à cause
de la ressemblance de ses ambulacres avec les pétales de la
courge indienne (*indicæ cucurbitæ*) : « un petit bouton fait saillie
au milieu du sommet; cinq pétales s'étendent au-dessous, oblongs,
saillants, coupés au milieu par une fibre d'où progressivement
en sortent d'autres tournées directement vers les extrémités. »
Allioni a rencontré l'*Echinanthus altus* près de Turin; Bonani sur
le rivage de la Calabre, près du détroit de Messine; enfin Davila
l'a appelé *Echinites à cinq pétales, à base pentagone*, dont le som-

met est très élevé. Tous ces types, décrits plus ou moins et figurés
si insuffisamment étaient-ils bien le même que celui de Leske? Il
est permis d'en douter ; on était peu sévère à cette époque pour
les caractères distinctifs. Et le type de Leske lui-même, peut-on,
avec la figure qu'il en donne et la description de Walch à laquelle il renvoie, en avoir une notion précise et incontestable?
Nous ne le croyons pas.

C'est à Lamarck qu'on attribue généralement aujourd'hui la
spécification du type qui nous occupe; on voit que beaucoup
d'autres en avaient parlé avant lui ; mais c'est lui du moins qui a
donné au genre le nom de *Clypeaster*. Il ne nous a point laissé
de figures du *C. altus*, et il n'est pas facile d'être fixé sur le véritable type qu'il a adopté. Nous n'avons rien trouvé d'authentique
au Muséum de Paris, malgré l'obligeance avec laquelle M. le professeur Perrier a mis les exemplaires de cette riche galerie à notre
disposition. Depuis Lamarck, Deslongchamps dans l'*Encyclo-
pédie méthodique* (pl. 446) a donné une figure réduite, qui ne
peut guère nous tirer d'embarras ; Risso a parlé d'un *Scutella
pyramidalis* que Michelin lui-même, qui le cite en synonymie,
déclare ne pas connaître (*loc. cit.*, p. 125) ; Agassiz, ordinairement si exact, n'a pas apporté à la distinction spécifique du
C. altus toute la précision désirée ; et l'on a continué après lui et
d'après lui, à désigner sous ce nom, d'une manière assez vague,
tout un groupe de Clypéastres. Il en a répandu deux moules en
plâtre, qui ont servi de repère à la plupart des auteurs ; mais ces
deux moules, marqués l'un 56, l'autre S. 93, cités également par
Desor dans le *Synopsis*, n'appartiennent certainement pas à la
même espèce. Le type 56, avec ses bords à peine flexueux, son
sommet en dôme, peut rappeler jusqu'à un certain point la figure
donnée par Leske ; il a les tubercules très fins, le bord mince, et
ne fait même point partie du groupe auquel appartient l'autre
moule S. 93, qui montre un bord épais en avant et sur les côtés,
bien flexueux, des tubercules beaucoup plus développés et moins
serrés, un sommet beaucoup moins arrondi et plus élancé.
L'exemplaire dessiné par Michelin, sans être complètement conforme à ce dernier, s'en rapproche par beaucoup de caractères :
s'il est moins acuminé à la partie supérieure, il présente une

assez grande analogie dans l'épaisseur de ses bords flexueux, dans le développement et la disposition des tubercules ; il nous paraît constituer la variété trapue du même type ; c'est aussi l'opinion de M. Pomel. La forme de ce Clypéastre, comme celle de toutes les grandes espèces, offre des variations considérables ; le moule S 93 représente une des plus répandues, la variété haute, avec flancs légèrement infléchis et ambulacres un peu plus allongés pour se mettre en harmonie avec la forme du test ; mais la disposition des tubercules est la même ; l'appareil apical, l'épaisseur des bords et leurs sinuosités, le péristome restent conformes, et nous sommes d'avis de voir là encore le type du *C. altus*. Il présentera donc une série de variétés, partant de la forme trapue dessinée dans la pl. XXV de Michelin, passant par le moule en plâtre S. 93, et atteignant dans les falaises de Nemours où l'on trouve tous les degrés, une taille encore plus élevée. Peut-être n'est-ce pas le vrai type de Lamark ; mais dans l'impossibilité où nous sommes d'établir incontestablement celui-ci, nous nous joignons aux deux auteurs que nous venons de citer, Michelin et M. Pomel, les seuls, d'ailleurs, qui aient jusqu'à présent étudié avec méthode le genre difficile qui nous occupe, pour adopter le type bien précis dont nous venons de parler. Seguenza semble aussi s'y être rallié, bien que ses descriptions insuffisantes laissent parfois le lecteur incertain. Nous espérons ainsi qu'on regardera désormais le type du *C. altus* comme définitivement fixé, et qu'on ne retombera plus dans la confusion que le manque de précision des auteurs a occasionnée pendant longtemps.

LOCALITÉS. — Falaises de Nemours (M. Bleicher) ; Beni-Saf (M. le Mesle). — Terrain helvétien.

CLYPEASTER SUBACUTUS, Pomel, 1887.

CLYPEASTER SUBACUTUS, Pomel, *loc. cit.*, p. 264 ; B. pl. XLVII, fig. 1-7.

Longueur, 108 mill. — Largeur, 97 mill. — Hauteur, 53 mill.

    — 108 —   — 94 —   — 50 —

Espèce pentagonale, à angles à peine marqués, arrondis, à bords latéraux un peu sinueux. Face supérieure subconique ; tronquée assez étroitement à la partie supérieure ; de là le test descend en pente rapide vers le bord inférieur, la marge continuant presque sans flexion la déclivité de la partie pétalée. Marge peu ou pas étalée, épaisse ; bord arrondi ; face inférieure plane.

Appareil apical peu développé, placé au milieu de l'étroite troncature que forme en se recourbant la partie supérieure des pétales et des interambulacres ; pores génitaux presque contigus aux angles du madréporide. Pétales ovales, renflés en côtes assez saillantes, rétrécis à la partie supérieure, arrondis ou en large ogive à l'extrémité ; la partie la plus large est aux deux tiers de la longueur ; ils descendent plus ou moins bas, les postérieurs n'atteignant que les deux tiers du rayon ou les dépassant un peu ; les antérieurs pairs sont un peu plus courts. Zones porifères déprimées, placées en partie sur la déclivité de la zone interporifère, courbées en forme de faulx, s'élargissant à la partie inférieure, et se rapprochant assez à l'extrémité pour rétrécir sensiblement l'entrée du pétale. Paires de pores peu serrées ; les petites cloisons qui les séparent portent dans la partie la plus large six ou sept tubercules peu rapprochés et réduits. Zones interporifères fusiformes, renflées, formant un rebord marqué au-dessus des zones porifères, un peu gibbeuses à la partie supérieure, à l'endroit où elles se courbent vers l'apex, bien convexes sur toute leur longueur, un peu étranglées et gonflées à l'extrémité, où elles forment un léger renflement qui se continue sur la marge. Les plaques portent deux rangées horizontales de tubercules peu serrés, plus gros que ceux des cloisons. Interambulacres étroits même à l'extrémité des pétales, se réduisant vite et régulièrement à une petite bande assez renflée entre les zones porifères, se déprimant à la troncature supérieure entre les saillies des ambulacres.

Péristome pentagonal, au fond d'un infundibulum assez profond, évasé, atteignant les 23/94es du diamètre transversal. Les sillons ambulacraires en découpent fortement les angles, puis s'effacent progressivement sans aller jusqu'au bord. Périprocte petit, subarrondi, rapproché du bord. Tubercules de la partie supérieure peu serrés, semblables à ceux du dos des ambulacres, ceux du dessous sont un peu plus développés et plus fortement scrobiculés.

Nous limitons cette espèce aux exemplaires de taille peu développée et présentant la physionomie subconique que reproduit d'une manière bien caractérisée la figure 3 de la planche XLVII de M. Pomel. Nous en avons entre les mains trois exemplaires, dont deux parfaitement conformes, sauf que les pétales descendent un peu plus bas chez l'un que chez l'autre. Le troisième est plus allongé, et par suite plus étroit; son infundibulum est plus large de 3 millimètres; ses pétales descendent bas, mais pas plus que chez celui des deux autres qui les a le plus longs. Ils proviennent tous trois de la même localité, et nous croyons qu'ils appartiennent au même type spécifique, tout en faisant quelques réserves pour le dernier.

LOCALITÉ. — ·Beni-Saf. — Terrain helvétien. — Deux de nos exemplaires ont été recueillis par M. le Mesle ; un appartient à l'École des mines de Paris et doit provenir de la même localité. M. Pomel cite l'Oued Riou, près d'Inkermann et les environs du Sig.

CLYPEASTER PORTENTOSUS, Des Moulins, 1829.

CLYPEASTER PORTENTOSUS, Michelin, *Monog. des Clyp. fossiles*, p. 125, pl. XXVIII, 1861.

Longueur, 125 mill. — Largeur, 112 mill. — Hauteur, 72 mill.
—   142 —   — 119 —   — 74 —

Espèce pentagonale à la base, assez large, très élevée et subconique, avec partie supérieure parfois inclinée, terminée au sommet par une troncature peu étendue, puis descendant rapidement en pyramide à cinq côtes saillantes jusqu'à la marge; celle-ci peu étalée, déclive, avec bord arrondi et obtus, variant un peu dans son épaisseur, selon que la pente de la marge est plus ou moins prononcée. Face inférieure plate.

Appareil apical placé ordinairement dans une dépression médiocre et souvent irrégulière, petit, pentagonal, avec les cinq pores génitaux contigus aux angles du madréporide ou peu éloignés. Pétales très allongés, saillants, en côte arrondie, oblongs, descendant plus ou moins bas sur le test, le plus souvent médiocrement ouverts à l'extrémité. Zones porifères étroites dans la partie supérieure, plus élargies et recourbées en bas, presque droites ; les cloisons qui séparent les paires portent de petits tubercules, peu serrés, au nombre moyen de sept à huit dans la partie la plus large ; il y en a neuf, et même dix, selon Michelin, dans les sujets de grande taille, et aussi selon la largeur de la zone, qui peut varier sur le même individu. Zones interporifères renflées, médiocrement élargies, gibbeuses irrégulièrement aux environs de l'apex, ce qui fait que la troncature supérieure du test est souvent inégale, un peu flexueuse en arrivant à la marge, et montrant à l'endroit où elles sont resserrées par les zones porifères un renflement plus ou moins accentué, qui se continue sur la marge. Les plaques sont ornées de deux rangées horizontales de tubercules, plus gros que ceux des zones porifères, peu serrés. Aires interambulacraires un peu déprimées entre les extrémités des pétales, la postérieure ordinairement plus que les autres ; elles se rétrécissent rapidement, et montent en bande longue et de plus en plus étroite entre les zones porifères, au-dessus desquelles elles font légèrement saillie. Elles portent des tubercules peu serrés, de même grosseur que ceux du dos des pétales.

Péristome pentagonal, placé au fond d'un infundibulum presque vertical, assez évasé au bord, de largeur moyenne, mais dont les dimensions varient selon la largeur du test. Il est échancré aux angles par les sillons ambulacraires qui s'affaiblissent peu à peu en approchant du bord. Tubercules de la marge supérieure semblables à ceux des interambulacres ; ceux de la face inférieure sont plus gros.

Cette espèce, par suite sans doute de son élévation et de la forme élancée et étroite de sa pyramide ambulacraire, est très souvent déformée, soit par accident, soit aussi naturellement, car la pyramide est parfois inclinée sans que le test porte la moindre trace de cassure. Elle est également sujette à des variations assez sensibles dans ses différents détails, dans la longueur de ses pétales, dans leur forme plus ou moins cylindrique, dans leur extrémité plus ou moins ouverte ; et ces variations peuvent se produire sur le même exemplaire. C'est ainsi probablement que Michelin, dans sa description (p. 126), dit que les aires ambulacraires

sont pétaloïdes et très ouvertes inférieurement, tandis que la figure qu'il donne montre les pétales presque entièrement fermés
à leur extrémité. La pyramide peut être parfaitement droite ou
inclinée, de préférence en avant ; la troncature supérieure est toujours étroite, mais souvent irrégulière, parce que les zones interporifères peuvent être plus hautes l'une que l'autre en cet endroit.

M. Pomel ne cite pas cette espèce en Algérie, et il regarde
comme étant la grande taille du *C. subacutus* les exemplaires
de forme analogue au *C. portentosus,* qu'il a recueillis dans cette
contrée. Nous ne pouvons pas affirmer que les exemplaires que
nous venons de décrire soient conformes aux siens, dont les figures sont encore inédites ; mais ils ont été recueillis pour la
plupart avec le *C. subacutus* ; et nous pensons dès lors qu'ils peuvent être analogues aux grands individus que M. Pomel réunit à
cette espèce. Nous avons pu nous procurer un *C. portentosus* de la
collection Michelin, appartenant aujourd'hui à l'École des mines
de Paris ; et nous avons minutieusement comparé cet exemplaire
qui provient de l'île de Caprée, avec les exemplaires algériens.
La physionomie, les proportions, les relations de la longueur et
de la hauteur sont les mêmes ; les autres détails concordent également. Les objections que fait M. Pomel sont au nombre de
cinq ; selon cet auteur, le *C. subacutus* de grande taille diffère du
C. portentosus : 1° par ses pétales gonflés à leur extrémité, au
lieu d être atténués ; 2° par ces mêmes pétales descendant moins
bas ; 3° par sa marge bien plus haute et moins étalée ; 4° par ses
tubercules plus petits ; 5° par ses aires ambulacraires bien plus
épaisses. Nous avons examiné attentivement ces cinq points. Pour
le premier, le gonflement inférieur des pétales se continue aussi
bien sur l'exemplaire de Caprée que sur ceux d'Algérie ; pour le
second, il y a, selon les exemplaires, des variations sensibles, et
nous donnons ici un petit tableau comparatif de la distance qui
reste entre le bas du pétale et le bord du test pour les ambulacres postérieurs, chez l'exemplaire de Michelin et les cinq d'Algérie que nous avons devant nous.

Longueur du rayon.	Longueur des pétales.	Distance au bord.
Caprée........ 105 mill.	77 mill.	28 mill.
Algérie. 1..... 93 —	67 —	26 —
— 2..... 92 —	69 —	23 —
— 3..... 100 —	75 —	25 —
— 4..... 105 —	78 —	27 —
— 5..... 95 —	68 —	27 —

Ce qui donne les proportions suivantes :

Rapport du pétale au rayon

Caprée	0.733
Algérie. 1..........	0.72
— 2..........	0.75
— 3..........	0.75
— 4..........	0.742
— 5..........	0.715

De sorte que, dans les cinq exemplaires d'Algérie, il y en a deux dont la proportion est plus petite, et trois où elle est plus grande. La troisième objection, la hauteur de la marge, est la même que la seconde, et la distance de l'extrémité du pétale au bord, dans notre tableau, y répond ; nous ajouterons que tous les exemplaires, aussi bien celui de la collection Michelin que les nôtres, montrent entre les pétales et la marge une inflexion, plus ou moins légère, qui n'existe pas, ou paraît moins sensible sur les *C. subacutus* que nous possédons et dont l'un semble modelé sur la figure 3 de la planche XLVII de M. Pomel.—4° Les tubercules du *C. acutus* ne sont pas plus petits ; ils sont semblables, peut-être même un peu plus accentués dans les exemplaires de Beni-Saf. — 5° Les côtes ambulacraires sont beaucoup plus épaisses dans les exemplaires algériens. Cette différence ne nous frappe nullement, et nous ajouterons ici une observation. Dans la figure donnée par Michelin, le bord des aires interambulacraires paraît garni de petites nodosités, et chaque plaque est renflée. Ces nodosités sont bien visibles sur l'exemplaire de Caprée, et nous les retrouvons, un peu plus effacées, mais bien reconnaissables, sur les exemplaires algériens. Ceux où elles ne se voient pas, sont en mauvais état, et la surface a été rodée par le sable qui les enveloppait et qui en a effacé tous les détails.

Pour nous résumer, nous regardons ces grands exemplaires

comme identiques au *C. portentosus*. M. Pomel déclare qu'il a
les matériaux suffisants pour démontrer que c'est seulement la
grande taille du *C. subacutus ;* ce n'est pas impossible ; mais
nous sommes moins riche et ne pouvons pas faire la même
preuve ; dans cet état de choses, les deux espèces restent
distinctes pour nous. S'il était démontré que nos exemplaires
élevés et coniques sont la forme âgée du *C. subacutus,* comme
ils sont en même temps identiques au *C. portentosus,* c'est cette
dernière espèce qui subsisterait, par droit de priorité, et le
C. subacutus devrait passer en synonymie.

LOCALITÉ. — Beni-Saf. — Terrain helvétien. — Nos exemplaires ont été recueillis par M. le Mesle ; nous ignorons la provenance exacte de ceux de l'École des mines.

Nous avons pu réunir et décrire trente espèces de Clypéastres
algériens. M. Pomel, qui explore le pays depuis plus de trente
ans, a recueilli des matériaux beaucoup plus importants, et il a
fait connaître, dans le même genre, quarante et un autres types
spécifiques. Nous allons en reproduire la liste. N'ayant point ces
matériaux à notre disposition, nous nous contenterons d'énumérer les espèces sans les discuter.

Clypeaster sinuatus, Pomel, *Descript. des anim. foss. de l'Algérie,*
Éch. p. 177 ; B. pl. XVII, fig. 1-7.

Ravin d'Oran.

Clypeaster tesselatus, Pomel, *loc. cit.,* p. 178 ; B. pl. XV, fig. 2.

Terrain helvétien ; Hennaya, près de Tlemcen.

Clypeaster Laboriei, Pomel, *loc. cit.,* p. 179 ; B. pl. LI, fig. 1-3.

Terrain helvétien ; au barrage du Tlélat.

Clypeaster ogleianus, Pomel, *loc. cit.,* p. 181 ; B. pl. XIX, fig. 1-6.

Terrain helvétien ; environs d'Arbal ; Lalla-Ouda, près d'Orléansville.

Clypeaster disculus, Pomel, *loc. cit.,* p. 188 ; B. pl. LII, fig. 1-3. Ficheur,
Terr. éoc. de la Kabylie, p. 342.

El Biar ; Camp du Maréchal.

Clypeaster Pouyannei, Pomel, *loc. cit.*, B. pl. LIV, fig. 1-2.

Terrain miocène; au-dessus de Belle-Fontaine, à l'E. d'Alger.

Clypeaster suboblongus, Pomel, p. 192 ; *C. oblongus* (non Sowerby) Explic. de la pl. XXIII, fig. 1-6. — Ficheur, *Terr. éoc. de la Kabylie,* p. 342.

Langhien (Cartennien). Dj. Bohi, près de Zurich; Bou-Che-nacha.

Clypeaster petasus, Pomel, *loc. cit.*, p. 193 ; B. pl. XXVIII, fig. 1-6.

Langhien (Cartennien). Aïn Ouillis, dans le Dahra.

Clypeaster paratinus, Pomel, *loc. cit.*, p. 195 ; B. pl. XXVII, fig. 1-6.

Terrain helvétien ; Aïn-el-Arba, au S. de Lourmel.

Clypeaster Cinalaphi, Pomel, *loc. cit.*, p. 197 ; B. pl. LVI, fig. 1 3.

Terrain helvétien; calcaires à mélobésies de l'Oued Riou.

Clypeaster Beringeri, Pomel, *loc. cit.*, p. 199 ; B. pl. LVII, fig. 1-3.

Terrain helvétien ; Oued Riou.

Clypeaster Delagei, Pomel, *loc. cit.*, p. 200 ; B. pl. LVIII, fig. 1-2.

Terrain miocène. — El Biar.

Clypeaster bunopetalus, Pomel, *loc. cit.*, p. 204 ; B. pl. LX, fig. 1-2 ; pl. LXI, fig. 1. — *C. Scillæ,* Pomel (non Des-Moulins). Expl. de la pl. XXVI, fig. 1-7.

Terrain langhien (cartennien) ; versant nord du Djebel Mouzaïa.

Clypeaster crassicostatus Agassiz ; Pomel, *loc. cit.*, p. 206 ; *C. intermedius,* Pomel (non Ag.). Explic. de la pl. XXIV, fig. 1-7.

Terrain helvétien ; zone à mélobésies près de Tiaret; Dj. Gharribou.

Clypeaster rhabdopetalus, Pomel, *loc. cit.*, p. 208 ; pl. LX. fig. 3-4 ; pl. LXII, fig. 4 ; — *C. crassicostatus,* Pomel (non Ag.). Expl. de la pl. XXV.

Terrain helvétien ; Chabet-el-Kota, près de Hammam-Rhira.

Clypeaster Badinskii, Pomel, *loc. cit.*, p. 212 ; B. pl. LXIII, fig. 1-2 ; pl. LXIV, fig. 1-3.

Terrain miocène ; El Biar, près d'Alger.

Clypeaster pulvinatus, Pomel, *loc. cit.*, p. 214 ; B. pl. XXXIV, fig, 1-7 (non Duncan et Sladen). Le nom spécifique de cette espèce ne peut être conservé, MM. Duncan et Sladen l'ayant appliqué à une espèce diffé rente. — *The fossil Echin. of. western Sind*, p. 322, pl. L., fig. 5 et 6. 1883 ; nous la nommerons **C. culcitella.**

Terrain helvétien ; Tessala.

Clypeaster latus, Pomel, *loc. cit.*, p. 219 ; B. pl. LXVII, fig. 1-3 (non Herklots, *Foss. de Java*, p. 6, pl. II, fig. 1. 1854). Nous nommerons cette espèce **C. latior** (1).

Terrain helvétien ; Oued Moula, près de Bou-Medfa.

Clypeaster planicostatus, Pomel, *loc. cit.*, p. 220 ; B. pl. LXVIII, fig. 1-3.

M. Pomel place cette espèce à la base de son terrain sahélien, près de Negmaria, au Dahra.

Clypeaster Demaeghti, Pomel, *loc. cit.*, p. 225 ; B. pl. LXX, fig. 1-3.

Terrain helvétien ? — Côte ouest de la province d'Oran, Nemours ou Teni-Kremt ?

Clypeaster turgidus, Pomel, *loc. cit.*, p. 226, pl. XLV, fig. 1-4.

Terrain miocène ; Aïn Ouillis, au Dahra.

Clypeaster cultratus, Pomel, *loc. cit.*, p. 231, pl. XLIX, fig. 1-5.

Terrain helvétien ; Beni-Chougran de Mascara.

Clypeaster Scyphax, Pomel, *loc. cit.*, p. 233 ; B. pl. LXXII, fig. 1-3.

Terrain helvétien ; falaises de Nemours.

_____

(1) Malgré ce qu'en dit Michelin, le type d'Herklots, avec ses ambu- lacres plats et ovales, rétrécis à l'extrémité, nous paraît bien différent du *C. (placunarius) humilis*. L'espèce vivante a les pétales oblongs et ren- flés ; les tubercules des cloisons dans les zones porifères sont au nombre de 10, tandis que l'espèce de Java n'en a que 6 (fig. 2 *b.*), et les interam- bulacres sont beaucoup plus déprimés.

Clypeaster decemcostatus, Pomel, *loc. cit.*, p. 235 ; B. pl. XLVIII, fig. 1-5 et pl. LXXIII, fig. 1-3. — *C. conoideus*, Pom. Explic. de la pl. XLVIII (non Goldfuss).

Terrain helvétien ; Oued-Riou, plaine de Gri, au nord de Mazouna.

Clypeaster ægyptiacus, Wright, var. *punctulatus, loc. cit.*, p. 236 ; B. pl. LXXIV, fig. 1-3.

Terrain helvétien ; Oued-Riou.

M. Pomel exprime quelques doutes sur l'identité de son exemplaire avec le type égyptien ; nous sommes tout à fait de son avis. Nous avons sous les yeux six exemplaires, de très belle conservation, provenant du plateau de Ghizeh, près du Caire ; ils varient sensiblement dans la hauteur et la forme de la pyramide supérieure, mais les autres caractères sont très constants. Aux différences indiquées par M. Pomel, nous ajouterons les suivantes : les cloisons des zones porifères ne portent pas de 10 à 12 tubercules dans la partie la plus large, mais 7, rarement 8, sur tous nos exemplaires, même de taille assez différente ; les pétales ambulacraires, scrupuleusement mesurés ne donnent pas « un peu moins des 3/4 du rayon », mais pas même les 2/3, sauf pour le plus petit. Voici les proportions pour les pétales postérieurs :

Rayon 71 mill.-- Pétales 48 mill.-- les 2/3 du rayon = 47,2 mill.-- les 3/4 = 53 mill.

— 81 —	— 49 —	—	= 54 —	— = 60 —
— 87 —	— 55 —	—	= 58 —	— = 65,4
— 95 —	— 59 —	—	= 63,2 —	— = 71,25

Les assules des zones interporifères portent 2 rangées irrégulières ; il s'y ajoute quelques tubercules égarés, qui peuvent à peine être regardés comme le rudiment d'une troisième rangée. De plus, cette espèce occupe, en Égypte et en Tunisie, un horizon plus élevé, que nous croyons être le Messinien.

Clypeaster acuminatus, Desor, Pomel, *loc. cit.*, p, 241 ; B. pl. LXXVIII, fig. 1-3.

Terrain helvétien. — Oued Moula, près de Bou-Medfa.

Clypeaster cartenniensis, Pomel, *loc. cit.*, p. 246 ; B. pl. LXXXI, fig.
1, et LXXXII, fig. 1-2.

Terrain langhien. — Tenès.

Clypeaster obtusus, Pomel, *loc. cit.*, p. 247 ; B. pl. XXX, fig. 1-6, et
pl. LXXXIII, fig. 1-2.

Terrain miocène ; Ouillis, au Dahra.

Clypeaster petalodes, Pomel, *loc. cit.*, p. 250 ; B. pl. XLIII, fig. 1-6.

Terrain miocène. — Ouillis, au Dahra ; environs de Tenès.

Clypeaster Atlas, Pomel, *loc. cit.*, p. 252 ; B. pl. XXXV, fig. 1 2 ;
pl. XXXVI, fig. 1-4.

Terrain helvétien ; au pied sud du Tessala.

Clypeaster subconicus, Pomel, *loc. cit.*, p. 256 ; B pl. XXXVII,
fig. 1-7.

Terrain sahélien de l'auteur ; conglomérat argileux de la base
à Negmaria (Dahra) ; Aïn-Begoga, près de Sidi-Bachti, N.-O. de
Tlélis.

Clypeaster superbus, Pomel, *loc. cit.*, p. 257 ; B. pl. LXXXVI et
LXXXVII, fig. 1-2.

Terrain helvétien ; aux environs d'Orléansville.

Clypeaster obesus, Pomel, *loc. cit.*, p. 259 ; B. pl. LXXXVIII, fig. 1-3.

Terrain helvétien ; Bab-el-Djemel, près de Marceau.

Clypeaster megastoma, Pomel, *loc. cit.*, p. 262 ; B. pl. XLII, fig. 1-7.

Couches à spicules des environs d'Oran.

Clypeaster cœlopleurus, Pomel, *loc. cit.*, p. 266 ; B. pl. XC, fig. 1-3.

Terrain helvétien ; environs d'Orléansville.

Clypeaster curtus, Pomel, *loc. cit.*, p. 267 ; B. pl. XXXI, fig. 1-6.

Terrain helvétien ; Bled Mediouna, au Dahra.

Clypeaster angustatus, Pomel, *loc. cit.*, p. 269 ; B. pl. XXXVIII,
fig. 1-8.

Terrain miocène ; Ouillis, dans le Dahra.

Clypeaster subellipticus, Pomel, *loc. cit.*, p. 271 ; B. pl. XXXIX, fig. 1-6. — *C. ellipticus*, Pomel. Explic. de la planche (non Munster).

Terrain helvétien ; Sidi Daho, à l'E. de Mascara.

Clypeaster collinatus, Pomel, *loc. cit.*, p. 273 ; B. pl. XXXIII, fig. 1-7.

Terrain helvétien ; Bled Mediouna, dans le Dahra.

Clypeaster pliocenicus, Pomel, *loc. cit.*, p. 174 ; B. pl. L., fig. 1-3 (non Seguenza). — Le nom donné par M. Pomel ne peut être maintenu, Seguenza ayant appliqué cette désignation spécifique à un type différent en 1880. Nous le nommerons **Clypeaster Pomeli**.

Terrain pliocène ; Bou-Zoudjar, au N.-O. de Lourmel.

Clypeaster Letourneuxi, Pomel, *loc. cit.*, p. 232 ; B. pl. LXXI, fig. 1-3.

Terrain pliocène? à l'ouest d'El Biar.

CIDARIDÆ

Genre CIDARIS.

CIDARIS SAHELIENSIS, Pomel.

CIDARIS SAHELIENSIS, Pomel, *olim*.

DOROCIDARIS SAHELIENSIS Pomel, *loc. cit.*, p, 324 ; C. pl. I, fig. 1-20, 1887.

Espèce de taille moyenne, haute, subcylindrique, déprimée en dessus et en dessous. Appareil apical inconnu, ayant laissé une empreinte circulaire, assez grande.

Zones porifères flexueuses, surtout à la partie supérieure ; pores arrondis, petits, rangés par paires directement superposées, ne se multipliant pas près du péristome. Ils ne sont pas conjugués, mais séparés par un granule médiocre ; les sutures des plaques ambulacraires sont bien marquées. Zones interporifères portant quatre rangées de granules, les deux principales externes, les deux secondaires formées de granules moins développés, moins réguliers, plus nombreux, deux correspondant souvent à un de la rangée principale.

Interambulacres garnis de deux rangées de gros tubercules,

bien mamelonnés, perforés, lisses, entourés d'un scrobicule sub-circulaire, profond à l'ambitus et couronné d'un cercle de gros granules. Zone miliaire étroite, déprimée, mais non dénudée sur la suture, coupée en sens transverse par un grand nombre de petits sillons. Péristome sans entailles, circulaire, moins grand que l'appareil apical.

Radioles très variés : la facette articulaire est lisse, le bouton peu saillant, la collerette courte et finement striée ; la tige, quel que soit son épanouissement, est toujours couverte de séries épineuses, régulières et serrées; elle atteint une longueur assez considérable qui peut aller au-delà de 70 millimètres. Tantôt elle reste cylindrique et se termine par une troncature dentelée ; tantôt elle s'élargit en rame à partir du milieu ou plus bas, se divise en plusieurs ailes, en trois le plus souvent, relativement larges, parfois repliées les unes sur les autres.

M. Pomel, après avoir, dans son atlas, attribué cette espèce au genre *Cidaris*, l'attribue, dans son texte, au sous-genre *Dorocidaris*. M. Al. Agassiz, en établissant ce sous-genre, le fondait principalement sur ce caractère que la suture interambulacraire est creuse et dénudée. Ce caractère paraît à M. Pomel n'avoir qu'une médiocre valeur taxonomique, à cause de son inconstance, et nous sommes de son avis. Seulement M. Pomel croit pouvoir substituer un caractère nouveau à celui qu'avait indiqué Al. Agassiz ; et il différencie le sous-genre *Dorocidaris* par les petites lignes transverses qui coupent partout l'interambulacre, au milieu de la granulation. Nous ne méconnaissons pas l'importance de ces petits sillons; ils servent de réceptacle à des faisceaux nerveux venus de l'intérieur par les encoches des pores, et ils indiquent ainsi les traces du réseau nerveux périsphérique (1). Mais le nouveau sous-genre, constitué sur ce caractère, n'est plus le *Dorocidaris* Agassiz, c'est le *Dorocidaris* Pomel, ce qui n'est peut-être pas très régulier en nomenclature. Il comprend un grand nombre d'espèces que ne comprenait pas le *Dorocidaris* du premier auteur, et même plusieurs espèces crétacées qui présentent la particularité signalée. Il nous paraît nécessaire, si l'on veut

(1) Prouho, Recherches sur le *Dorocidaris papillata*, p. 37 et 38.

distinguer ce groupe du genre *Cidaris*, de lui donner un nom nouveau. Nous n'avons aucun titre pour le faire ici, et nous en laissons le soin à qui de droit. Nous observerons seulement que l'espèce présente n'est pas un *Dorocidaris* pour M. Al. Agassiz.

LOCALITÉ. — Ravin d'Oran; terrain pliocène. — Les radioles assez communs. — MM. Durand, Bleicher.

CIDARIS PUNGENS, Pomel.

CIDARIS PUNGENS, Pomel, *olim*.
DOROCIDARIS PUNGENS, Pomel. *loc. cit.*, p. 325 ; C. pl. II, fig. 1-10, 1887.

Radioles cylindriques, longs, grêles, souvent infléchis ; bouton saillant et court ; facette articulaire portant quelques crénelures d'un côté. Nous possédons trois exemplaires, tous incomplets ; le plus grand, qui a vingt millimètres, lisse sur les deux tiers de sa longueur, montre, près de la cassure, des traces incontestables de séries granuleuses usées, qu'on ne distingue qu'à la loupe ; le deuxième, plus grêle et plus court (12 mill.), ayant perdu son point d'attache, lisse également en apparence, est couvert de stries longitudinales très fines ; le troisième, plus divergent, de même taille que le second, ayant son point d'attache crénelé, et semblable à première vue à l'exemplaire représenté par la figure 9 de M. Pomel, se termine extérieurement, non en pointe, mais par une petite couronne. Il peut se faire qu'aucun de ces radioles n'appartienne au *C. pungens*, bien que la surface lisse des types dessinés ne soit pas concluante à nos yeux, vu la rareté des radioles absolument lisses dans les Échinides. Ils proviennent du Pliocène de Sidi-Moussa.

M. Pomel a rapproché de ses radioles un test qu'il dit être assez distinct du *C. saheliensis* qu'on trouve en même temps dans le Ravin d'Oran ; mais il n'est pas certain que le test et les radioles appartiennent à la même espèce ; et il précise que c'est aux radioles que s'applique le nom spécifique. Ce test nous est inconnu, tous les fragments que nous possédons de la localité indiquée se rapportant au *C. saheliensis*.

Cidaris Des Moulinsi, Sismonda.

Cidaris Des Moulinsi. — Sismonda, *App. in Mém. Acad. di Torino,*
série II, t. IV, p. 391, pl. III, fig. 11.

—   —   Desor, *Synopsis,* p. 38, pl. VII, fig. 1.

—   —   Pomel, *loc. cit.,* p. 321; C. pl. II, fig. 11-12.

Radiole de petite taille, mesurant de 25 à 30 millimètres, subcylindrique, s'amincissant à l'extrémité, sans devenir jamais
aigu. Facette articulaire lisse ; bouton assez saillant, finement
strié. Collerette épaisse, peu étendue, ordinairement de couleur
moins foncée que le reste du radiole : tige couverte de granules
arrondis, très serrés, formant des séries rapprochées, plus ou
moins régulières, se continuant jusqu'à l'extrémité du radiole,
où, le plus souvent, les granules se confondent et forment de petites carènes.

Ces radioles ont été recueillis en grande abondance par
M. Welsch ; on trouve dans les mêmes couches des plaques et des
fragments de test assez considérables, qui se rapprochent beaucoup du test que M. Pomel suppose appartenir au *C. pungens.*
Les sutures ne sont pas déprimées, sauf au-dessus des gros tubercules ; les mamelons reposent sur une base conique ; les granules
sont plus nombreux que dans le *C. saheliensis* et, par suite, la zone
miliaire est plus large ; les scrobicules, ovales près du péristome
et se confondant avec ceux qui leur sont supérieurs, sont arrondis
et complets à partir de l'ambitus : tous ces caractères conviennent au *C. pungens.* La seule différence qui nous frappe, c'est
que les groupes de granules ne sont pas séparés par de petites
lignes impressionnées : il y en a bien quelques traces du côté de
l'ambulacre, sur certaines plaques ; mais ces raies manquent sur
d'autres, et aucun des fragments que nous avons n'en montre au
milieu de l'interambulacre. Nous ne pouvons pas, d'ailleurs,
affirmer que le test et les radioles appartiennent à la même espèce.

Localité. — Col de Sidi-Moussa ; tunnel de la campagne Laperlier, près d'Alger, terrain pliocène (M. Welsch). — Les radioles abondants. — M. Pomel cite ces radioles dans son Sahélien d'Oran.

CIDARIS AVENIONENSIS, Des Moulins, 1837?

? CIDARIS AVENIONENSIS, Nicaise, *loc. cit.*, p. 121, 1870.
CIDARIS (*Plegiocidaris*) AVENIONENSIS, Pomel, *loc. cit.*, p. 321 ; C. pl. II,
fig. 19-23, 1887.

M. Pomel a figuré quatre fragments de radioles qu'il attribue,
avec doute, au *C. avenionensis*. Le rapport est possible ; et nous-
mêmes possédons cinq fragments de radioles qui peuvent être
attribués à cette espèce, bien que le point d'attache, visible sur
deux d'entre eux, mais peu net, ne nous ait montré aucune trace
de crénelures. Nous attachons peu d'importance à ces fragments ;
néanmoins, puisque l'occasion se présente, nous nous arrêterons
à quelques remarques au sujet de cette espèce. M. Pomel la range
dans son sous-genre *Plegiocidaris*, ce qui veut dire que les tubercules sont crénelés. Ses exemplaires algériens, du moins ceux
qu'il a figurés, n'ont pas conservé leur facette articulaire ; il y a
donc incertitude de ce côté. Agassiz (*Échin. foss. de la Suisse*,
pl. XXI , fig. 4) représente un radiole avec facette crénelée ; Desor,
dans le *Synopsis*, reproduit la même figure, mais ne parle pas de
crénelures dans le texte ; M. de Loriol, dans l'*Échinologie helvé-
tique* (tert., p. 16) dit que la face articulaire *paraît* crénelée.
M. Cotteau, dans les *Échinides tertiaires de la Corse* (p. 230) déclare le mamelon non crénelé, et le figure ainsi ; M. Bazin (*Bull.
Soc. géol.*, t. XII, p. 35, 1883) décrit et figure une partie importante du test, et affirme qu'il n'y a pas de crénelures. Nous avons
nous même recueilli en Provence un grand nombre de radioles
du *C. avenionensis* ; nous en possédons aussi de la Drôme, absolument identiques ; il est impossible d'y constater la présence de
vraies crénelures. Ces radioles seraient-ils crénelés en Suisse et
incrénelés en Provence? C'est peu probable ; et l'hésitation de
M. de Loriol montre assez que la facette articulaire des sujets
qu'il a étudiés était mal conservée. Nous possédons en outre, recueilli à Saint-Restitut (Drôme) un fragment important de test,
assez semblable à celui qu'a figuré M. Bazin : les mamelons
sont lisses. Il est vrai que nous n'avons pas trouvé les radioles
adhérents.

LOCALITÉ. — Camp Morand, près de Boghar (M. Thomas).

CIDARIS PRIONOPLEURA, Pomel.

CIDARIS (*Plegiocidaris*) PRIONOPLEURA, Pomel, *loc. cit.*, p. 321 ; C. pl. II, fig. 13-18, 1887.

Test inconnu. — Radiole allongé, assez grêle, tantôt cylindrique, tantôt anguleux ou aplati sur une partie de la tige. Facette articulaire crénelée, avec bouton saillant et orné d'une couronne de granules ; collerette assez longue, striée longitudinalement, marquée d'un anneau oblique à l'endroit où la pellicule qui recouvre le test de l'animal vivant cessait d'envelopper le radiole. Tige épineuse, couverte de stries fines, longitudinales, entre les pointes fortes et acérées qui l'occupent. Ces épines tantôt assez distantes et également réparties, tantôt dressées principalement sur les angles dans les exemplaires polyédriques, paraissent plus nombreuses et naturellement moins développées sur les tiges de petite taille. L'extrémité semble s'élargir en cupule ; mais nous ne possédons qu'un exemplaire qui donne ce détail. La tige longue et grêle de ces radioles, leur anneau saillant, leurs crénelures rappellent les baguettes des *Rhadocidaris*.

LOCALITÉ. — Ravin d'Oran (M. Bleicher). — Col de Sidi-Moussa (M. Welsch) ; terrain pliocène (Astien).

CIDARIS PSEUDOHYSTRIX, Pomel.

DOROCIDARIS PSEUDOHYSTRIX, Pomel, *loc. cit.*, p. 326 ; C. pl. XIV.

Nous possédons quelques radioles que nous croyons pouvoir rapporter à l'espèce de M. Pomel, dont les figures ne sont pas encore publiées. La ressemblance de nos radioles avec ceux de l'espèce vivante de la Méditerrannée est assez étroite : tige longue, cylindrique, couverte dans sa longueur de séries régulières et serrées de petites épines. Collerette assez haute, finement striée ; bouton saillant ; facette articulaire lisse. Quant au test de cette espèce, nous ne le connaissons pas ; nous nous contenterons de résumer les caractères indiqués par M. Pomel : Cet Oursin est très voisin du *Dorocidaris hystrix* ; il s'en distingue par les granules de ses aires ambulacraires plus nombreux dans les deux rangées internes, par la suture médiane de ses interambulacres sans sillon manifeste, par ses radioles à bouton conique, court, avec ou sans traces de crénelures d'un côté, et dont la tige porte des crêtes plus échinulées et des cannelures moins larges.

LOCALITÉ. — Nos exemplaires proviennent du col de Sidi-Moussa; Pliocène. — Ceux de M. Pomel, de Chéraga, Dély-Brahim, Bir-Traria, Mustapha supérieur, dans la molasse pliocène à Bryozoaires.

CIDARIS WELSCHI Pomel, 1887.

DOROCIDARIS WELSCHII, Pomel, *loc. cit.*, p. 327; C. pl. XIV, fi. 1-4 (inédite).

Cette espèce de taille médiocre, subglobuleuse, se distingue des précédentes par l'étroitesse de l'aire ambulacraire et la petitesse de ses granules, formant quatre rangées, dont les deux internes ont des granules plus nombreux et plus petits encore que les autres; par le peu de développement de ses tubercules interambulacraires, au nombre de huit par rangée; par la largeur de sa zone miliaire, qui n'est pas déprimée.— Un seul exemplaire, incomplet, que nous ne connaissons pas.

ECHINIDÆ ET DIADEMATIDÆ

GENRE ANAPESUS, HOLMES, 1860.

LYTECHINUS, Alex. Agassiz, 1863.
PSILECHINUS, Lutken, 1864.
SCHIZECHINUS, Pomel.

Échinides réguliers, circulaires, plus ou moins globuleux, déprimés en dessus et en dessous; les plaques apicales entourent une ouverture anale obliquement ovale; les cinq génitales et les deux ocellaires postérieures concourent à former le cadre; les trois ocellaires antérieures sont en dehors; le péristome est de médiocre dimension, subdécagonal, avec dix entailles branchiales relevées sur les bords, étroites, et pénétrant assez sensiblement dans le test; les tubercules lisses et imperforés, peu inégaux entre eux, forment plusieurs séries verticales, qui s'alignent aussi horizontalement; la membrane buccale, dans les espèces vivantes, est couverte d'écailles spéciales.

Zones porifères droites, allant du sommet au péristome ; il y a trois paires de pores pour chaque plaque primaire des ambulacres ; celle-ci est composée de trois plaquettes : l'inférieure est perforée tout près du tubercule et c'est la seule régulièrement entière ; la médiane, qui est une demi-plaquette, est perforée près de l'interambulacre ; la supérieure, souvent entière, parfois incomplète, a sa paire entre les deux autres ; cette disposition produit un petit arc irrégulier ; elle ne diffère en rien de celle des véritables *Echinus*, des *Psammechinus* et de la plupart des genres de la même famille. L'arrangement par échelons de trois paires de l'extérieur à l'intérieur, que l'ensemble offre à la vue, n'est qu'une illusion de l'œil, car la paire supérieure de l'échelon n'est jamais sur la même plaque primaire que les deux autres.

Rapports et différences. — Ce genre est voisin des *Echinus* et des *Psammechinus*, qui ont les pores ambulacraires disposés de la même façon, comme nous l'avons dit plus haut. Il se distingue du premier par son péristome muni d'entailles plus profondes, par sa membrane buccale couverte d'écailles, par ses tubercules plus uniformes, plus nombreux et formant des séries plus considérables. Il ne s'éloigne des *Psammechinus* que par les entailles plus marquées de son péristome, et ses rangées de tubercules formant des séries plus régulières ; il est en outre, ordinairement, de plus grande taille. Son appareil apical, avec deux plaques ocellaires entrant dans le cercle périproctal le distingue aussi des deux genres auxquels nous le comparons, et chez lesquels le périprocte est bordé uniquement par les plaques génitales ; mais ce caractère n'a qu'une médiocre valeur taxonomique, car il n'est pas toujours constant. On peut ajouter encore que, chez les *Anapesus* tout le test est chagriné, caractère qui nous paraît se reproduire sur toutes les espèces fossiles que nous avons entre les mains, et qui est plus ou moins visible selon le degré de conservation de l'exemplaire. Cette particularité existe aussi sur les espèces vivantes, et particulièrement sur l'*A. variegatus*, des côtes du Brésil, dont nous avons une belle série ; nous ne trouvons pas cet aspect extérieur du test dans les *Psammechinus* et dans les *Echinus*. La physionomie des *Anapesus* leur donne aussi quelque ressemblance avec les *Stomechinus*, avec ceux, du moins, qui

n'ont qu'une série de trois paires de pores par plaque ambulacraire; mais plus d'un caractère les sépare de ce dernier genre :
le péristome est sensiblement différent, les entailles sont moins
larges et moins relevées sur les bords; les lèvres interambulacraires, quoique moins développées que les autres, sont loin
d'être aussi étroites et aiguës que chez les *Stomechinus*, et, de
plus, les zones porifères ne s'élargissent pas, les pores ne se
multiplient pas près du péristome; à la face supérieure, les rangées de tubercules sont plus égales.

Le genre *Anapesus* a été établi par Holmes pour une espèce
postpliocène; les genres *Lytechinus, Psilechinus* ont été employés
pour désigner des espèces vivantes; les espèces fossiles avaient
été attribuées par M. Pomel au genre *Schizechinus*. Elles diffèrent
des vivantes par ce détail que les aires interambulacraires ne
sont pas dénudées à la partie supérieure, tandis qu'elles le sont
ordinairement dans les espèces qui habitent les mers actuelles.
L'identité étant complète pour tout le reste, M. Pomel n'a pas cru
devoir maintenir un nom générique appuyé sur un seul caractère
mal limité et sans grande importance; néanmoins ces interambulacres toujours bien garnis jusqu'au sommet donnent au test
un aspect tout particulier, offrant une excellente distinction spécifique.

ANAPESUS SAHELIENSIS, Pomel.

SCHIZECHINUS SAHELIENSIS, Pomel, *olim*.
ANAPESUS SAHELIENSIS, Pomel, *Descript. des anim. foss. de l'Algérie*,
p. 301 : C. pl. III, fig. 1-7, 1887.

Diamètre, 58 mill. — Hauteur, 32 mill. — Péristome, 19 mill.

Espèce circulaire, assez renflée au pourtour, subhémisphérique à la partie supérieure, presque plate en dessous.

Appareil apical assez développé. Il n'est conservé que sur un
de nos exemplaires; et, par une anomalie assez curieuse, la plaque génitale antérieure de gauche est exclue du cercle anal; la
génitale postérieure du même côté s'allonge jusqu'à ce qu'elle
rencontre la génitale de droite, qui porte le madréporide. Les
deux ocellaires postérieures concourent régulièrement à former
le bord; madréporide saillant et bien développé. Les plaques gé-

nitales portent un tubercule, quelquefois deux, plus ou moins accentués ; les ocellaires, de gros granules.

Ambulacres assez larges. Zones porifères droites, formées comme nous l'avons dit plus haut, de trois paires de pores disposées en arc irrégulier pour chaque plaque ambulacraire ; les paires ne se multiplient pas près du péristome. La partie de la zone laissée inoccupée par suite de l'obliquité des paires de pores, montre, au-dessous de l'ambitus et à l'ambitus même un tubercule secondaire, qui, plus haut, devient un simple granule, et disparaît à la partie supérieure. L'espace interzonaire offre, sur ses bords, deux rangées principales de tubercules médiocres, imperforés, lisses, scrobiculés, très rapprochés les uns des autres. Entre ces deux rangées principales s'en trouvent deux autres comprenant des tubercules presque aussi développés, irrégulières, interrompues, ne s'élevant pas jusqu'au sommet. Le reste de l'aire est couvert de granules de deux sortes, les uns assez gros, mamelonnés, placés sur les sutures des plaques ; les autres plus petits, plus nombreux et irrégulièrement répandus.

Aires interambulacraires larges, portant deux rangées principales de tubercules un peu plus gros et plus distants que ceux des ambulacres. Entre ces deux rangées, il y en a deux autres qui ne s'élèvent pas jusqu'à l'apex, et deux médianes, à peine formées, qui n'existent que sur les grands exemplaires. A l'extérieur des rangées principales, se trouve une rangée secondaire de chaque côté, qui monte assez haut, sans atteindre le sommet ; une seconde rangée se voit encore sur le bord même de l'aire, mais les tubercules en sont plus petits, et l'importance de cette série extrême varie selon la taille des individus ; elle est nulle sur les jeunes. Les tubercules sont disposés de telle sorte qu'ils forment non seulement des séries verticales, mais aussi des séries horizontales, régulières surtout au pourtour et à la face inférieure. Des granules de deux sortes, comme dans les ambulacres, occupent l'espace intermédiaire. En outre le test est fortement chagriné partout où font défaut les tubercules et les granules.

Péristome dans une légère dépression, subdécagonal, grand, avec lèvres ambulacraires plus larges que les interambulacraires, et des entailles étroites, assez longues et relevées sur les bords.

Périprocte assez grand, ovale, oblique, presque transverse.

LOCALITÉS. — Ravin d'Oran (M. Jourdy); ferme d'Arbal (M. Hardouin); terrain pliocène. — Collection de l'École des mines de Paris.

ANAPESUS MAURUS, Pomel.

SCHIZECHINUS MAURUS, Pomel, *olim*.

ANAPESUS MAURUS, Pomel, *loc. cit.*, p. 302; C. pl. VII, fig. 1-9, 1887.

Espèce de taille médiocre, renflée et subhémisphérique à la partie supérieure, épaisse au pourtour, pulvinée à la partie inférieure, légèrement déprimée dans la région du péristome. Appareil inconnu.

Aires ambulacraires atteignant environ la moitié en largeur des aires interambulacraires. Zones porifères légèrement déprimées, droites, portant sur chaque plaque primaire un arc irrégulier de trois paires de pores, disposées comme nous l'avons indiqué précédemment. Espace interzonaire un peu renflé, garni sur ses deux bords d'une rangée de tubercules principaux, sans crénelures ni perforation, un peu écartés les uns des autres. Entre les deux rangées principales, se trouvent deux autres rangées de tubercules un peu plus petits, plus irréguliers, et montant plus ou moins haut selon la taille des individus. L'intervalle est orné de gros granules, aux angles des sutures, et finement chagriné.

Aires interambulacraires portant deux rangées principales de tubercules, semblables à ceux des ambulacres, un peu plus développés et un peu plus distants. Extérieurement il y a une rangée secondaire, sur la limite même de l'aire, offrant des tubercules un peu moins gros, et n'atteignant pas l'apex; intérieurement, on voit de chaque côté une rangée secondaire dans les petits exemplaires, et une autre, très courte, dans les individus plus développés. Les gros granules sont plus nombreux que dans les ambulacres, et il y en a toujours au moins trois pressés l'un contre l'autre au-dessus de chaque gros tubercule; d'autres achè-

vent incomplètement le cercle. Le reste de la surface est chagriné.

Péristome assez grand, subdécagonal, à lèvres ambulacraires
plus larges que les autres, muni de dix entailles relevées sur les
bords, assez profondes et médiocrement élargies.

Rapports et différences. — L'*A. maurus* est très voisin de l'*A.
saheliensis*; il n'en diffère que par ses tubercules un peu plus inégaux, un peu moins serrés, et par ses gros granules plus nombreux dans les aires interambulacraires. Nous ne serions pas
étonné que, plus tard, on parvînt à démontrer par des types intermédiaires que ce sont des variétés de la même espèce.

Localité. — Barrage du Sig, terrain pliocène (M. Bleicher,
M. Jourdy).

ANAPESUS SERIALIS, Pomel.

Schizechinus serialis, Pomel, *olim.*

ANAPESUS SERIALIS, Pomel, *loc cit.*, p. 303 ; C. pl. IV, fig. 1-7, 1887.

Diamètre, 60 mill. — Hauteur, 30 mill.
   —   70 —   —   35 —
   —   100 —   —   45 —

Espèce de grande taille, circulaire, globuleuse, renflée au
pourtour, assez déprimée dans la région du péristome.

Appareil apical inconnu.

Aires ambulacraires égalant en largeur la moitié des interambulacraires. Zones porifères étroites, formées de paires de
pores disposées, comme dans les espèces précédentes, en arcs
de trois paires, entremêlées au milieu de gros granules plus
nombreux. Aires interporifères portant, près du bord, de chaque
côté, une rangée principale de tubercules, nombreux et relativement peu développés. Deux rangées internes de tubercules semblables accompagnent les principales, mais elles n'atteignent
pas le sommet et les tubercules s'atténuent davantage à la partie
supérieure. Quelques gros granules occupent en zig-zag le
milieu de l'aire et forment comme un rudiment de rangées nouvelles.

Aires interambulacraires présentant douze rangées verticales

de tubercules : les deux principales qui, seules, atteignent le
sommet ; et, de chaque côté, deux externes et trois internes ; ces
tubercules sont médiocrement développés, tous presque égaux,
et ils forment des séries horizontales aussi régulières que les
verticales. A l'ambitus, les deux rangées externes présentent
deux tubercules superposés pour un de la rangée principale,
particularité qui se rencontre aussi sur les autres espèces pour la
rangée extérieure, mais d'une manière moins frappante. La
granulation, sur tout le test, est plus abondante que dans les
espèces précédemment décrites ; les granules scrobiculaires sont
plus au complet, et l'on voit des bandes granuleuses s'étendre
horizontalement entre les tubercules. La partie supérieure du
test est complètement garnie jusqu'au sommet ; il n'y a pas de
zone dénudée.

Péristome largement ouvert, dépassant en largeur le quart du
diamètre total, pourvu de dix entailles, profondes et étroites.
Périprocte inconnu ; l'ouverture laissée par la disparition de
l'appareil apical est subcirculaire et médiocrement étendue.

Radioles courts, minces, atteignant à peine 1 millimètre de
diamètre, cylindriques à la base, terminés par une pointe obtuse ;
bouton saillant ; tige couverte de stries longitudinales très régulières, un peu plus accentuées que sur les radioles du *Strongylocentrotus lividus*.

Rapports et différences. — L'*Anapesus serialis* se distingue facilement des espèces précédentes par ses tubercules un peu moins
développés, plus égaux, formant des rangées verticales plus nombreuses, plus homogènes ; par sa granulation plus abondante,
plus serrée et formant des lignes horizontales entre les tubercules.

LOCALITÉ. — Nous possédons un assez grand nombre d'exemplaires : l'un d'eux appartient à la collection de l'École des
mines ; il a été recueilli en Algérie par Fournel, en 1846 ; l'éti-
quette ne précise pas la localité. Nos autres exemplaires proviennent du Sahel d'Alger, de Douera (M. le Mesle) ; un autre, un
peu plus élevé de forme, mais identique pour tout le reste, a été
recueilli par M. Welsch dans les couches de l'Oued Ouchaïa, au
milieu des sables fins situés à la base du Pliocène supérieur.

M. Pomel décrit, en outre, quatre espèces du genre *Anapesus*, qui nous sont inconnues :

Anapesus tuberculatus, Pomel, *loc. cit.*, p. 298; C. pl. V, fig. 1-6, et pl. XIII (inédite).

Terrain helvétien ; Oued Riou, près d'Inkermann.

Anapesus interruptus, Pomel, *loc. cit.*, p. 300; C. pl. V, fig. 7-9,

Terrain helvétien ; les Grands Cheurfas du Sig.

Anapesus angulosus, Pomel, *loc. cit.*, p. 305; C. pl. VI, fig. 1-5.

Terrain pliocène ; base des molasses à Tixeraïn, près d'Alger.

Anapesus ? afer, Pomel, *loc. cit.*, p. 306 ; C. pl. III, fig. 8 11.

Terrain pliocène ; Perrégaux, près du col des Juifs, rive gauche de l'Habra.

Genre PSAMMECHINUS, Agassiz, 1847.

PSAMMECHINUS SOUBELLENSIS, Peron et Gauthier, 1891.

Pl. V, fig. 1-4.

Diamètre, 26 mill. — Hauteur, 11 mill. — Péristome, 12 mill.
—   21 —   —   11 —   —   10 —

Espèce de taille médiocre, peu élevée, déprimée et presque plate à la partie supérieure, subpentagonale au pourtour, à peu près plate en-dessous. Appareil petit, inconnu.

Ambulacres assez larges, atteignant un peu plus de la moitié des aires interambulacraires. Zones porifères légèrement déprimées, droites, composées de pores formant un arc de trois paires sur chaque plaque primaire, présentant le même arrangement que dans le genre *Anapesus*, c'est-à-dire que la plaquette inférieure est perforée plus près du tubercule, la demi-plaquette médiane près de l'interambulacre, la supérieure entre les deux autres. Les pores ne se multiplient pas près du péristome. Zone interporifère renflée, portant deux rangées principales de tubercules peu développés, assez réguliers et uniformes, diminuant de volume en se rapprochant du sommet, sans perforation ni

crénelures. Entre ces deux rangées placées près des bords de
l'aire, se trouvent, dans la partie médiane, d'autres tubercules
plus petits, presque en ligne droite à la partie inférieure, puis
formant au pourtour une ligne brisée, où ils alternent régulièrement de chaque côté ; ce sont les rudiments de deux rangées
secondaires. Des granules dessinent des cercles scrobiculaires
incomplets.

Aires interambulacraires moins renflées que les ambulacraires, à peine déprimées au milieu, montrant deux rangées de
tubercules principaux, saillants, un peu plus distants que ceux
des ambulacres et un peu plus gros, surtout à la partie supérieure ; ils sont accompagnés de deux rangées externes, formées
de tubercules plus petits, la plus voisine des zones porifères
n'existant qu'à l'ambitus. Il y a aussi deux rangées internes de
chaque côté, dont la plus rapprochée des rangées principales
atteint presque le sommet ; on peut même distinguer au milieu
de l'aire les rudiments d'une troisième rangée moins régulière.
Granules nombreux, assez développés, tantôt concourant à entourer les scrobicules, tantôt répandus au milieu de la zone
suturale.

Péristome à fleur de test, moins grand que la moitié du diamètre, presque rond, légèrement anguleux, muni d'entailles
relevées sur les bords, échancrant sensiblement le test.

Cette forme des entailles buccales range notre espèce parmi
celles que M. Pomel a comprises dans son genre *Oligophyma*. Ce
genre a complètement l'aspect et les tubercules des *Psammechinus ;* il n'en diffère que par ses entailles buccales plus nettes,
mais n'égalant pas celles des *Anapesus.* Ce caractère ne nous
paraît pas suffisant pour avoir une valeur générique. Nous
avons admis le genre *Anapesus*, parce que la disposition de ses
tubercules, assez différente de celle des *Psammechinus*, et sa
grande taille s'ajoutaient à des entailles buccales profondes dont
nous ne méconnaissons pas l'importance ; mais ici, le test n'offre
point de différences ; les entailles, quoique assez marquées, sont
moins accentuées que dans les *Anapesus ;* et il nous semble difficile d'adopter un genre qui ne diffère des *Psammechinus* qu'en
ce que les tentacules branchiaux de l'animal étaient plus gros

d'un demi-millimètre environ. Dans notre manière de voir, cette disposition intermédiaire serait plutôt un caractère de synthèse qu'un motif de séparation.

Rapports et différences. — Le *Ps. soubellensis* se distingue du *Ps. (Oligophyma) cellensis,* Pomel par sa taille plus développée, par sa partie supérieure plus déprimée, par sa forme plus pentagonale, ses rangées de tubercules plus nombreuses ; les deux espèces n'ont pas du tout la même physionomie. Les mêmes différences le séparent de l'*Oligophyma oranense,* qui est plus convexe ; quoique les rangées de tubercules soient plus développées dans cette dernière espèce, elles le sont moins que dans le *Ps. soubellensis;* et, d'ailleurs, la forme est différente.

Localité. — Oued Soubella, au S. de Sétif; étage miocène. — Recueilli par M. Peron.

Explication des figures. — Pl. V, fig. 1, *Psammechinus soubellensis,* vu de profil ; fig. 2, face supérieure ; fig. 3, portion d'ambulacre, grossie ; fig. 4, portion d'interambulacre, grossie.

Psammechinus mustapha, Peron et Gauthier, 1891.
Pl. V, fig. 5-6.

Diamètre, 24 mill. — Hauteur, 12 mill. — Péristome, 9 mill.

Espèce de taille moyenne, subcirculaire, renflée au pourtour. Face supérieure à peine convexe, presque plane ; face inférieure pulvinée sur les bords, déprimée au milieu. Appareil apical absent.

Zones porifères légèrement déprimées entre les tubercules, droites, formées de paires de pores peu rapprochées, infléchies en arc de trois autour des tubercules primaires. Zones interporifères portant de chaque côté une rangée externe de tubercules assez développés, rapprochés, au nombre de dix-huit par série. Entre ces deux rangées, se trouvent de gros granules assez serrés, inégaux, n'ayant guère de tendance à s'aligner en séries secondaires.

Aires interambulacraires plus larges d'un tiers que les ambulacres, portant deux rangées principales d'assez gros tubercules, sans crénelures ni perforation, placés au milieu des plaques, au nombre de seize environ par série. En dehors de la rangée principale se trouve une rangée secondaire de tubercules un peu moins développés, assez mal alignés et mêlés de gros granules qui les accompagnent, sans former eux-mêmes une rangée bien définie. Dans la partie médiane de l'aire, il y a deux rangées secondaires bien fournies à l'ambitus, montrant plus haut des tubercules alternes qui ne s'élèvent pas jusqu'au sommet. L'intervalle des rangées est rempli par des granules plus fins et irrégulièrement répartis.

Péristome assez grand, déprimé, subdécagonal, ne montrant que de légères entailles superficielles.

Rapports et différences. — Cette espèce diffère sensiblement des *Ps. subrugosus* et *lævior* décrits par M. Pomel ; mais elle se rapproche beaucoup du *Ps. miliaris,* qui vit aujourd'hui dans nos mers. C'est la même forme, la même nature de tubercules ; ils sont seulement un peu moins nombreux dans l'espèce fossile, qui n'a qu'une série secondaire externe dans l'interambulacre, tandis qu'il y en a deux dans les individus de même taille de l'espèce vivante.

Localité. — Pliocène du Boulevard de Mustapha, dans les calcaires grossiers coralligènes du sous-étage Astien (M. Welsch).

Explication des figures. — Pl. V, fig. 5, *Ps. Mustapha,* vu de profil ; fig. 6, le même, face supérieure.

M. Pomel décrit encore deux espèces appartenant au genre *Psammechinus;* nous nous bornons à mentionner les localités de ces deux types, qui ne nous sont connus que par des exemplaires tout à fait insuffisants :

Psammechinus subrugosus, Pomel, *loc. cit.,* p. 310 ; C. pl. XII., fig. 1-4.

Ravin d'Oran.

Psammechinus lævior, Pomel, *loc. cit.,* p. 311 ; C. Pl. XII, fig. 5-8.

Ravin d'Oran.

Il faut ajouter ici deux espèces que M. Pomel comprend dans son genre *Oligophyma,* et auxquelles nous laissons le nom générique que l'auteur leur a donné.

Oligophyma cellense, Pomel, *loc. cit.*, p. 307 ; C. pl. X, fig. 1-7.
Terrain helvétien ; Oued Riou, près d'Inkermann.

Oligophyma oranense, Pomel, *loc. cit.*, p. 308 ; C. pl. X, fig. 8-14.
Ravin d'Oran.

Genre ECHINUS, Rondelet, 1554.

Echinus algirus, Pomel, 1887.

Echinus algirus, Pomel, *Paléont. algérienne, ou Description des anim.
foss. de l'Algérie* ; Echinodermes, p. 309 ; C. pl. VIII,
fig. 1-5.

L'exemplaire que nous avons entre les mains ne mesure que
65 millimètres de diamètre et 45 de hauteur : il est donc plus
petit que le type figuré, qui atteint 80 millimètres.

Espèce circulaire, renflée au pourtour, formant un dôme à
large rayon à la partie supérieure ; la partie inférieure, pulvinée
au bord, est presque plate, à peine déprimée autour du péristome. — L'appareil apical manque.

Aires ambulacraires droites, légèrement renflées, larges de
11 millimètres au pourtour. Zones porifères à fleur de test, présentant sur chaque plaque majeure trois paires de pores disposées en arc assez convexe, la paire inférieure étant la plus
rapprochée du tubercule, et la seconde la plus proche de l'aire
interambulacraire. Ces paires sont portées par des plaquettes
dont l'inférieure et la supérieure sont entières ; la médiane est
une demi-plaquette qui finit en pointe au pied du tubercule.
Pores petits, subarrondis, très rapprochés dans chaque paire,
séparés néanmoins par un granule. Espace interzonaire garni
de deux rangées de tubercules principaux, placées, de chaque
côté, assez près des zones porifères. Ces tubercules, de médiocre
grosseur, dépourvus de crénelures, de perforation et de scrobicules, sont assez régulièrement disposés à la partie inférieure et
au pourtour ; au-dessus de l'ambitus, il arrive souvent qu'une
seule plaque sur deux est munie d'un tubercule de taille régulière. D'autres tubercules plus petits, placés entre les rangées
principales, forment en zig-zag les rudiments de rangées secon-

daires ; quelques-uns, surtout entre l'ambitus et le péristome, sont aussi développés que les tubercules primaires ; mais, dans ce cas, le tubercule primaire placé en face est sensiblement amoindri et bien plus petit que les autres. Au-dessus de l'ambitus, les tubercules des rangées secondaires s'atténuent de plus en plus et finissent par se distinguer à peine des granules. De nombreux granules remplissent les intervalles ; ils sont saillants et serrés à la face inférieure, plus distants, puis s'effaçant peu à peu à mesure qu'ils se rapprochent de l'apex.

Aires interambulacraires deux fois larges comme les ambulacres, portant deux rangées de tubercules principaux, un peu plus rapprochés des zones porifères que de la suture médiane ; ils ne sont guère plus développés que ceux des ambulacres, et, à partir de la moitié de la hauteur du test, une seule plaque sur deux en est munie. Des tubercules secondaires assez irréguliers forment, de chaque côté, deux rangées externes ; il y a également deux rangées internes, dont les tubercules, presque aussi développés que les principaux à la partie inférieure, s'amoindrissent et s'écartent considérablement au-dessus de l'ambitus. Cette disposition donne à la partie supérieure un aspect bien plus nu que la base. Granules petits, assez nombreux, serrés surtout autour des tubercules, qu'ils entourent d'une couronne.

Péristome relativement grand, presque à fleur de test, subcirculaire, muni d'entailles médiocres pour les branchies buccales. Le diamètre est de 19 millimètres, et les lèvres ambulacraires et interambulacraires sont égales, mesurant 6 millimètres chacune.

Rapports et différences. — Si l'on compare l'*E. algirus* aux deux espèces qui vivent actuellement dans la Méditerranée, on constate qu'il se rapproche plus de l'*E. melo* Lam. que de l'*E. acutus* Lam. Sa forme est plus surbaissée que celle de ce dernier et rappelle bien, au contraire, celle de la première espèce, exception faite de la taille. La disposition des tubercules qui, à la partie supérieure, manquent à une plaque sur deux, se retrouve plus constamment sur l'*E. melo* que sur l'*E. acutus*, dont presque toutes les plaques sont plus régulièrement munies d'un tubercule. Le péristome est relativement plus grand que dans les espèces vivantes : si l'on divise le diamètre total par le

17

diamètre de l'ouverture buccale, on trouve pour quotient, chez notre espèce, 3,35 ; chez un *E. melo* de 135 mill., 4,68 ; chez un *E. acutus* de 80 mill., 4,70. On en jugera peut-être mieux en donnant les proportions naturelles :

E. algirus : Diamètre, 65 mill. — Péristome, 19 mill.
E. melo :   —   135   —   29
E. acutus :   —   80   —   17

Ces dimensions peuvent varier un peu, et leur valeur n'est pas bien considérable ; aussi, l'on peut dire de l'espèce fossile qu'elle est aussi rapprochée des vivantes que ces deux dernières, qui diffèrent à peine, le sont entre elles.

LOCALITÉ. — Chabet-el-Ksob, entre Bistorte et Douera. — Pliocène moyen. — M. Welsch. — M. Pomel indique El-Achour, Dely-Brahim.

M. Pomel décrit une seconde espèce :

Echinus Durandoi, Pomel. *loc. cit.*, p. 310 ; C. pl. IX, fig. 1-5.

Terrain pliocène, couches inférieures falunières. Douera.

GENRE ARBACINA, POMEL.

Petits oursins globuleux, souvent confondus avec les *Psammechinus* et s'en distinguant facilement par la disposition de leurs granules abondants et par leurs zones porifères logées dans des sillons et formées de paires à peine obliques. Le type le plus connu est l'*A. (Psamm.) monilis*. C'est un peu l'aspect des *Cottaldia,* qui s'en séparent nettement par leurs zones porifères complètement droites et la disposition de leurs tubercules. M. Pomel, en comparant ces deux genres, donne aux *Cottaldia* un péristome ample ; nous avons mesuré cette ouverture dans un *Cottaldia Benettiæ* et un *Arbacina monilis* de même taille ; le péristome a exactement les mêmes dimensions ; mais ce caractère n'est pas nécessaire pour distinguer les deux genres.

ARBACINA MASSYLEA, Pomel.

ARBACINA MASSYLEA, Pomel, *loc. cit.*, p. 316 ; C. pl. XIV, fig. 1-3 (inédite).

Diamètre, 5 mill. — Hauteur, 3,5 mill. — Péristome, 2 mill.

Exemplaire de petite taille, globuleux, assez élevé relativement, pulviné à la partie inférieure, avec péristome presque à fleur de test.

Appareil apical perdu, n'ayant laissé qu'une empreinte subpentagonale et peu développée. Zones porifères logées dans un sillon étroit, droites, formées de pores très petits disposés par paires presque régulièrement alignées. Zones interporifères portant une rangée verticale de tubercules, sans crénelures ni perforation, de chaque côté de l'aire, et sur le bord même des zones porifères ; une ligne de granules sépare horizontalement les tubercules, tandis que d'autres s'étendent, à côté d'eux, entre les deux rangées, formant des groupes de trois ou quatre. Interambulacres ornés de deux rangées de tubercules placés au milieu des plaques, ceints d'une couronne de granules qui les relient entre eux ; il y a deux rangées de granules multiples extérieurement et un groupe plus nombreux dans la partie médiane pour chaque tubercule, de sorte que l'aire est occupée tout entière et ne présente aucune partie nue.

Péristome subcirculaire, relativement grand, sans entailles bien visibles, même avec un fort grossissement.

Nous ne possédons qu'un exemplaire, et il est si petit que, malgré sa bonne conservation, la description ne saurait être complète. Il nous paraît se rapporter à l'*A. massylea*, dont le type a 14 mill. de diamètre. Cette différence de taille n'est pas pour nous garantir que le rapport que nous établissons est absolument exact ; nous le croyons vrai cependant et les détails nous semblent identiques à ceux donnés dans la description du savant professeur d'Alger.

LOCALITÉ. — Camp Morand, près de Boghar ; recueilli par M. Thomas, avec *Echinolampas* et *Echinoneus Thomasi*. — Marnes du Miocène inférieur, Langhien.

ARBACINA SAHELIENSIS, Pomel, 1887.

ARBACINA SAHELIENSIS, Pomel, *loc. cit.*, p. 313 ; C. pl. XI, fig. 9-13. 1887.

Diamètre, 5 mill. — Hauteur, 3 mill.

Espèce de petite taille, renflée, convexe en dessus et en dessous.

Appareil inconnu. Ambulacres un peu saillants, égalant en largeur à peu près la moitié des interambulacres. Zones porifères déprimées, dans un petit sillon, montrant des paires de pores peu serrées, superposées presque en droite ligne.

Tubercules relativement assez saillants, bien mamelonnés, sans crénelures ni perforation, formant deux rangées principales sur les bords de l'aire ; ils sont peu serrés, entourés d'une granulation dense, au milieu de laquelle quelques granules plus fins peuvent être considérés comme des tubercules secondaires.

Aires interambulacraires munies de deux rangées principales de tubercules à peu près semblables à ceux des ambulacres, entourés de granules scrobiculaires assez développés. Une rangée secondaire interne et une externe accompagnent les principales ; les tubercules sont petits, mais faciles à suivre dans leur alignement, au milieu de la granulation serrée qui couvre tous les intervalles.

Rapports et différences. — La forme renflée de cette espèce, ses rangées de tubercules secondaires bien distinctes, lui donnent une physionomie à part qui la fait reconnaître facilement parmi ses congénères. — Terrain pliocène. Ravin d'Oran. — Collection Peron.

ARBACINA ASPERATA, Pomel, 1887.

ARBACINA ASPERATA, Pomel, *loc. cit.*, p. 314 ; C. pl. XI, fig. 5-8.

Diamètre, 10 mill. — Hauteur, 5 mill.

Espèce de petite taille, assez renflée au pourtour, un peu conoïde à la partie supérieure, plate en dessous.

Ambulacres plus larges que la moitié des aires interambulacraires, portant deux rangées principales de tubercules placés sur les bords de l'aire. De nombreux granules, bien développés, occupent l'intervalle ou forment des cercles scrobiculaires.

Interambulacres assez restreints, présentant deux rangées de tubercules à peine plus gros que ceux des ambulacres, entourés des cercles scrobiculaires habituels au genre. Il y a des rudiments de rangées secondaires.

Péristome un peu déprimé, circulaire, assez grand, sans entailles apparentes.

Rapports et différences.— Cette espèce diffère de l'*A. saheliensis* par sa forme plus rétrécie à la partie supérieure, par ses ambulacres un peu plus larges, par son péristome plus grand. Notre exemplaire est plus développé que le type de M. Pomel, ce qui a donné lieu à quelques différences de description, sans importance d'ailleurs.

LOCALITÉ. — Ravin d'Oran ; terrain pliocène. — Recueilli par M. Durand.

ARBACINA NICAISEI, Pomel, 1887.

ARBACINA NICAISEI, Pomel, *loc. cit.*, p. 312 ; C. pl. XI, fig. 15.

Diamètre,	5 mill. —	Hauteur,	2 mill. —	Péristome,	2 mill.
—	6 —	—	4 —	—	2,5
	10 —	—	5 —	—	4

Espèce renflée, subglobuleuse, légèrement déprimée à la partie supérieure, plate en dessous. Appareil apical subpentagonal, assez grand ; plaques génitales formant seules la ceinture périproctale ; les ocellaires occupent les angles extérieurs. Zones porifères droites, dans un sillon bien marqué, composées de paires de pores presque en droite ligne, au nombre de trois par chaque plaque ambulacraire. Les paires sont séparées entre elles par un bourrelet granuleux, saillant ; les pores arrondis sont disjoints par un renflement granuliforme. Espace interzonaire orné de chaque côté, sur le bord même des zones porifères, d'une rangée de tubercules principaux, lisses, imperforés, bien mamelonnés. Chacun d'eux est surmonté par trois granules horizontaux, les deux externes gros, celui du milieu très petit ; d'autres granules nombreux, serrés, irrégulièrement alignés remplissent la zone intermédiaire.

Interambulacres d'un tiers plus larges que les ambulacres, portant deux rangées de tubercules principaux, peu serrés, à peu près sur le milieu des plaques ; ils sont surmontés des trois granules déjà signalés, dont le plus petit est au milieu. En dehors de ces deux rangées se trouvent, de chaque côté, deux rangées externes de gros granules assez mal alignés et entremêlés d'autres plus petits. La zone miliaire est également occupée par un grand nombre de granules disposés sans ordre apparent.

Sous les tubercules principaux se trouvent des incisions horizontales qui donnent à cette espèce un aspect particulier ; souvent
aussi les tubercules sont reliés de chaque côté aux granules qui
surmontent le tubercule inférieur par deux verrues allongées,
qui forment comme deux petites côtes verticales.

Péristome assez grand, un peu déprimé, subdécagonal, avec
dix faibles entailles.

Rapports et différences. — Cette espèce diffère de l'*A. sahelien-*
sis par ses incisions interambulacraires, par ses granules rangés
moins régulièrement ; de l'*A. asperata* par ces mêmes détails et
par sa forme moins conique.

LOCALITÉ. — Aïn Meurzoug (M. Welsch) ; Douera ; Ravin de
la Femme sauvage ; Mustapha supérieur. — Pliocène inférieur
et moyen.

M. Pomel cite deux espèces que nous ne connaissons pas :

Arbacina Badinskii, Pomel, *loc. cit.*, p. 314 ; C. pl. XI, fig. 1-4.

Terrain helvétien ? chez les Tadjena, près de Ténès.

Arbacina Welschii, Pomel, *loc. cit.*, p. 315 (non figuré).

Terrain helvétien ; zone à Clypéastres de l'Oued Moula.

Genre DIADEMA

DIADEMA SAHELIENSE, D. Ficheuri.

Nous avons bien quelques débris de radioles qu'on pourrait
rapporter à ce genre ; mais c'est tout ce que nous en pouvons
dire ; ils sont fistuleux et verticillés, comme ceux des espèces
vivantes. M. Pomel a appliqué deux noms spécifiques à des
fragments probablement semblables. Il déclare cependant ne
pas savoir si on doit les rapporter au genre *Diadema* ou au genre
Centrostephanus, qui vit aujourd'hui dans la Méditerranée ; et la
question est, en effet, insoluble, tant que l'on n'aura pas rencontré le test. La seconde espèce est faite sur des empreintes
laissées par des tubercules et des radioles fistuleux. Ce sont peut-
être des *Astropyga ;* mais il est très probable, selon M. Pomel,
qu'il y aura lieu de former un genre spécial.

RÉSUMÉ DES ESPÈCES TERTIAIRES

NOTA. — Nous faisons suivre de la lettre E les espèces qui appartiennent également à la faune européenne.

———

Le nombre des espèces tertiaires que nous avons décrites s'élève à cent onze. Elles se répartissent ainsi :

Espèces éocènes, 26, dont 1 européenne.

Echinocardium nummuliticum.
— dubium.
Sarsella mauritanica.
Euspatangus cruciatus.
— subrostatus.
— Hagenmulleri.
Tuberaster tuberculatus.
Macropneustes elongatus.
— abruptus.
— Baylei.
— Arnaudi.
Schizaster vicinalis E.
— Mac Carthyi.

Schizaster concinnus.
— Meslei.
Linthia bisulca.
Pericosmus Nicaisei.
Pseudopygaulus Trigeri.
— buccalis.
Echinanthus Badinskii.
Echinolampas Maresi.
— Nicaisei.
— sulcatus.
— florescens.
Clypeaster atavus.
Simondia Desori.

Espèces miocènes, 54, dont 7 européennes.

Spatangus castelli.
Marelia tenuis.
— soubellensis.
Trachypatagus depressus.
Brissopsis crescenticus E.
— Meslei.
Agassizia Heinzi.
Schizaster boghariensis.
— sebtensis.
— pusillus.
— Scillæ E.
Pericosmus soubellensis
Echinoneus Thomasi.
Pholampas Welschi.
— medfensis.
Echinolampas Heinzi.
— doma.
— subhemisphæricus.
— Thomasi.
— soumatensis.
— costatus.
— Pomeli.
Scutella obliqua.
Amphiope palpebrata.
Clypeaster folium E.
— subfolium.
— subdecagonus.

Clypeaster peltarius.
— Ficheuri.
— confusus.
— intermedius E.
— acclivis.
— pentadactylus.
— Pierredoni.
— Simoni.
— soumatensis.
— Welschi.
— egregius.
— subhemisphæricus.
— Heinzi.
— doma.
— myriophyma.
— parvituberculatus.
— alticostatus E.
— obeliscus.
— productus.
— tumidus.
— pachypleurus.
— subacutus.
— portensosus E.
Cidaris avenionensis E.
Psammechinus soubellensis.
Arbacina massylea.

Espèces pliocènes, 31, dont 1 européenne.

Trachypatagus oranensis.
Brissus Nicaisei.
Brissopsis Durandi.
Schizaster saheliensis.
— Hardouini.
— speciosus E.
— maurus.
Opissaster polygonalis.
— Bleicheri.
— Jourdyi.
Trachyaster globulus.
Echinolampas hayesiana.
— algirus.
Echinocyamus pliocenicus.
Clypeaster simus.
— Jourdyi.

Clypeaster Douvillei.
Cidaris saheliensis.
— pungens.
— Des Moulinsi.
— prionopleura.
— pseudohystrix.
— Welschi.
Anapesus saheliensis.
— maurus.
— serialis.
Psammechinus Mustapha.
Echinus algirus.
Arbacina saheliensis.
— asperata.
— Nicaisei.

En comparant ce résumé avec celui que nous avons donné à la fin des terrains crétacés, on remarquera combien la proportion des espèces rencontrées à la fois en Algérie et en Europe va en décroissant.

Dans les terrains jurassiques, nous avons décrit 53 espèces, dont 30 communes aux deux régions, soit 56,6 pour 100.

Dans les terrains crétacés, 235 espèces, dont 53 communes, soit 22,5 pour 100.

Dans les terrains tertiaires, 111 espèces, dont 9 communes, soit 8,1 pour 100. — Et les régions européennes sont ou les îles ou le littoral de la Méditerranée.

CONCLUSION

Avec ce dixième fascicule se termine le long travail que nous avons entrepris. Outre la partie stratigraphique où, les premiers, nous avons étudié méthodiquement, dans tout son ensemble, la constitution géologique des couches fossilifères de l'Algérie, nous avons décrit dans les trois volumes publiés 399 espèces d'Échinides qui ont habité les mers algériennes, dont 53 pour les terrains jurassiques, 235 pour les terrains crétacés et 111 pour les terrains tertiaires, ce dernier nombre ne comprenant pas les types signalés par M. Pomel, que nous avons seulement rappelés, sans les avoir pu étudier. Bien que ce chiffre de près de quatre cents espèces d'Échinides soit déjà considérable, il est loin d'être définitif. Nous avons prévenu, dès le début de notre livre, que notre œuvre ne pouvait pas être complète ; et, en effet, depuis les publications successives de nos fascicules, d'autres types nous sont parvenus, trop tard pour pouvoir prendre place à la page qu'ils auraient dû occuper. Plusieurs même ont été décrits et figurés par nous dans des *Revues* différentes, tels que *Guettaria Angladei, Entomaster Rousseli, Micraster Heinzi, M. aichensis, Pygaster Welschi, Metaporhinus minensis, Pygopistes Heinzi, Micropeltis Kunckeli* ; peut-être aurons-nous l'occasion de donner plus tard un supplément. Nous avons, dès maintenant, entre les mains plus d'espèces nouvelles qu'il n'en faudrait pour constituer un fascicule. Nous ne croyons pas cependant devoir nous mettre à l'œuvre tout de suite ; et, à moins de circonstances imprévues, nous remettrons à une époque ultérieure la publication de nos richesses, qui ne peuvent que croître avec le temps.

TABLE ALPHABÉTIQUE DES GENRES ET DES ESPÈCES.

NOTA. — Les synonymes sont écrits en italiques.

ERRATUM

Page 119, ligne 8 : l apareil *lisez* appareil
— 130, — 15 . la madréporide *lisez* le
— 199, — 27 : turrite *lisez* turrité.

AUXERRE. — IMP. DE CH. MILON.

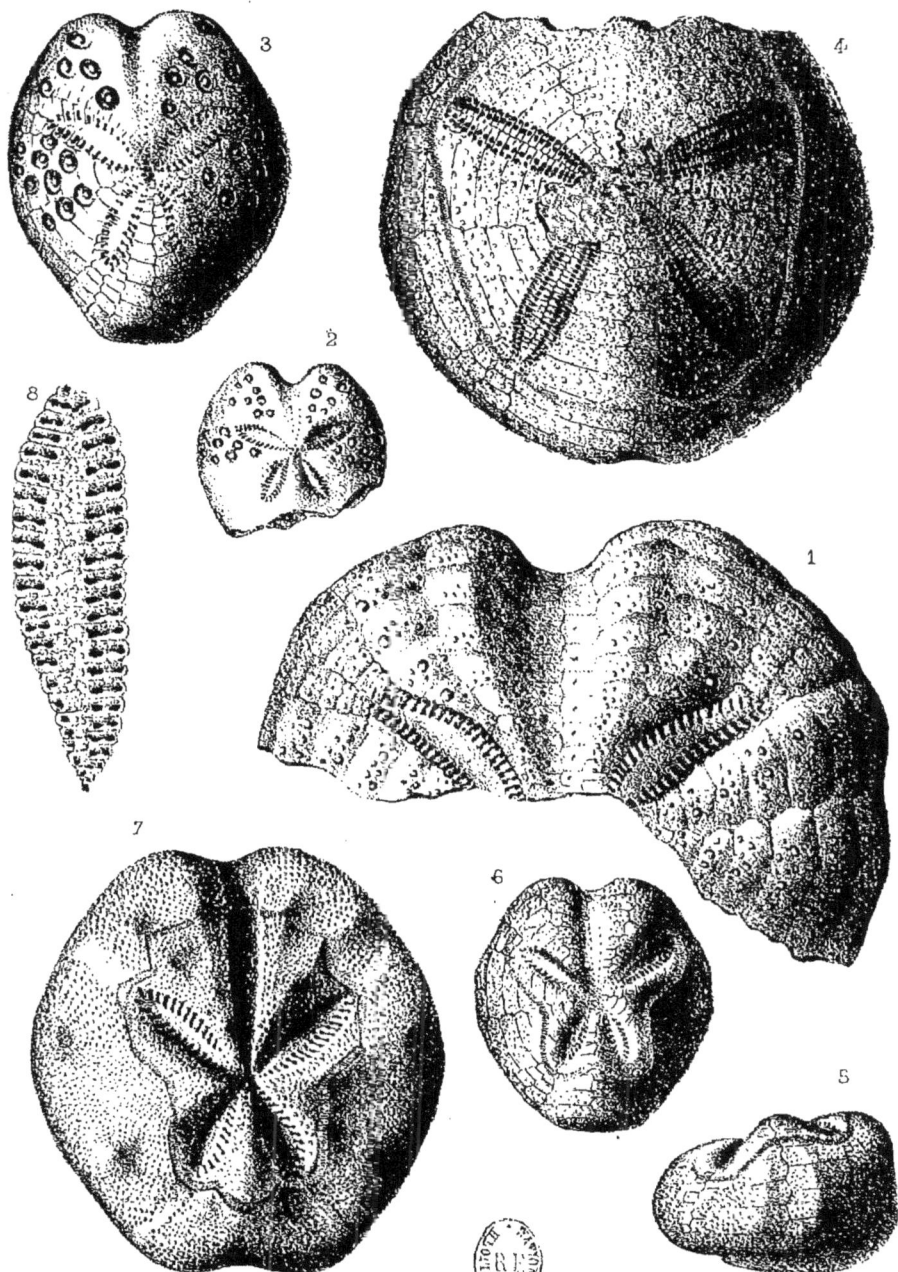

F. Gauthier del.   Imp. Berquet fr. Paris.

1. Spatangus castelli Peron et Gauthier
2. Maretia tenuis ____ __ ____
3. _____ soubellensis ____ __ ____
4. Trachypatagus depressus _ __ ____
5_6 Brissopsis Meslei ____ __ ____
7. _____ Durandi ____ __ ____

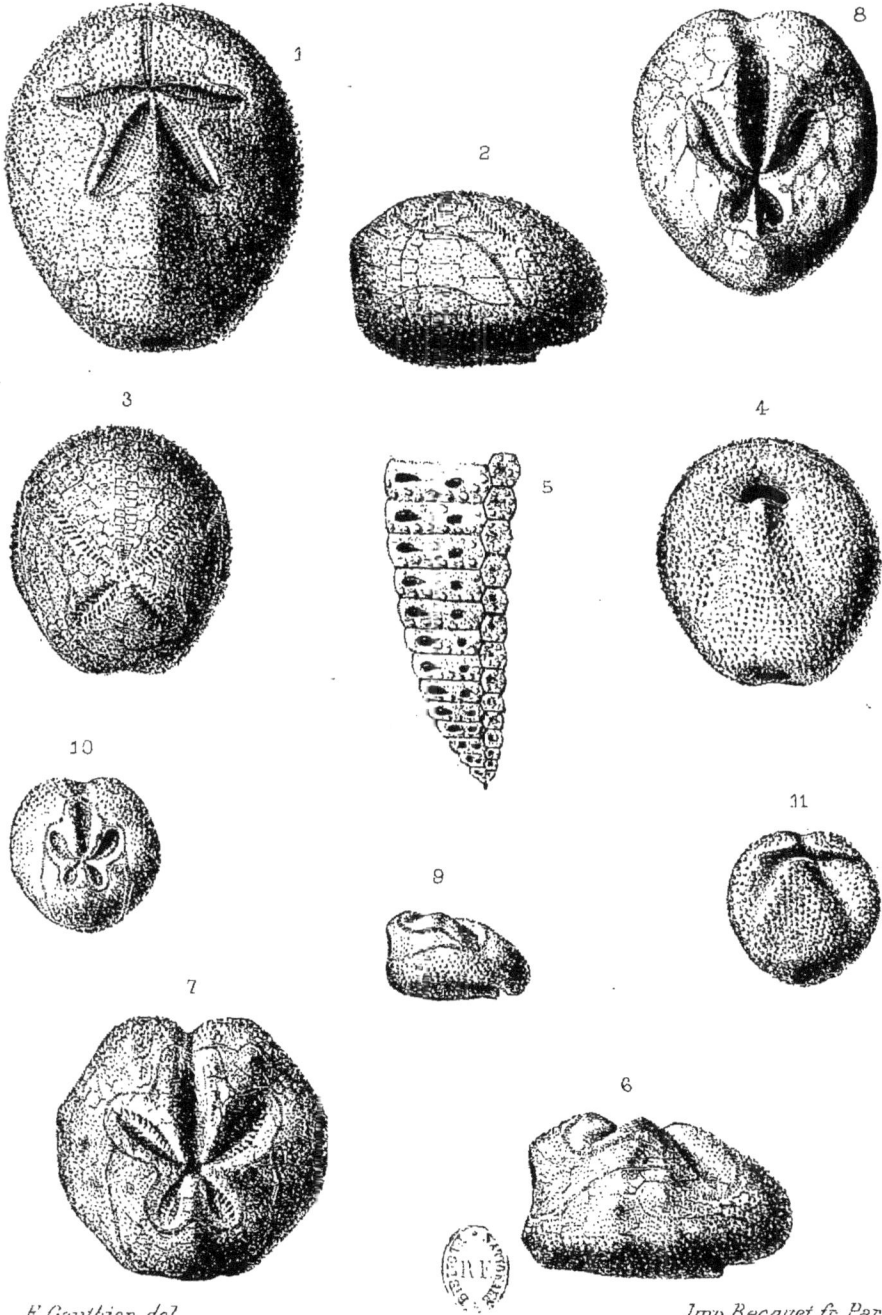

F. Gauthier del.

Imp. Becquet fr. Paris

_1   Brissus Nicaisei   Peron et Gauthier
2_5   Agassizia Heinzi _____ __ _____
6_7   Schizaster boghariensis __ _____
___ 8   _____ sebtensis ____ __ _____
9_11   _____ pusillus ____ __ _____

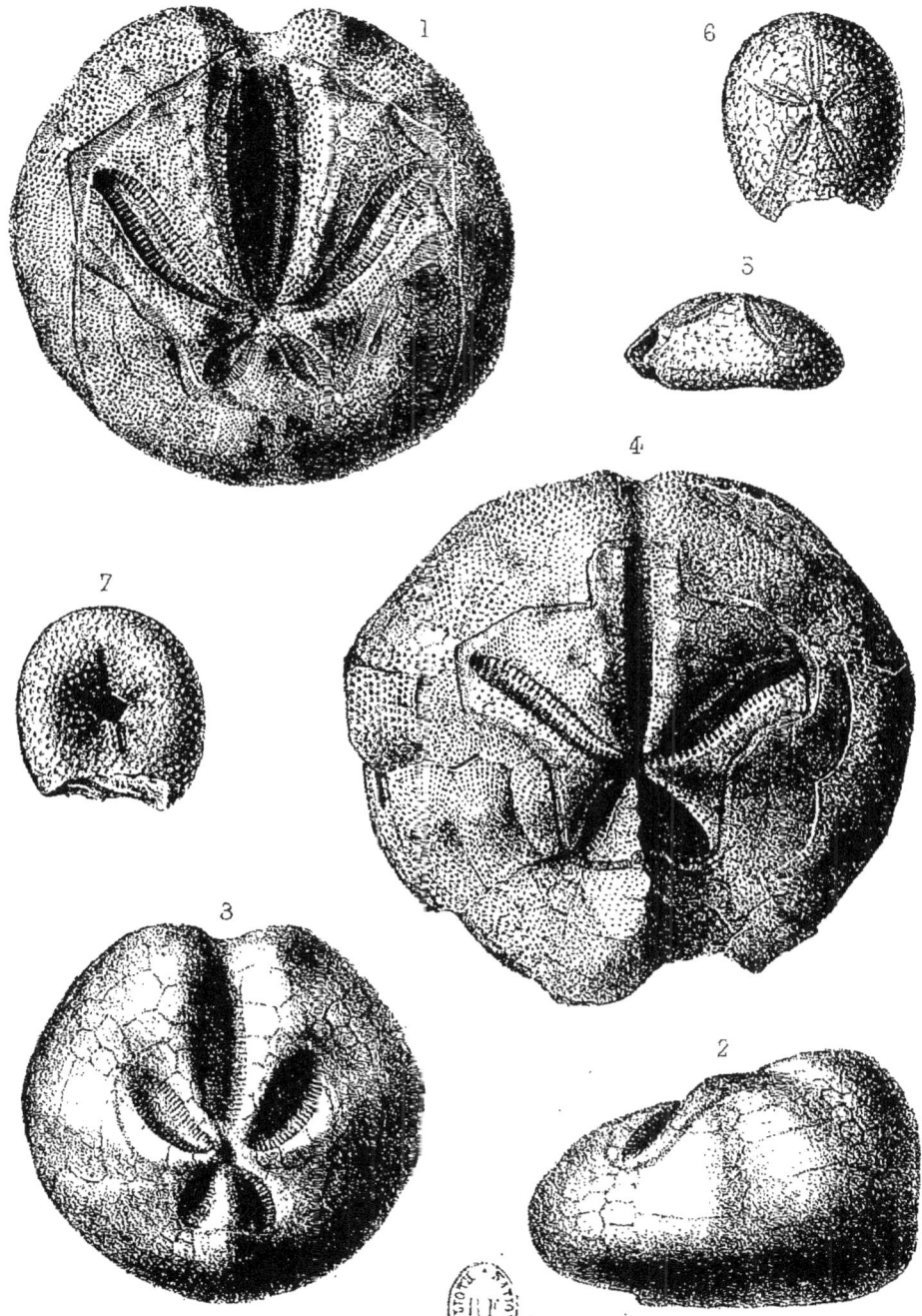

1   Schizaster Hardouini , Peron et Gauthier
2_3 . Opissaster Bleicheri _____ __ _____
4   _____ Jourdyi _____ __ _____
5_7 Echinolampas Thomasi _____ __ _____

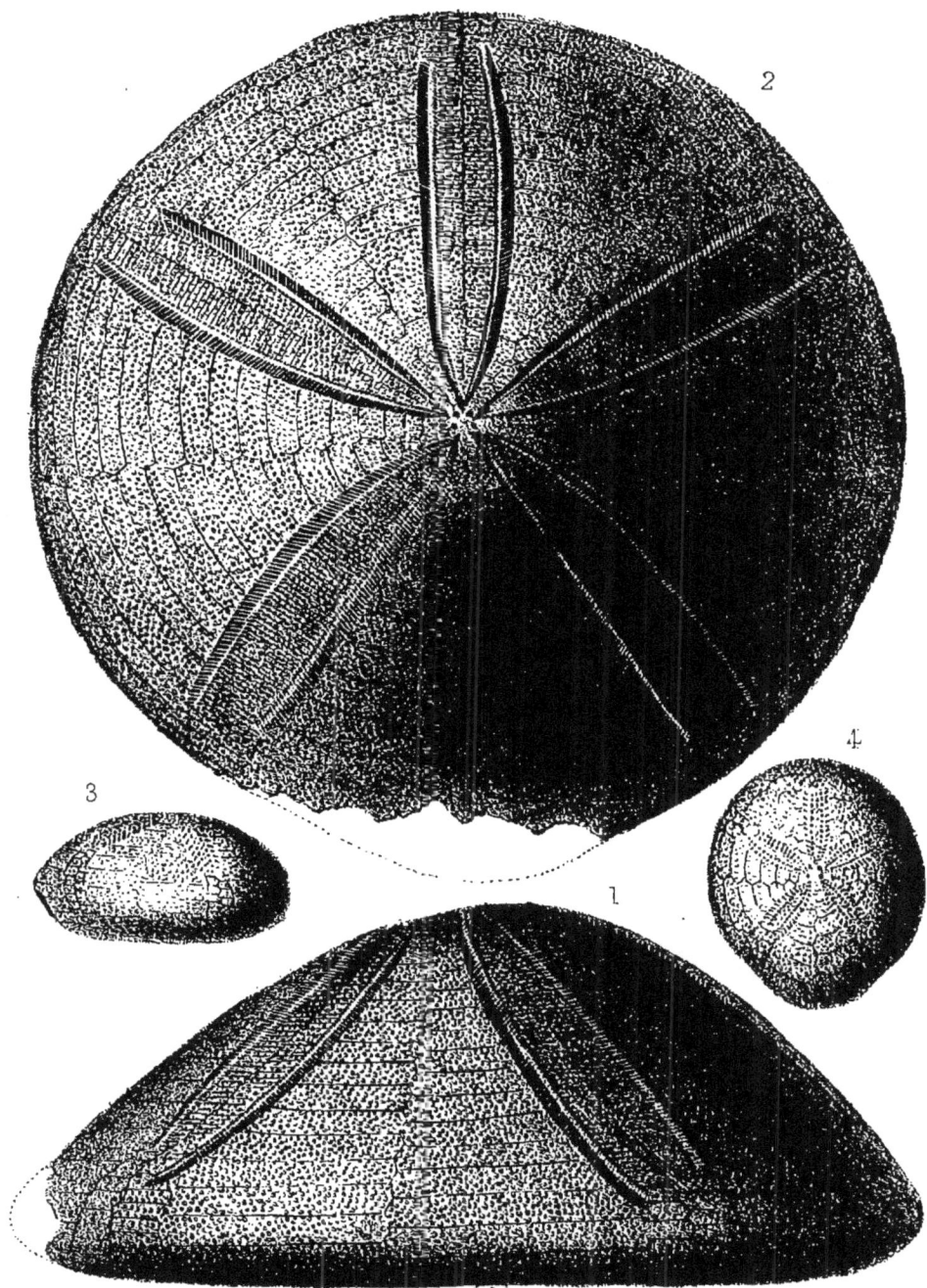

F.Gauthier del.   Imp.Becquet fr.Paris.

1_2   Échinolampas Heinxi. Peron et Gauthier
3_4   Pliolampas medfensis   ___ _ ___

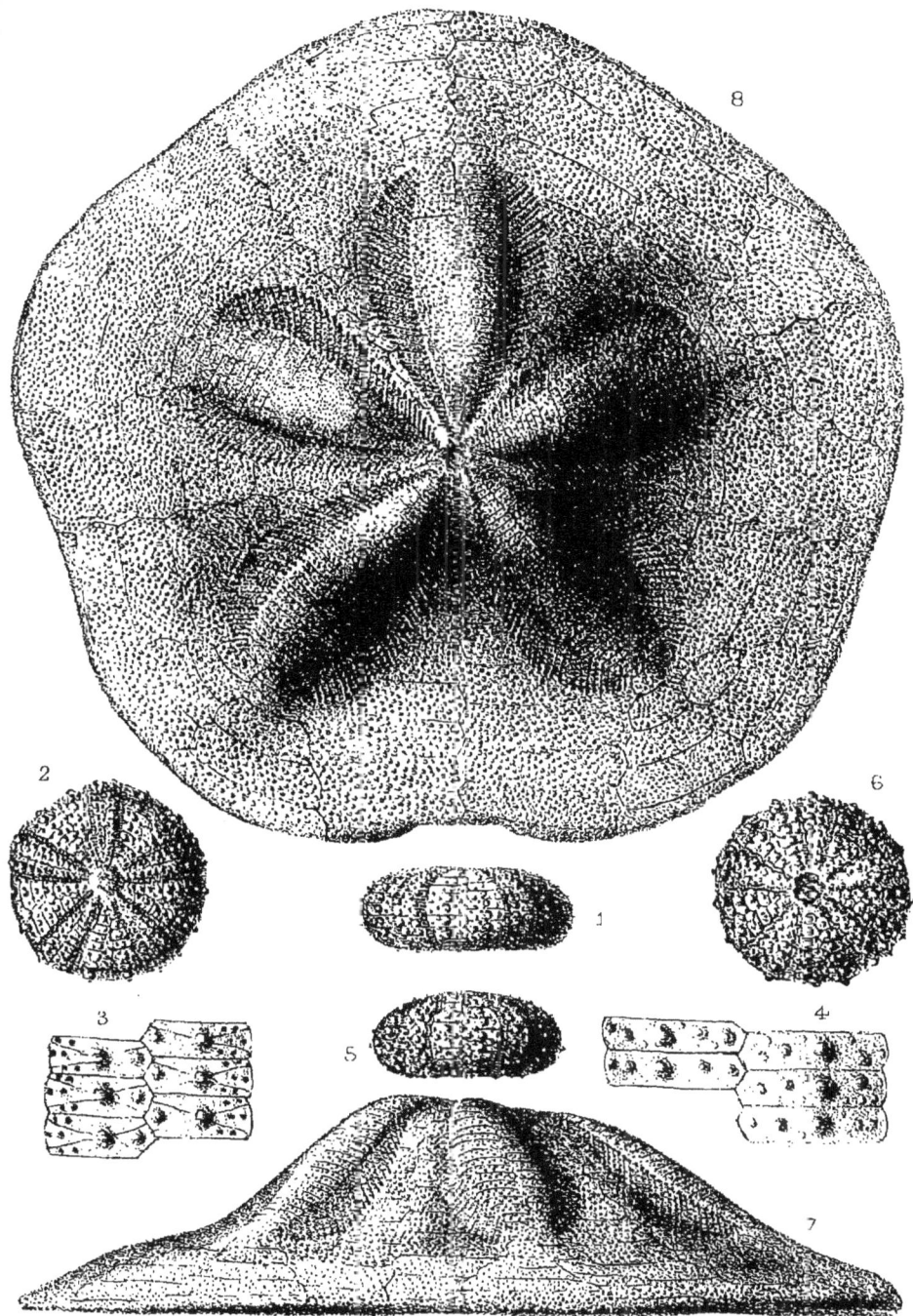

1_4   Psammechinus soukellensis   Peron et Gauthier
5_6   _____   Mustapha   ____ __ _____
7_8   Clypeaster subdecagonus   ____ __ ____

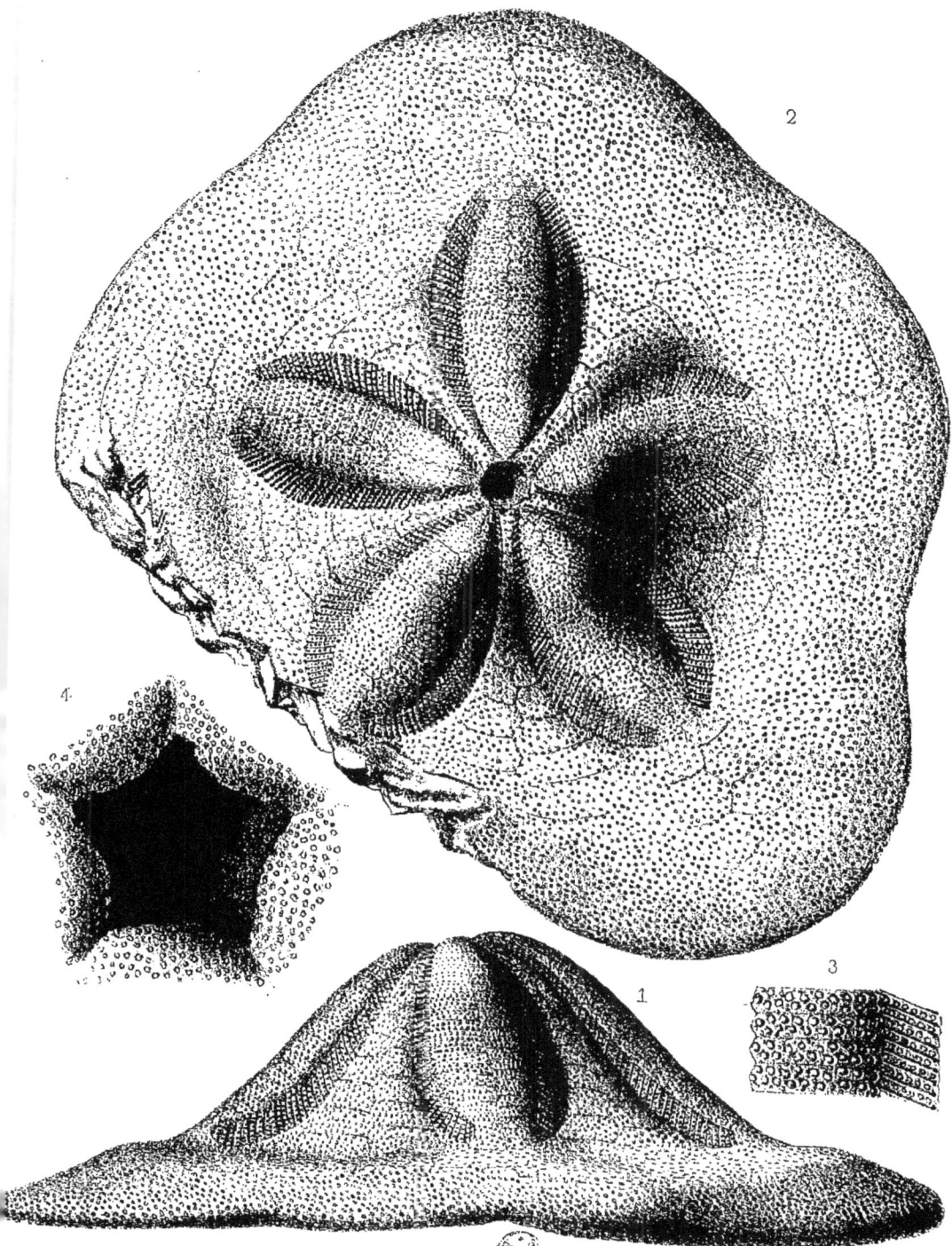

Clypeaster Jourdyi, Peron. et Gauthier

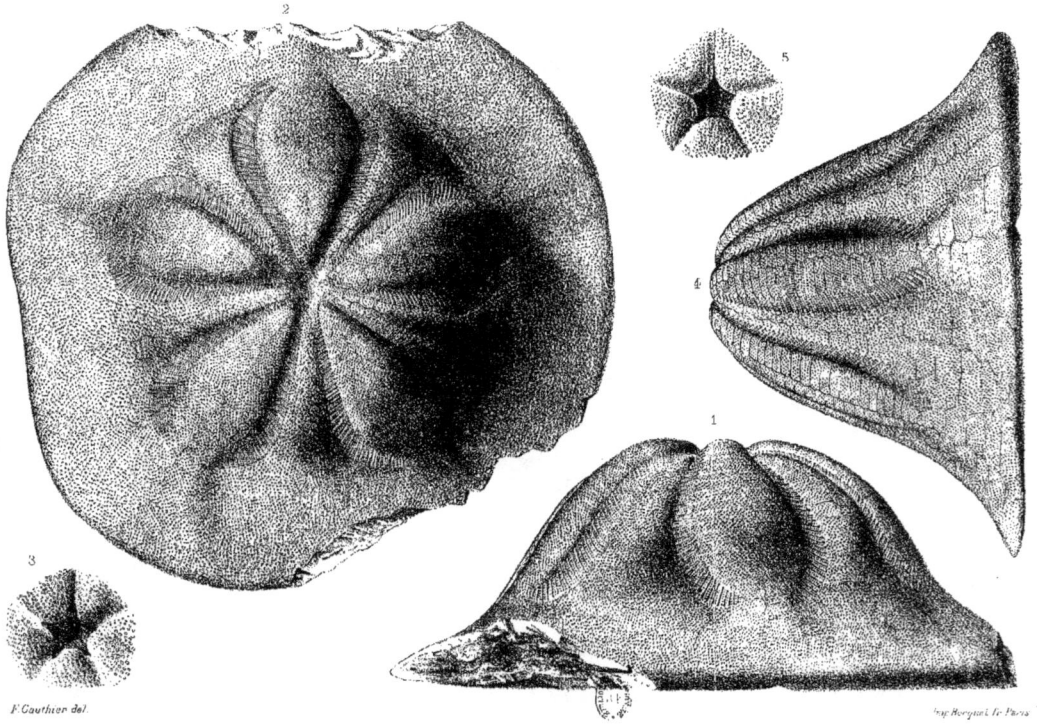

1....3 *Clypeaster Heauxi.* Peron. et Gauthier.

4 __ 5 _____ . *Dauvillei* _____ __ ...___.

www.ingramcontent.com/pod-product-compliance
Lightning Source LLC
Chambersburg PA
CBHW070246200326
41518CB00010B/1713